教科書ぴったりトレーニング

はなまるシール

- ふろくの
- はじめに、
  がんばり表
- がくしゅう[illegible]ったら、がんばり表に「はなまるシール」をはろう！
- あまったシールはじゆうにつかってね。

キミのおとも犬

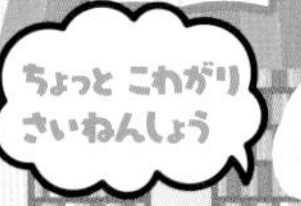

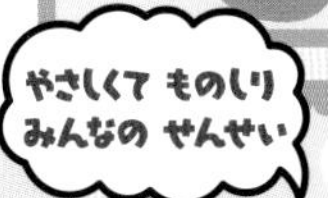

はなまるシール

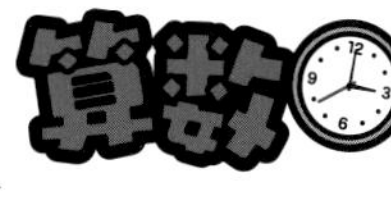

ごほうびシール

教科書ぴったりトレーニングの使い方

『ぴたトレ』は教科書にぴったり合わせて使うことができるよ。教科書も見ながら、勉強していこうね。ぴた犬たちが勉強をサポートするよ。

ふだんの学習

ぴったり1 じゅんび

教科書の　だいじな　ところを　まとめて　いくよ。
ねらい　で　だいじな　ポイントが　わかるよ。
もんだいに　こたえながら、わかって　いるか　かくにんしよう。　QRコードから「3分でまとめ動画」が視聴できます。

※QRコードは株式会社デンソーウェーブの登録商標です。

ぴったり2 れんしゅう

「ぴったり1」で　べんきょう　した　ことが　みについて　いるかな？かくにんしながら、もんだいに　とりくもう。

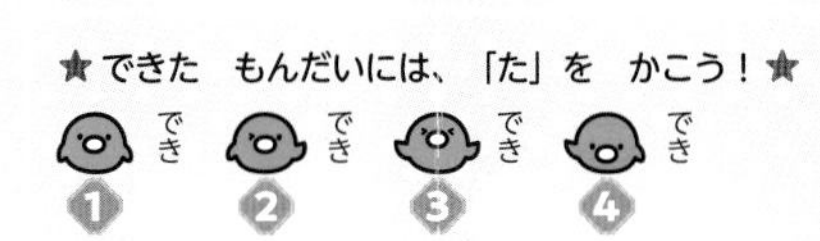

ぴったり3 たしかめのテスト

「ぴったり1」「ぴったり2」が　おわったら、とりくんで　みよう。学校の　テストの　前に　やっても　いいね。
わからない　もんだいは、ふりかえり　を　見て　前に　もどって　かくにんしよう。

実力チェック

- 夏のチャレンジテスト
- 冬のチャレンジテスト
- 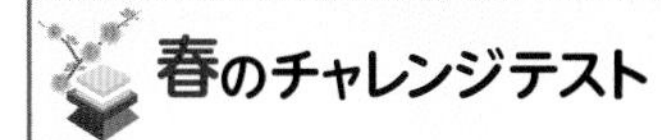 春のチャレンジテスト
- 2年 算数のまとめ 学力しんだんテスト

夏休み、冬休み、春休みの　前に　つかいましょう。
学期の　おわりや　学年の　おわりの　テストの　前に　やっても　いいね。

ふだんの　学しゅうが　おわったら、「がんばり表」に　シールを　はろう。

別冊

丸つけ ラクラクかいとう

もんだいと　同じ　ところに　赤字で　「答え」が　書いて　あるよ。もんだいの　答え合わせを　して　みよう。まちがえた　もんだいは、下の　てびきを　読んで、もういちど　見直そう。

おうちのかたへ

本書『教科書ぴったりトレーニング』は、教科書の要点や重要事項をつかむ「ぴったり1 じゅんび」、おさらいをしながら問題に慣れる「ぴったり2 れんしゅう」、テスト形式で学習事項が定着したか確認する「ぴったり3 たしかめのテスト」の3段階構成になっています。教科書の学習順序やねらいに完全対応していますので、日々の学習（トレーニング）にぴったりです。

「観点別学習状況の評価」について

学校の通知表は、「知識・技能」「思考・判断・表現」「主体的に学習に取り組む態度」の3つの観点による評価がもとになっています。

問題集やドリルでは、一般に知識・技能を問う問題が中心になりますが、本書『教科書ぴったりトレーニング』では、次のように、観点別学習状況の評価に基づく問題を取り入れて、成績アップに結びつくことをねらいました。

ぴったり3 たしかめのテスト　チャレンジテスト

- ●「知識・技能」を問う問題か、「思考・判断・表現」を問う問題かで、それぞれに分類して出題しています。
- ●「知識・技能」では、主に基礎・基本の問題を、「思考・判断・表現」では、主に活用問題を取り扱っています。

発展について

はってん … 学習指導要領では示されていない「発展的な学習内容」を扱っています。

別冊『丸つけラクラクかいとう』について

おうちのかたへ　では、次のようなものを示しています。

- **学習のねらいやポイント**
- **他の学年や他の単元の学習内容とのつながり**
- **まちがいやすいことやつまずきやすいところ**

お子様への説明や、学習内容の把握などにご活用ください。

しあげの5分レッスン　では、学習の最後に取り組む内容を示しています。

しあげの5分レッスン
まちがえた問題をもう1回やってみよう。

学習をふりかえることで学力の定着を図ります。

教科書ぴったりトレーニング 算数２年 がんばり表

いつも見えるところに、この「がんばり表」をはっておこう。
この「ぴたトレ」をがくしゅうしたら、シールをはろう！
どこまでがんばったかわかるよ。

シールの中からすきなぴた犬をえらぼう。

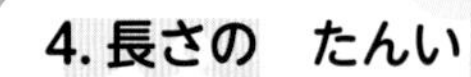

おうちのかたへ

がんばり表のデジタル版「デジタルがんばり表」では、デジタル端末でも学習の進捗記録をつけることができます。１冊やり終えると、抽選でプレゼントが当たります。「ぴたサポシステム」にご登録いただき、「デジタルがんばり表」をお使いください。LINE または PC・ブラウザを利用する方法があります。

★ ぴたサポシステムご利用ガイドはこちら ★
https://www.shinko-keirin.co.jp/shinko/news/pittari-support-system

スタート

1. せいりの　しかた
① せいりの　しかた

2〜3ページ	4〜5ページ
ぴったり1 2	ぴったり3
できたらシールをはろう	できたらシールをはろう

2. 2けたの　たし算
① 2けたの　たし算
② たし算の　きまり

6〜7ページ	8〜9ページ	10〜11ページ
ぴったり1 2	ぴったり1 2	ぴったり3
できたらシールをはろう	できたらシールをはろう	できたらシールをはろう

3. 2けたの　ひき算
① 2けたの　ひき算
② 計算の　たしかめ

12〜13ページ	14〜15ページ	16〜17ページ
ぴったり1 2	ぴったり1 2	ぴったり3
できたらシールをはろう	できたらシールをはろう	できたらシールをはろう

4. 長さの　たんい
① 長さの　あらわし方
② 長さの　計算

18〜19ページ	20〜21ページ	22〜23ページ
ぴったり1 2	ぴったり1 2	ぴったり3
できたらシールをはろう	できたらシールをはろう	できたらシールをはろう

5. 100より　大きい　数
① 数の　あらわし方
② 千
③ たし算と　ひき算

24〜25ページ	26〜27ページ	28〜29ページ	30〜31ページ
ぴったり1 2	ぴったり1 2	ぴったり1 2	ぴったり3
できたらシールをはろう	できたらシールをはろう	できたらシールをはろう	できたらシールをはろう

活用　読みとる力を　のばそう

32〜33ページ
できたらシールをはろう

★プログラミングにちょうせん！

34〜35ページ
プログラミング
できたらシールをはろう

6. かさの　たんい
① かさの　あらわし方

36〜37ページ	38〜39ページ
ぴったり1 2	ぴったり3
できたらシールをはろう	できたらシールをはろう

7. 時こくと　時間
① 時こくと　時間

40〜41ページ	42〜43ページ	44〜45ページ
ぴったり1 2	ぴったり1 2	ぴったり3
できたらシールをはろう	できたらシールをはろう	できたらシールをはろう

8. たし算と　ひき算の　ひっ算
① たし算の　ひっ算
② たし算の　きまり
③ ひき算の　ひっ算
④ 大きな　数の　たし算と　ひき算

46〜47ページ	48〜49ページ	50〜51ページ	52〜53ページ	54〜55ページ
ぴったり1 2	ぴったり1 2	ぴったり1 2	ぴったり1 2	ぴったり3
できたらシールをはろう	できたらシールをはろう	できたらシールをはろう	できたらシールをはろう	できたらシールをはろう

9. 三角形と　四角形
① 三角形と　四角形
② 長方形と　正方形
③ 直角三角形
④ もようづくり

56〜57ページ	58〜59ページ	60〜61ページ
ぴったり1 2	ぴったり1 2	ぴったり3
できたらシールをはろう	できたらシールをはろう	できたらシールをはろう

10. かけ算
① かけ算
② 九九
③ ばいと　かけ算

62〜63ページ	64〜65ページ	66〜67ページ	68〜69ページ
ぴったり1 2	ぴったり1 2	ぴったり1 2	ぴったり3
できたらシールをはろう	できたらシールをはろう	できたらシールをはろう	できたらシールをはろう

11. かけ算九九づくり
① かけ算九九づくり

70〜71ページ	72〜73ページ	74〜75ページ
ぴったり1 2	ぴったり1 2	ぴったり3
できたらシールをはろう	できたらシールをはろう	できたらシールをはろう

12. 長い　ものの　長さの　たんい
① 長い　ものの　長さの　あらわし方

76〜77ページ	78〜79ページ
ぴったり1 2	ぴったり3
できたらシールをはろう	できたらシールをはろう

活用　読みとる力を　のばそう

80〜81ページ
できたらシールをはろう

13. 1000より　大きい　数
① 大きな　数の　あらわし方
② 一万
③ 何百の　たし算と　ひき算

82〜83ページ	84〜85ページ	86〜87ページ	88〜89ページ
ぴったり1 2	ぴったり1 2	ぴったり1 2	ぴったり3
できたらシールをはろう	できたらシールをはろう	できたらシールをはろう	できたらシールをはろう

14. たし算と　ひき算の　かんけい
① たし算と　ひき算の　かんけい

90〜91ページ	92〜93ページ
ぴったり1 2	ぴったり3
できたらシールをはろう	できたらシールをはろう

15. かけ算の　きまり
① かけ算の　きまり

94〜95ページ	96〜97ページ	98〜99ページ
ぴったり1 2	ぴったり1 2	ぴったり3
できたらシールをはろう	できたらシールをはろう	できたらシールをはろう

16. 分数
① 分数

100〜101ページ	102〜103ページ
ぴったり1 2	ぴったり3
できたらシールをはろう	できたらシールをはろう

17. はこの　形
① はこの　形

104〜105ページ	106〜107ページ
ぴったり1 2	ぴったり3
できたらシールをはろう	できたらシールをはろう

活用　読みとる力を　のばそう

108〜109ページ
できたらシールをはろう

2年の　ふくしゅう

110〜112ページ
できたらシールをはろう

ゴール

さいごまでがんばったキミは「ごほうびシール」をはろう！

ごほうびシールをはろう

大日本図書版
新版　たのしい算数

教科書ぴったりトレーニング

▶ 3分でまとめ動画

		教科書ページ	ぴったり1 じゅんび　ぴったり2 れんしゅう	ぴったり3 たしかめのテスト
❶せいりの　しかた	①せいりの　しかた	16～22	▶ 2～3	4～5
❷2けたの　たし算	①2けたの　たし算 ②たし算の　きまり	23～38	▶ 6～9	10～11
❸2けたの　ひき算	①2けたの　ひき算 ②計算の　たしかめ	39～52	▶ 12～15	16～17
❹長さの　たんい	①長さの　あらわし方 ②長さの　計算	53～64	▶ 18～21	22～23
❺100より　大きい　数	①数の　あらわし方 ②千 ③たし算と　ひき算	66～80	▶ 24～29	30～31
活用 読みとる力を　のばそう		81	32～33	
★プログラミング　プログラミングにちょうせん！		82～83	34～35	
❻かさの　たんい	①かさの　あらわし方	85～93	▶ 36～37	38～39
❼時こくと　時間	①時こくと　時間	94～102	▶ 40～43	44～45
❽たし算と　ひき算の　ひっ算	①たし算の　ひっ算 ②たし算の　きまり ③ひき算の　ひっ算 ④大きな　数の　たし算と　ひき算	106～122	▶ 46～53	54～55
❾三角形と　四角形	①三角形と　四角形 ②長方形と　正方形 ③直角三角形 ④もようづくり	125～136	▶ 56～59	60～61
❿かけ算	①かけ算 ②九九 ③ばいと　かけ算	137～153	▶ 62～67	68～69
⓫かけ算九九づくり	①かけ算九九づくり	156～165	70～73	74～75
⓬長い　ものの　長さの　たんい	①長い　ものの　長さの　あらわし方	170～176	▶ 76～77	78～79
活用 読みとる力を　のばそう		178～179	80～81	
⓭1000より　大きい　数	①大きな　数の　あらわし方 ②一万 ③何百の　たし算と　ひき算	180～191	▶ 82～87	88～89
⓮たし算と　ひき算の　かんけい	①たし算と　ひき算の　かんけい	192～200	90～91	92～93
⓯かけ算の　きまり	①かけ算の　きまり	202～210	▶ 94～97	98～99
⓰分数	①分数	212～218	▶ 100～101	102～103
⓱はこの　形	①はこの　形	219～223	▶ 104～105	106～107
活用 読みとる力を　のばそう		224～225	108～109	
2年の　ふくしゅう		226～229	110～112	

巻末	夏のチャレンジテスト／冬のチャレンジテスト／春のチャレンジテスト／学力しんだんテスト	とりはずして お使いください
別冊	丸つけラクラクかいとう	

① せいりの しかた

教科書 16〜21ページ　答え 2ページ

つぎの □ に あてはまる 数や きごうを 書きましょう。

ねらい ものの数をしらべて、ひょうにあらわせるようにしよう。　れんしゅう 1→

同じ　しゅるいの　ものの　数を　しらべて、しゅるいごとに **ひょう**に　あらわします。

1 どんな　おかしが　いくつ　あるか　しらべて、ひょうに あらわしましょう。

とき方 同じ　しゅるいの　おかしの　数を　数えて、ひょうに　書き入れ　ます。

おかしの　しゅるいと　数

おかし	あめ	ケーキ	チョコレート	ビスケット
数(こ)	7			

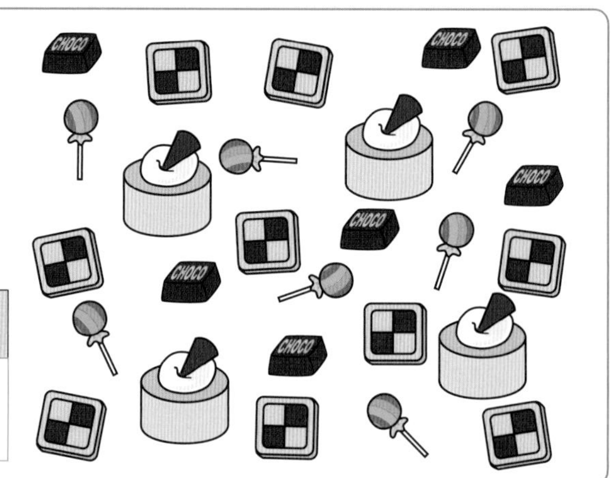

ねらい ひょうの数を、グラフにあらわせるようにしよう。　れんしゅう 1→

ひょうの　数を、しゅるいごとに　○を　つかって　**グラフ**に　あらわします。

2 1の　ひょうを　グラフに　あらわしましょう。

とき方 ひょうの　数だけ、下から　○を　書いて　いきます。
　グラフの　○の　数と　ひょうの　数は、同じに　なります。

○は、下から　書いて　いこう。

おかしの　しゅるいと　数

○			
○			
○			
○			
○			
○			
○			
あめ	ケーキ	チョコレート	ビスケット

ぴったり2 れんしゅう

★できた もんだいには、「た」を 書こう！★

できた ① た

がくしゅうび 月 日

教科書 16～21ページ　答え 2ページ

1 天気しらべを しました。

教科書 16ページ1、20ページ2

日	1	2	3	4	5	6	7	8	9	10
天気	晴れ	晴れ	くもり	雨	晴れ	晴れ	晴れ	くもり	くもり	雨
日	11	12	13	14	15	16	17	18	19	20
天気	くもり	雨	雨	晴れ	晴れ	くもり	雨	くもり	晴れ	晴れ

晴(は)れ　くもり　雨

まちがいちゅうい

① 晴れ、くもり、雨に 分(わ)けて、ひょうに 書きましょう。

天気しらべ

天気	晴れ	くもり	雨
日数(にっすう)(日)			

数える ときに、見おとしや かさなりが ないように ちゅういしよう。

② ○を つかって、①の ひょうを グラフに あらわしましょう。

天気しらべ

晴れ	くもり	雨

③ 日数が 一番(いちばん) 多(おお)い 天気は 何(なん)ですか。（　　　）

④ 日数が 一番 少(すく)ない 天気は 何ですか。（　　　）

⑤ 晴れと くもりの 日数の ちがいは、何日ですか。（　　　）

ヒント　1 ③ グラフの 高(たか)さが 一番 高い 天気が、一番 日数が 多いです。

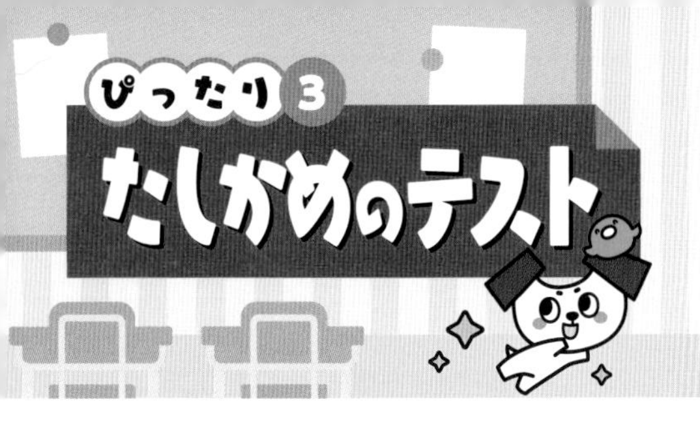

1 せいりの　しかた

時間 30分

／100

ごうかく 80点

教科書 16～22ページ　答え 2ページ

知識・技能　／100点

1 よく出る　どんな　くだものが　何こ　あるか　しらべましょう。

1だい10点(60点)

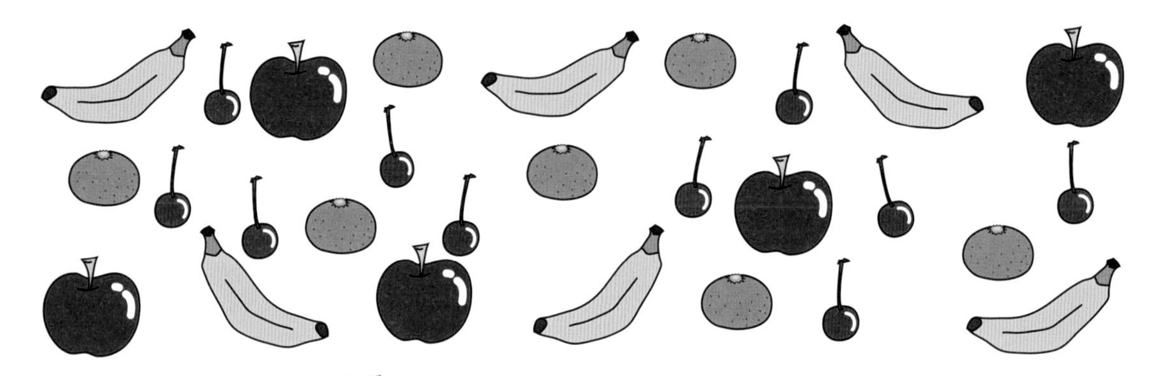

① くだものの　数を　しらべて、ひょうに　あらわしましょう。

くだものの　しゅるいと　数

くだもの	りんご	みかん	さくらんぼ	バナナ
数(こ)				

② ○を　つかって、①の　ひょうを
グラフに　あらわしましょう。

くだものの
しゅるいと　数

りんご	みかん	さくらんぼ	バナナ

③ 数が　一番　多い　くだものは
何ですか。　(　　　　　)

④ りんごと　みかんの　数の　ちがいは、
何こですか。　(　　　　　)

⑤ さくらんぼは　バナナより　何こ
多いですか。　(　　　　　)

できたらスゴイ!

⑥ くだものの　数を　ぜんぶ　合わせると、
何こに　なりますか。　(　　　　　)

❷ どんな　どうぶつが　何びき　いるか　しらべましょう。

1だい10点（40点）

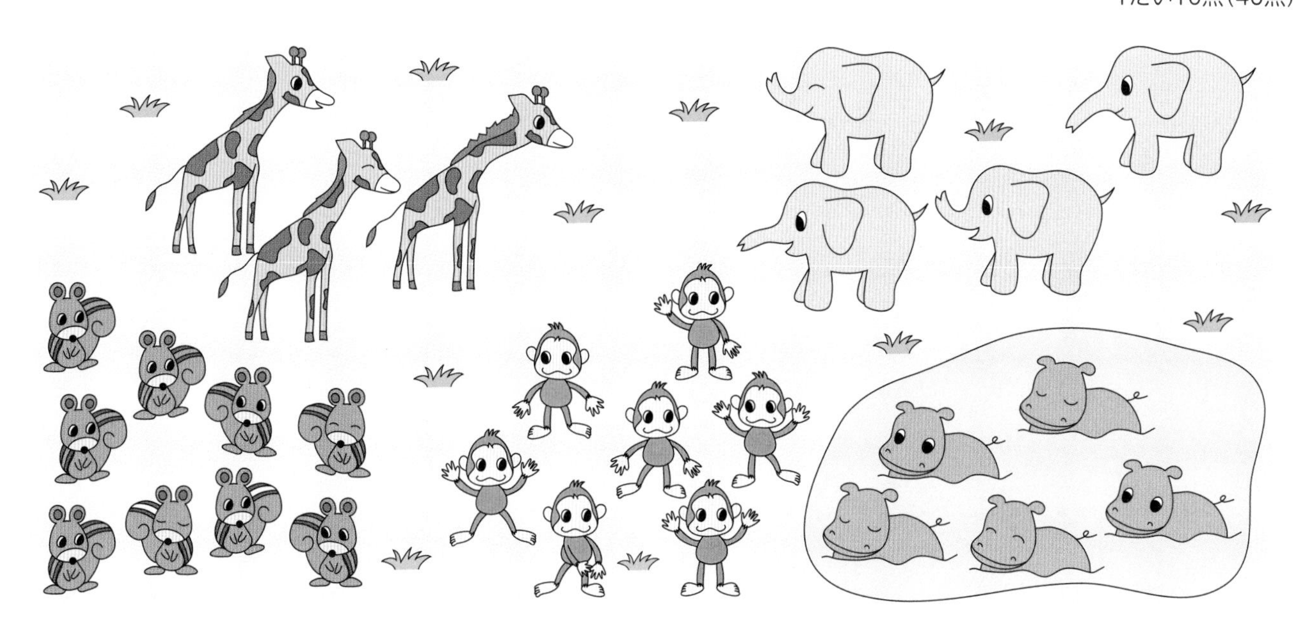

① どうぶつの　数を　しらべて、ひょうに　あらわしましょう。

どうぶつの　しゅるいと　数

どうぶつ	りす	きりん	さる	ぞう	かば
数（ひき）					

② ○を　つかって、①の　ひょうを
グラフに　あらわしましょう。

**どうぶつの
しゅるいと　数**

りす	きりん	さる	ぞう	かば

③ ２番目に　数が　少（すく）ないのは、どの
どうぶつですか。

（　　　　　　）

④ 数が　一番　多い　どうぶつと、
数が　一番　少ない　どうぶつの
数の　ちがいは、何びきですか。

（　　　　　　）

ふりかえり　❶が　わからない　ときは、２ページの　❶❷に　もどって　かくにんして　みよう。

がくしゅうび　月　日

① 2けたの　たし算

教科書 23～35ページ　答え 3ページ

つぎの □ に　あてはまる　数や　きごうを　書きましょう。

ねらい たし算のひっ算ができるようにしよう。　れんしゅう ❶❷→

たし算の　ひっ算の　しかた

くらいを　たてに　そろえて　計算する　しかたを　**ひっ算**と　いい、一のくらいから　じゅんに　計算します。

```
  42      くらいを        42     一のくらいの      42    十のくらいの
 +25      たてに     ➡  +25     計算を　する。 ➡  +25    計算を　する。
 ---      そろえて       ---     2+5=7              ---    4+2=6
          書く。           7                        67
```

1 つぎの　計算を　ひっ算で　しましょう。

(1)　35＋13　　(2)　27＋60　　(3)　82＋6

とき方 くらいを　たてに　そろえて　計算します。

(1)
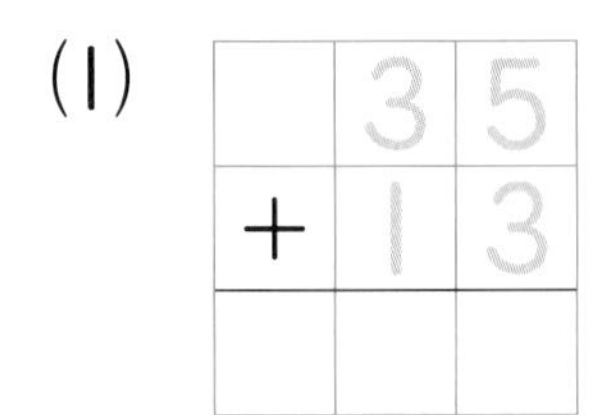

(2)
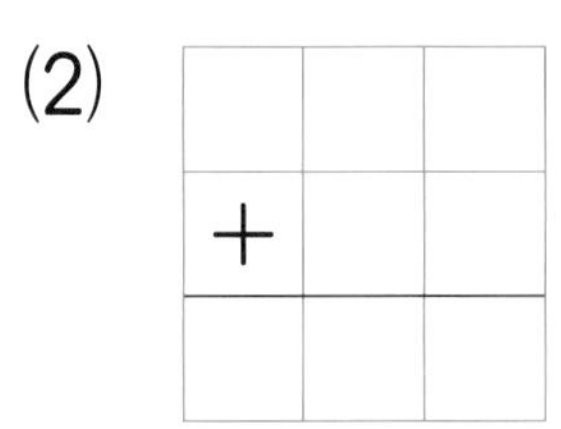

(3)
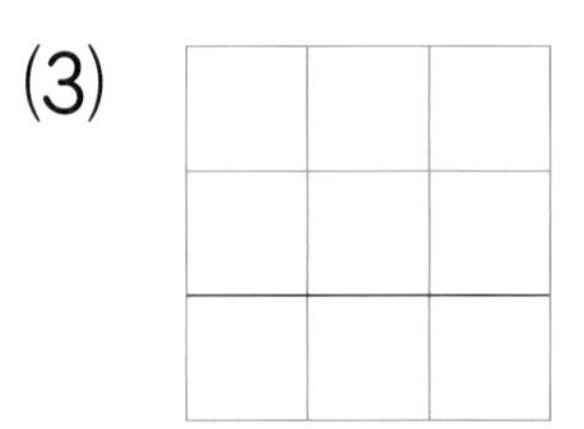

ねらい くり上がりのある、たし算のひっ算ができるようにしよう。　れんしゅう ❸❹→

くり上がりの　ある　たし算の　ひっ算の　しかた

10の　まとまりを　上の　くらいに　うつす　ことを　**くり上げる**と　いいます。

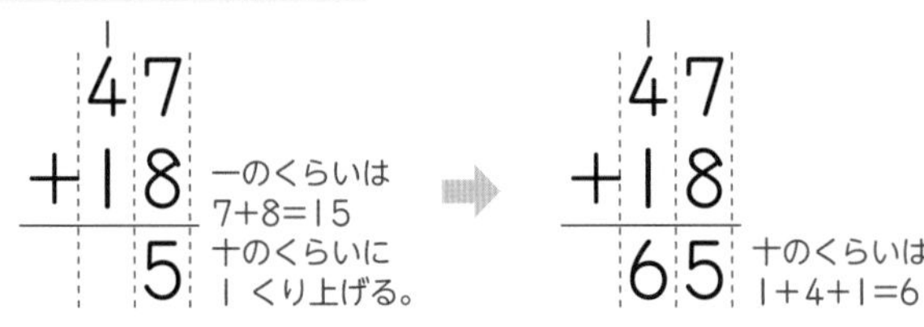

2 つぎの　計算を　ひっ算で　しましょう。

(1)　38＋26　　(2)　53＋37　　(3)　74＋8

とき方 十のくらいに　1　くり上げます。

(1)
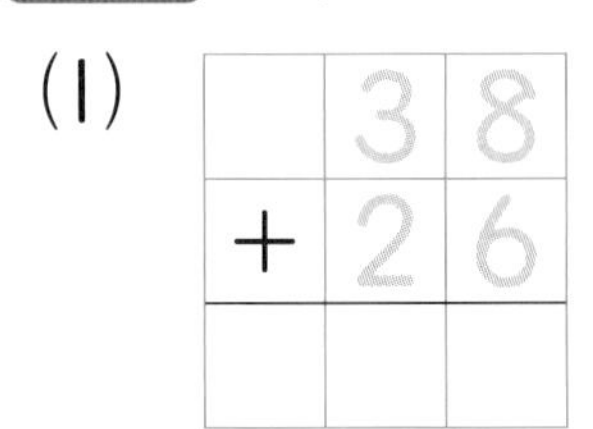

(2)
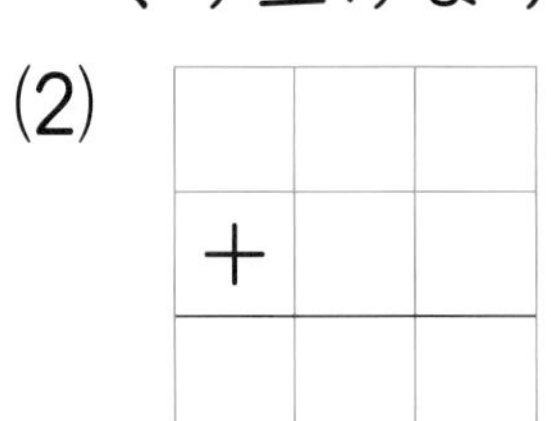

(3)
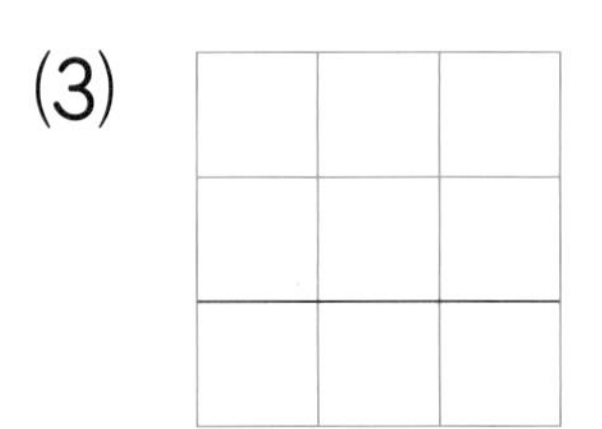

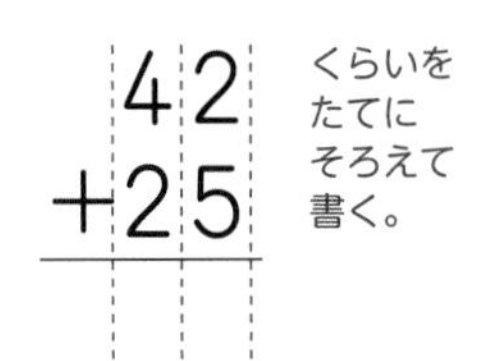
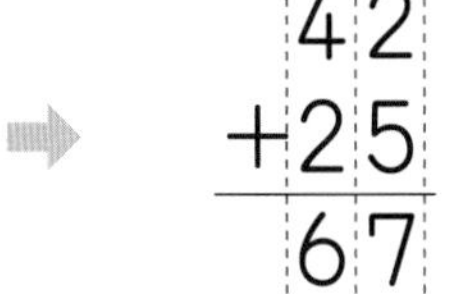

★できた　もんだいには、「た」を　書こう！★

①できた　②できた　③できた　④できた

がくしゅうび　　月　　日

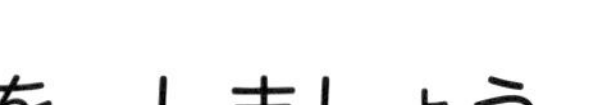

教科書 23～35ページ　答え 3ページ

1 計算を　しましょう。

教科書 24ページ 1

① 15+80　（　　　）

② 37+50　（　　　）

③ 20+76　（　　　）

2 つぎの　計算を　ひっ算で　しましょう。

教科書 25ページ 2、31ページ 3、4

① 23+21

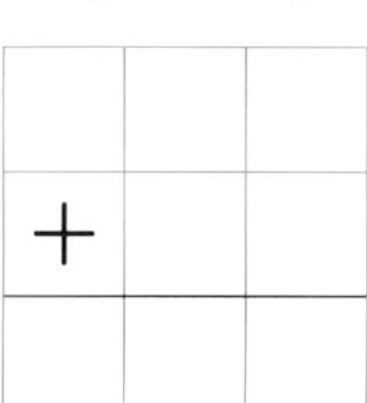

② 35+40

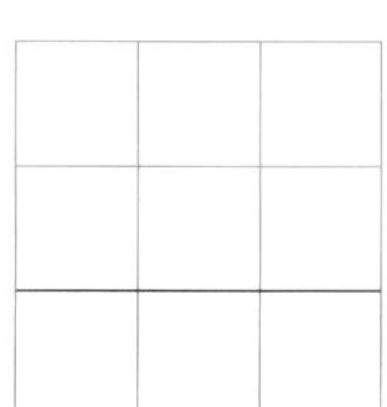

③ 50+43

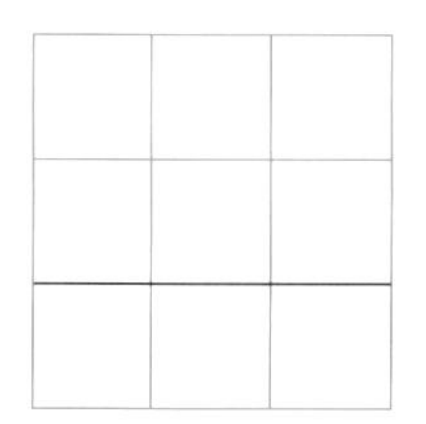

④ 71+8

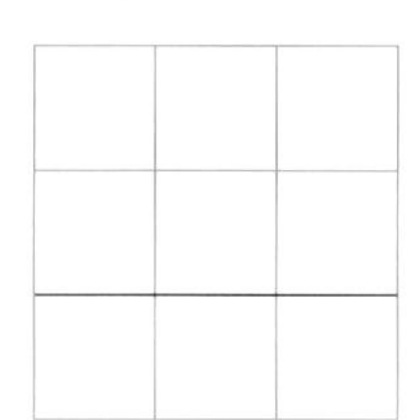

⑤ 4+64

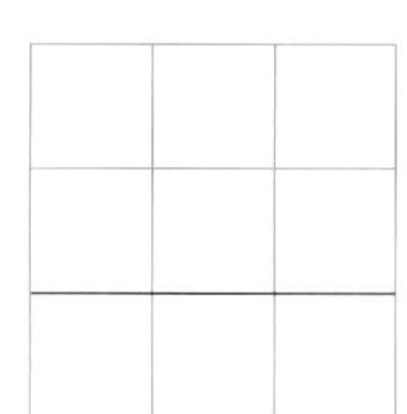

一のくらいから　先に　計算してね。

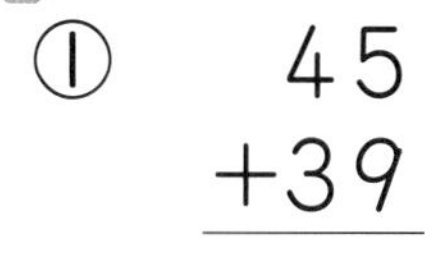

3 計算を　しましょう。

教科書 33ページ 5

① $\begin{array}{r} 45 \\ +39 \\ \hline \end{array}$

② $\begin{array}{r} 26 \\ +57 \\ \hline \end{array}$

③ $\begin{array}{r} 68 \\ +13 \\ \hline \end{array}$

④ $\begin{array}{r} 77 \\ +15 \\ \hline \end{array}$

⑤ $\begin{array}{r} 19 \\ +46 \\ \hline \end{array}$

十のくらいに　1　くり上げよう。

4 つぎの　計算を　ひっ算で　しましょう。

教科書 35ページ 6

① 26+34

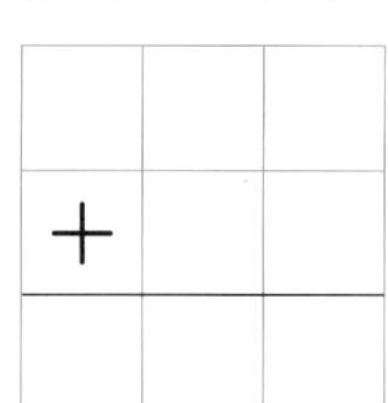

② 58+7

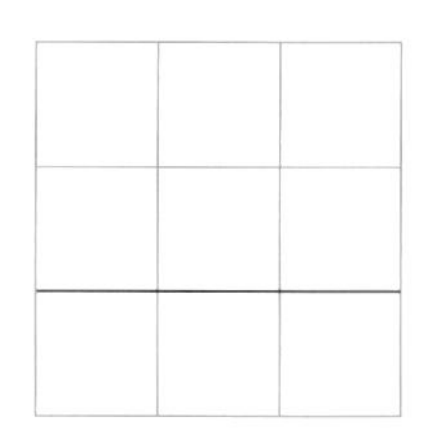

③ 2+69

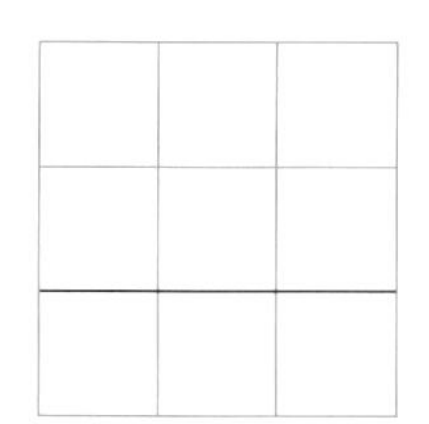

ヒント

1 ①　15を、10と　5に　分けて　考えましょう。
③　76を、70と　6に　分けて　考えましょう。

② たし算の　きまり

教科書 36〜37ページ　答え 3ページ

つぎの　□に　あてはまる　数や　きごうを　書きましょう。

ねらい　たし算のきまりをつかって、答えのたしかめができるようにしよう。れんしゅう ❶❷→

たし算の　きまり

たし算では、たされる数と　たす数を　入れかえて　計算しても、答えは　同じに　なります。

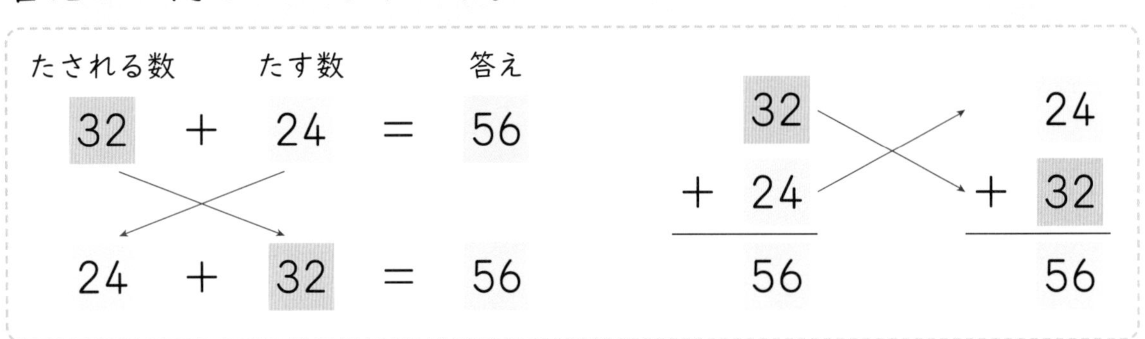

1 計算を　しましょう。また、たされる数と　たす数を　入れかえて　計算して、答えが　同じに　なる　ことを　たしかめましょう。

とき方　たされる数と　たす数を　入れかえて　たしかめを　します。

(1)
$$\begin{array}{r} 30 \\ +51 \\ \hline \square \end{array}$$

〔たしかめ〕

	5	1
+	3	0

(2)
$$\begin{array}{r} 8 \\ +33 \\ \hline \square \end{array}$$

〔たしかめ〕

(3)
$$\begin{array}{r} 42 \\ +28 \\ \hline \square \end{array}$$

〔たしかめ〕

30+51の　しきで、
30を　たされる数、
51を　たす数と　いうよ。

がくしゅうび　月　日

★できた　もんだいには、「た」を　書こう！★

できた ❶　できた ❷

教科書 36～37ページ　答え 3ページ

❶ □に　あてはまる　数や　ことばを　書きましょう。

教科書 36ページ 1

ゆかさんと　まりさんが　花つみを　しました。
ゆかさんは　27本、まりさんは　35本　つみました。
合わせて　何本　つみましたか。

ゆかさんは、27＋ ① □ ＝ ② □　答え ③ □ 本

まりさんは、35＋ ④ □ ＝ ⑤ □　答え ⑥ □ 本

と　計算しました。

ゆかさんと　まりさんの　答えは ⑦ □ に　なります。

❷ 計算を　しましょう。また、たされる数と　たす数を　入れかえて計算して、答えが　同じに　なる　ことを　たしかめましょう。

教科書 36ページ 1

① $\begin{array}{r} 56 \\ +30 \\ \hline \end{array}$ 〔たしかめ〕

② $\begin{array}{r} 23 \\ +35 \\ \hline \end{array}$ 〔たしかめ〕

③ $\begin{array}{r} 48 \\ +\ 9 \\ \hline \end{array}$ 〔たしかめ〕

④ $\begin{array}{r} 6 \\ +17 \\ \hline \end{array}$ 〔たしかめ〕

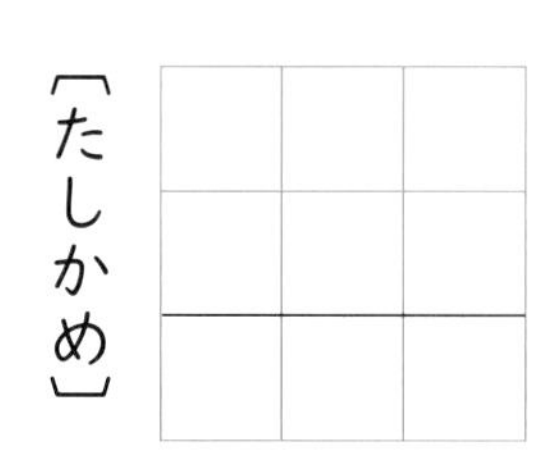

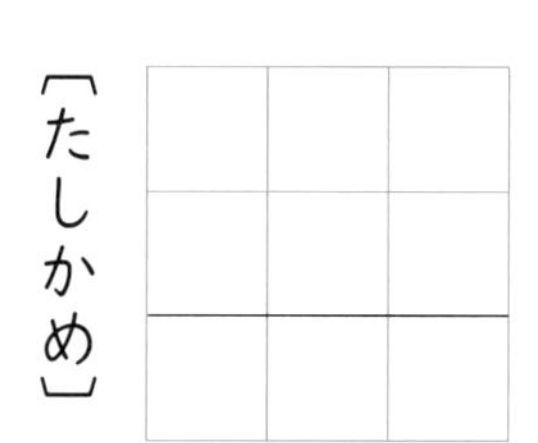

⑤ $\begin{array}{r} 59 \\ +12 \\ \hline \end{array}$ 〔たしかめ〕

⑥ $\begin{array}{r} 25 \\ +49 \\ \hline \end{array}$ 〔たしかめ〕

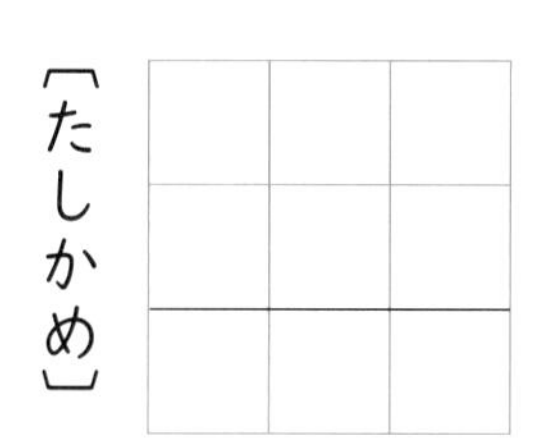

ひっ算と　たしかめが　同じ
答えに　ならなかったら
まちがって　いるよ。

たし算を　したら、たしかめを　する
もんだいで　なくても、たしかめを
するように　しよう。

ヒント
❷ ①　たしかめは　30＋56 です。
③　たしかめは　9＋48 です。

② 2けたの　たし算

教科書 23～38ページ　答え 4ページ

知識・技能　／60点

1 計算(けいさん)を　しましょう。　1つ3点(9点)

① 50＋17　② 40＋36　③ 70＋25

2 よく出る　つぎの　計算を　ひっ算(さん)で　しましょう。　1つ3点(27点)

① 52＋17　② 74＋19　③ 47＋35

④ 39＋54　⑤ 38＋32　⑥ 51＋29

⑦ 85＋8　⑧ 6＋57　⑨ 74＋6

3 答(こた)えが　同(おな)じに　なる　カードを　計算しないで　見つけて、きごうを　書(か)きましょう。　1つ4点(12点)

あ	41＋27	い	36＋58	う	27＋41
え	84＋9	お	58＋36	か	9＋84

（　　と　　）（　　と　　）（　　と　　）

がくしゅうび　　月　　日

4 よく出る 計算の　まちがいを　見つけて、正しく　計算しましょう。

1つ4点(12点)

① 29+45　　② 37+43　　③ 3+68

$$\begin{array}{r} 29 \\ +45 \\ \hline 64 \end{array} \qquad \begin{array}{r} 37 \\ +43 \\ \hline 710 \end{array} \qquad \begin{array}{r} 3 \\ +68 \\ \hline 98 \end{array}$$

思考・判断・表現

／40点

5 50円の　ガムと　28円の　あめを　買(か)いました。合(あ)わせて　何(なん)円ですか。

しき・答え　1つ5点(10点)

しき

答え（　　　　）

6 池(いけ)に、かもが　56わ　いました。そこへ　7わ　とんで　来(き)ました。ぜんぶで　何ばに　なりましたか。

しき・ひっ算・答え　1つ5点(15点)

ひっ算

しき

答え（　　　　）

できたらスゴイ！

7 まゆさんは　シールを　48まい　もって　います。りかさんは　まゆさんより　14まい　多(おお)く　もって　います。りかさんは　シールを　何まい　もって　いますか。

しき・ひっ算・答え　1つ5点(15点)

ひっ算

しき

答え（　　　　）

ふりかえり　**1**が　わからない　ときは、6ページの　**1**に　もどって　かくにんして　みよう。

ふろくの「計算せんもんドリル」1～3も　やって　みよう！

ぴったり1 じゅんび

3分でまとめ

3 2けたの　ひき算

① 2けたの　ひき算

がくしゅうび　月　日

教科書 39～49ページ　答え 5ページ

つぎの □ に あてはまる 数や きごうを 書きましょう。

ねらい ひき算のひっ算ができるようにしよう。　れんしゅう ❶❷→

ひき算の　ひっ算の　しかた

たし算の　ひっ算と　同じように、くらいを　たてに　そろえて、一のくらいから　じゅんに　計算します。

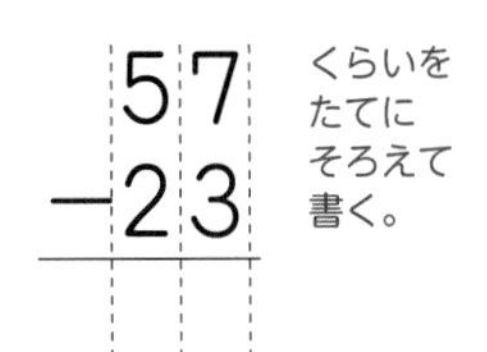

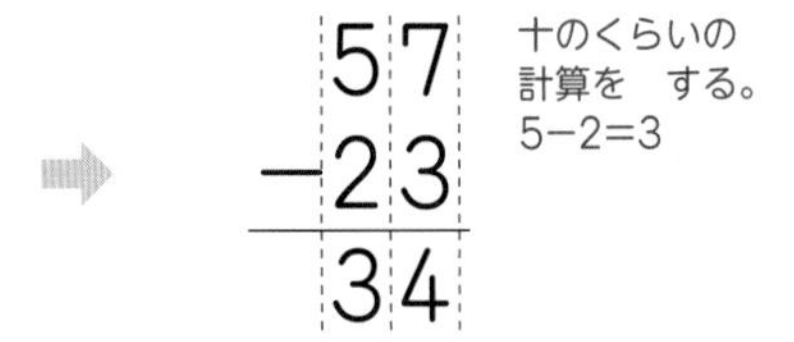

1 つぎの　計算を　ひっ算で　しましょう。

(1) 68−17　(2) 49−20　(3) 35−5

とき方 くらいを　たてに　そろえて　計算します。

(1)
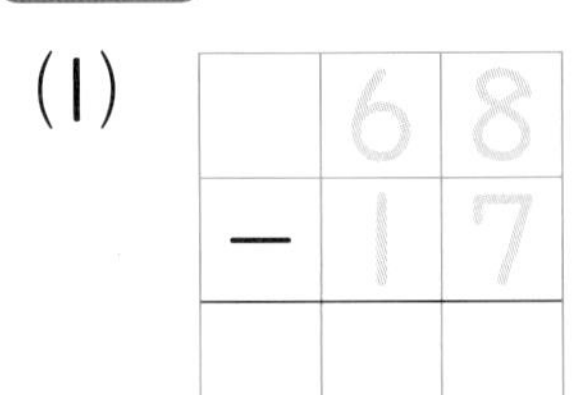
(2)
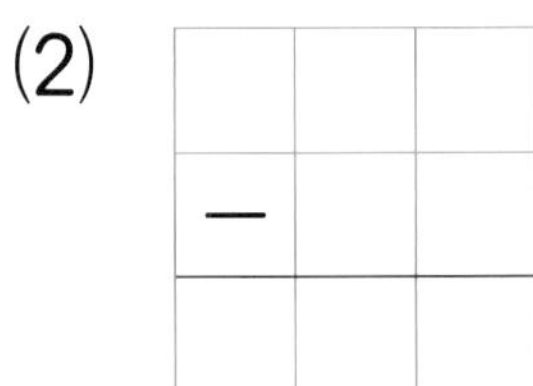
(3)

ねらい くり下がりのある、ひき算のひっ算ができるようにしよう。　れんしゅう ❸❹→

くり下がりの　ある　ひき算の　ひっ算の　しかた

上の　くらいの　1を　下の　くらいに　うつして　10に　する　ことを　**くり下げる**と　いいます。

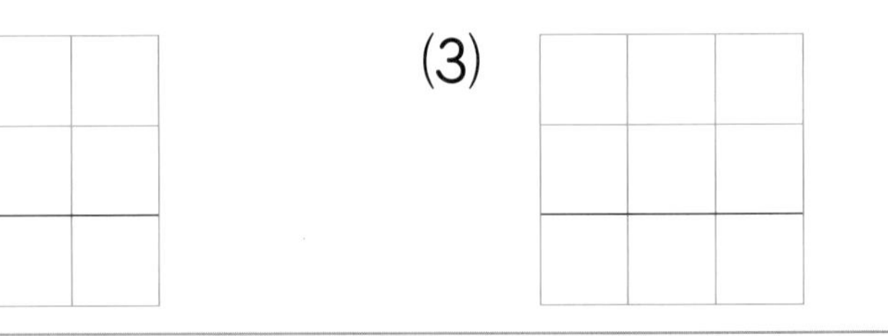

2 つぎの　計算を　ひっ算で　しましょう。

(1) 42−28　(2) 70−19　(3) 55−7

とき方 十のくらいから　1　くり下げます。

(1)
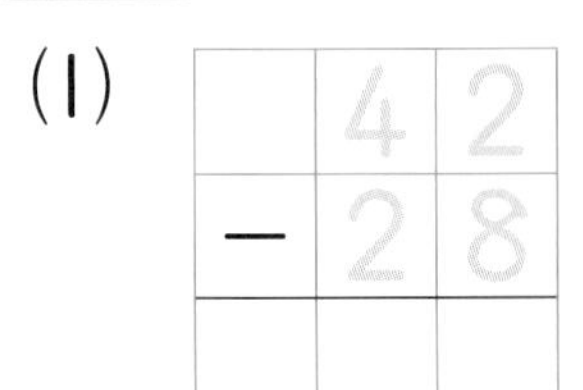
(2)
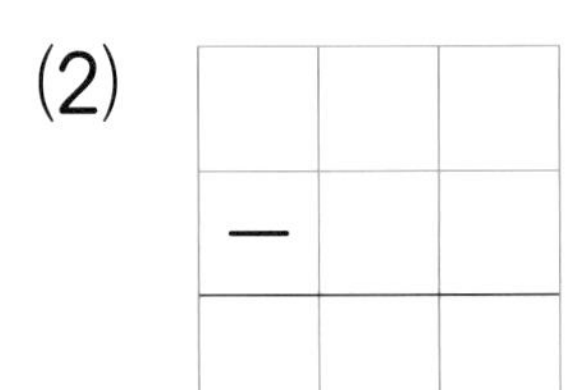
(3)
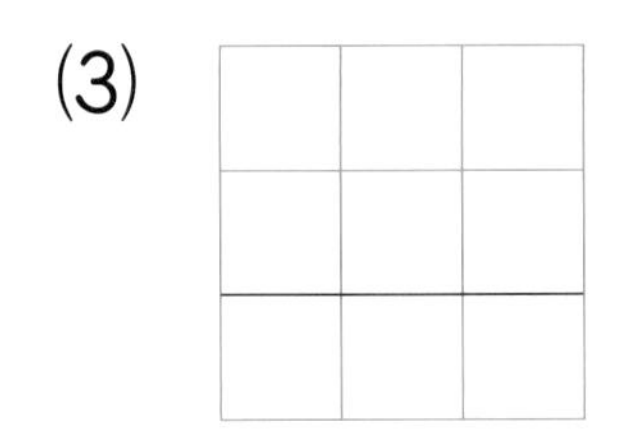

がくしゅうび　月　日

★できた　もんだいには、「た」を　書こう！★

① でき　② でき　③ でき　④ でき

教科書 39～49ページ　答え 5ページ

① 計算を　しましょう。

教科書 40ページ 1

① 53－30　(　　)　② 64－40　(　　)　③ 72－70　(　　)

② つぎの　計算を　ひっ算で　しましょう。

① 36－15

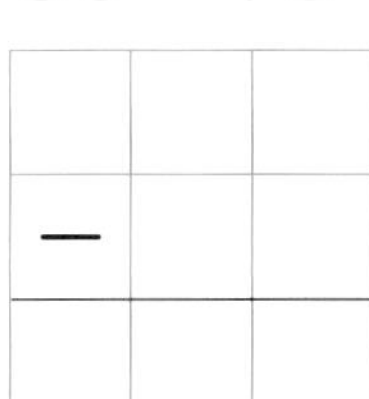

② 49－27

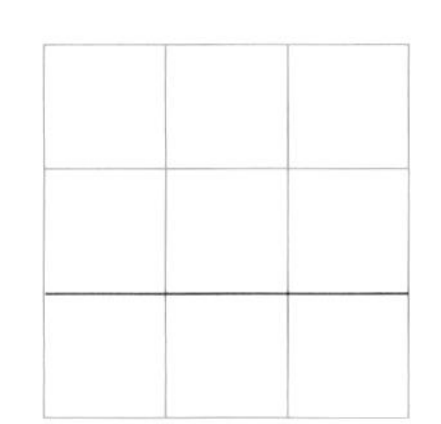

③ 86－56

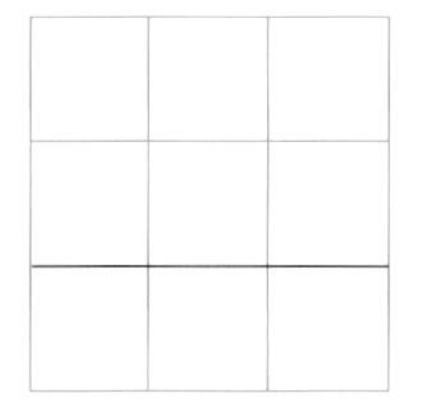

④ 57－50

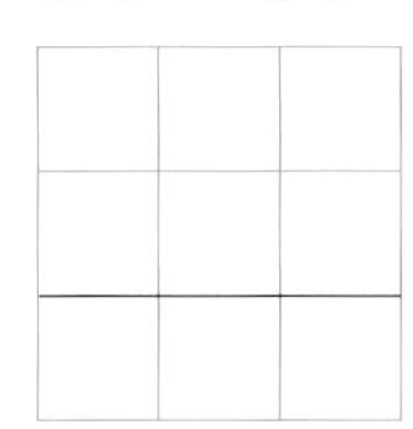

⑤ 70－30

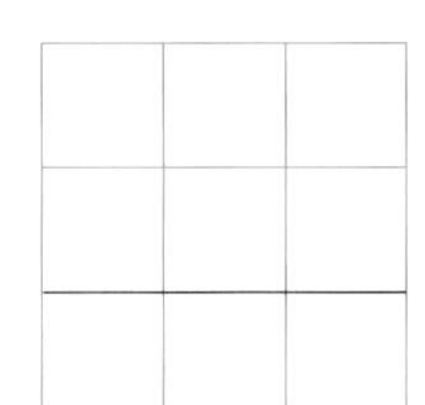

ひき算でも、
一のくらいから
計算するよ。

③ 計算を　しましょう。

教科書 45ページ 5、47ページ 6、49ページ 7

①

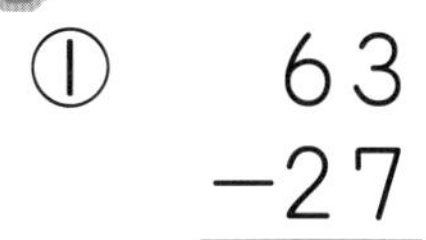

②
$$\begin{array}{r} 71 \\ -34 \\ \hline \end{array}$$

③
$$\begin{array}{r} 90 \\ -24 \\ \hline \end{array}$$

④
$$\begin{array}{r} 54 \\ -48 \\ \hline \end{array}$$

⑤
$$\begin{array}{r} 80 \\ -\ \ 6 \\ \hline \end{array}$$

十のくらいから　1
くり下げた　ことを
わすれないでね。

よくよんで

④ 教室(きょうしつ)に　35人　いました。18人が　外(そと)に　あそびに　行(い)きました。教室に　のこって　いる　人は　何人(なんにん)ですか。

教科書 45ページ 5

しき

答(こた)え (　　　)

ヒント

③ ① 一のくらいは、十のくらいから　1　くり下げて、13－7＝6
十のくらいは、1　くり下げたので　5－2＝3

② 計算の　たしかめ

教科書 50～51ページ　答え 5ページ

つぎの □ に　あてはまる　数(かず)や　きごうを　書(か)きましょう。

ねらい　ひき算(ざん)の答(こた)えのたしかめができるようにしよう。　れんしゅう ❶❷→

たし算と　ひき算の　かんけい

ひき算の　答えに　ひく数を　たすと、ひかれる数に　なります。

1 計算(けいさん)を　して、答えの　たしかめも　しましょう。

(1) 43－30　　(2) 50－4　　(3) 32－18

とき方　ひき算の　答えに　ひく数を　たして、答えを　たしかめる　ことが　できます。

(1)
$$\begin{array}{r} 43 \\ -30 \\ \hline \square \end{array}$$

〔たしかめ〕

	1	3
＋	3	0

(2)
$$\begin{array}{r} 50 \\ -\ \ 4 \\ \hline \square \end{array}$$

〔たしかめ〕

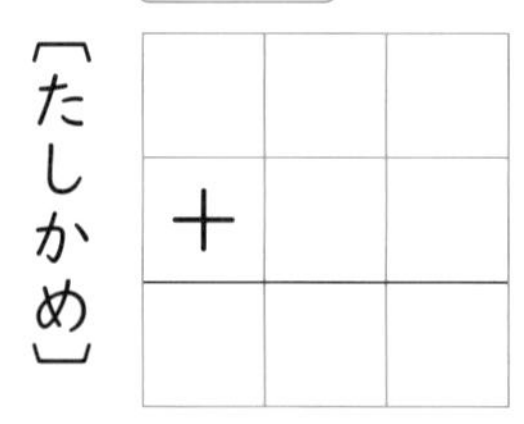

(3)
$$\begin{array}{r} 32 \\ -18 \\ \hline \square \end{array}$$

〔たしかめ〕

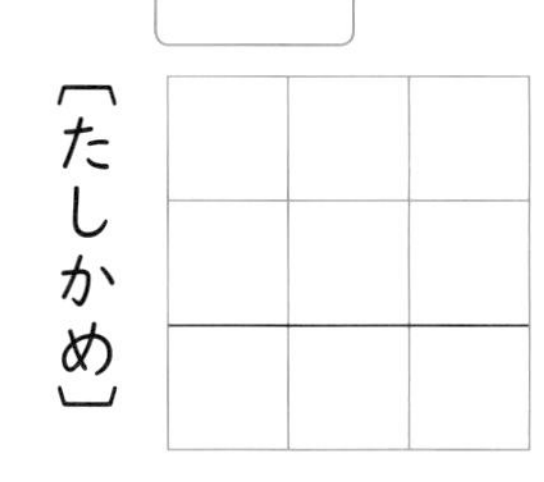

43－30の　しきで、
43を　ひかれる数、
30を　ひく数と　いうよ。

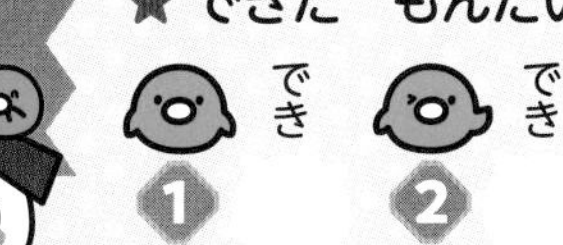

★できた もんだいには、「た」を 書こう！★

でき ① でき ②

教科書 50～51ページ　答え 5ページ

1 □に あてはまる 数を 書きましょう。

教科書 50ページ 1

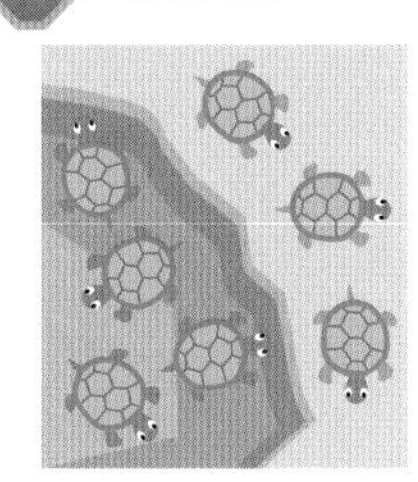

岩(いわ)の 上に かめが 16ぴき いました。9ひきが 池(いけ)の 中に 入りました。岩の 上に のこって いる かめは 何(なん)びきですか。

16－① □ ＝② □　答え ③ □ ひき

岩の 上に のこって いる かめと、池の 中の かめを 合(あ)わせると 何びきに なりますか。

④ □ ＋⑤ □ ＝⑥ □　答え ⑦ □ ぴき

2 計算を して、答えの たしかめも しましょう。

教科書 50ページ 1

① $\begin{array}{r} 63 \\ -40 \\ \hline \end{array}$ 〔たしかめ〕

② $\begin{array}{r} 75 \\ -32 \\ \hline \end{array}$ 〔たしかめ〕

③ $\begin{array}{r} 29 \\ -\ \ 7 \\ \hline \end{array}$ 〔たしかめ〕

④ $\begin{array}{r} 81 \\ -\ \ 6 \\ \hline \end{array}$ 〔たしかめ〕

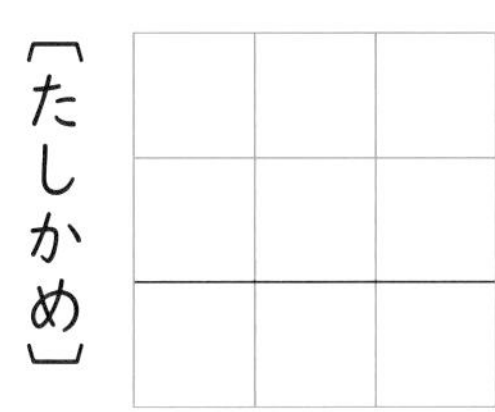

⑤ $\begin{array}{r} 53 \\ -37 \\ \hline \end{array}$ 〔たしかめ〕

⑥ $\begin{array}{r} 70 \\ -63 \\ \hline \end{array}$ 〔たしかめ〕

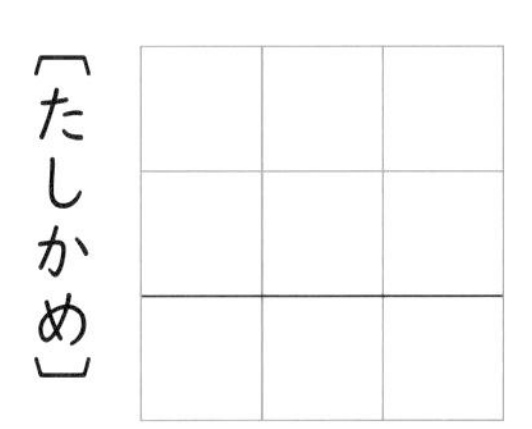

たしかめの 答えが ひかれる数に
ならなかったら まちがって いるね。

2 ① (答え)＋40が 63に なるか たしかめます。
③ (答え)＋7が 29に なるか たしかめます。

③ 2けたの　ひき算

教科書 39～52ページ　答え 6ページ

知識・技能　／60点

1 計算(けいさん)を　しましょう。

1つ3点(9点)

① 65−20　② 77−40　③ 82−60

2 よく出る　つぎの　計算を　ひっ算(さん)で　しましょう。

1つ3点(27点)

① 74−50　② 32−12　③ 56−41

④ 45−5　⑤ 85−27　⑥ 70−34

⑦ 62−57　⑧ 80−7　⑨ 91−8

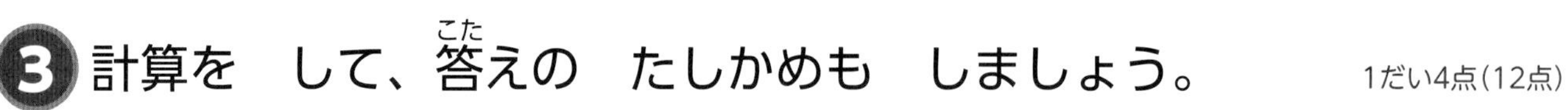

3 計算を　して、答(こた)えの　たしかめも　しましょう。

1だい4点(12点)

① $\begin{array}{r} 96 \\ -63 \\ \hline \end{array}$　② $\begin{array}{r} 60 \\ -24 \\ \hline \end{array}$　③ $\begin{array}{r} 82 \\ -\ \ 6 \\ \hline \end{array}$

〔たしかめ〕　〔たしかめ〕　〔たしかめ〕

がくしゅうび　月　日

4 よく出る 計算の　まちがいを　見つけて、正しく　計算しましょう。

1つ4点(12点)

① 52－18　② 80－35　③ 93－5

思考・判断・表現　／40点

5 どうぶつ園(えん)に、モルモットが　25ひき、うさぎが　18ぴき　います。どちらが　何(なん)びき　多(おお)いですか。

しき・ひっ算・答え　1つ5点(15点)

しき

ひっ算

答え（　　　　）

6 きのうの　おきゃくさんは　85人でした。今日(きょう)は　きのうより　16人　少(すく)なかったそうです。今日の　おきゃくさんは　何人でしたか。

しき・ひっ算・答え　1つ5点(15点)

しき

ひっ算

答え（　　　　）

できたらスゴイ！

7 1 2 4 5 7 8の　6まいの　カードを　1回(かい)ずつ　つかって、たし算(ざん)や　ひき算の　ひっ算を　つくります。□に　あてはまる　数(かず)を　書(か)きましょう。

1だい5点(10点)

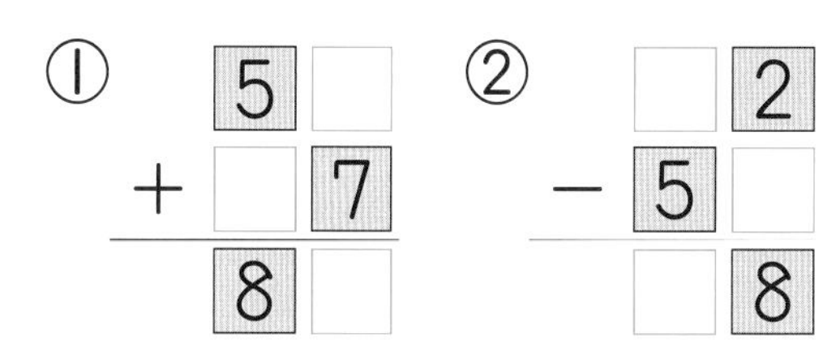

ふろくの「計算せんもんドリル」4～6も　やって　みよう！

ふりかえり　1が　わからない　ときは、12ページの　1に　もどって　かくにんして　みよう。

① 長さの あらわし方

教科書 53〜62ページ 答え 7ページ

つぎの □ に あてはまる 数を 書きましょう。

ねらい cm(センチメートル)という長さのたんいをりかいしよう。 れんしゅう 3→

cm(センチメートル)

長さの たんいに **cm(センチメートル)**が あります。長さは 1cmの いくつ分で あらわします。

1 テープの 長さは 何cmですか。

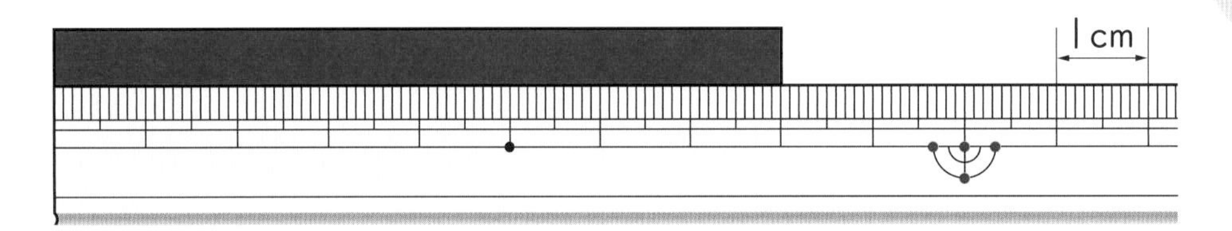

とき方 長さは ものさしで はかる ことが できます。
1cmが 8つ分で [8] cmです。

ねらい mm(ミリメートル)という長さのたんいをりかいしよう。 れんしゅう 1 2 4 5→

mm(ミリメートル)

1cmを 同じ 長さに 10こに 分けた 1つ分の 長さは、**1mm(1ミリメートル)**です。

1cm＝10mm

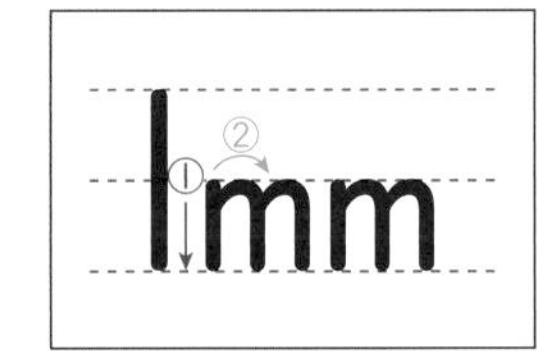

みじかい 長さは、小さい
たんい mmを つかって
あらわすよ。

2 テープの 長さは どれだけですか。

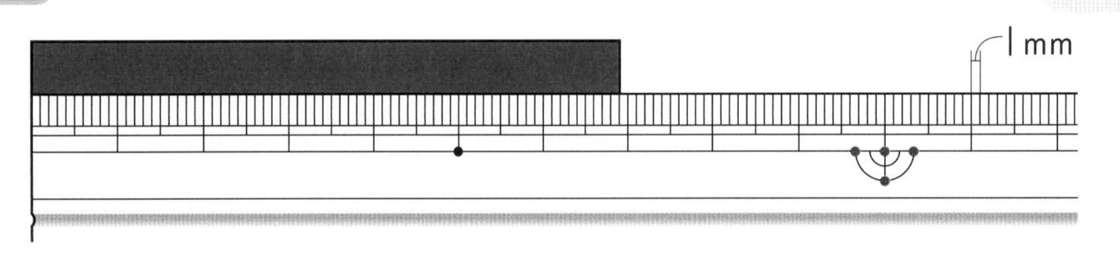

とき方 1cmが 6つ分で [①] cm、1mmが 9つ分で [②] mmなので、[③] cm [④] mmです。

★できた　もんだいには、「た」を　書こう！★

できた ① できた ② できた ③ できた ④ できた ⑤

教科書 53〜62ページ　答え 7ページ

1 □に　あてはまる　ことばを　書きましょう。

教科書 57ページ3、61ページ6

① cmや　mmは　長さの　□です。

② まっすぐな　線(せん)を　□と　いいます。

2 ものさしの　左の　はしから　ア、イ、ウの　↓までの　長さは、それぞれ　どれだけですか。

教科書 59ページ4

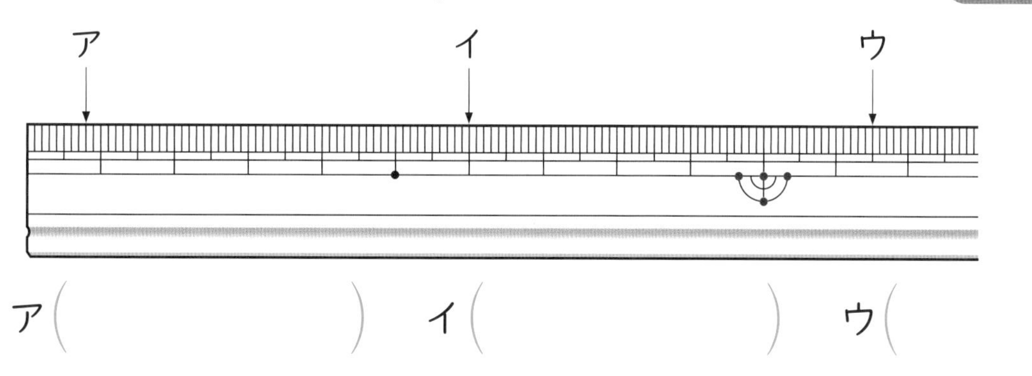

ア(　　)　イ(　　)　ウ(　　)

3 下の　線の　長さを　はかりましょう。

教科書 59ページ4

① ――――――――　(　　)

② ――――――――――――　(　　)

4 長い　じゅんに　書きましょう。

教科書 60ページ5

1cm8mm　　5cm4mm　　8cm1mm

(　　　　)

5 ・から　つぎの　長さの　直線(ちょくせん)を　ひきましょう。

教科書 61ページ6

① 7cm

・

② 10cm3mm

・

ものさしの
はしを　・に
合(あ)わせるよ。

ヒント

❷ まず、左はしから　何cmかを　もとめて、つぎに　何mmかを　もとめます。

❹ まず、cmの　大きさを　くらべましょう。

② 長さの　計算

教科書 63ページ　答え 7ページ

つぎの □ に　あてはまる　数(かず)を　書(か)きましょう。

ねらい　長(なが)さの計算(けいさん)ができるようにしよう。　れんしゅう ❶❷❸→

長さの　計算

cm と　mm が　入った　長さの　計算は、同(おな)じ　たんいの数どうしを　計算します。

7cm
2cm 4mm ＋ 5cm 1mm ＝ 7cm 5mm
5mm

ひき算(ざん)も同じようにできるよ。

1 あの　テープは　4cm5mm、いの　テープは　3cm の　長さです。２本の　テープを　合(あ)わせた　長さは　どれだけですか。

あ
い

とき方　合わせた　長さを　もとめるので、たし算(ざん)の　しきに　なります。

長さも　計算ができるよ。

2 1の　テープの　長さの　ちがいは　どれだけですか。

とき方　長さの　ちがいを　もとめるので、ひき算の　しきに　なります。

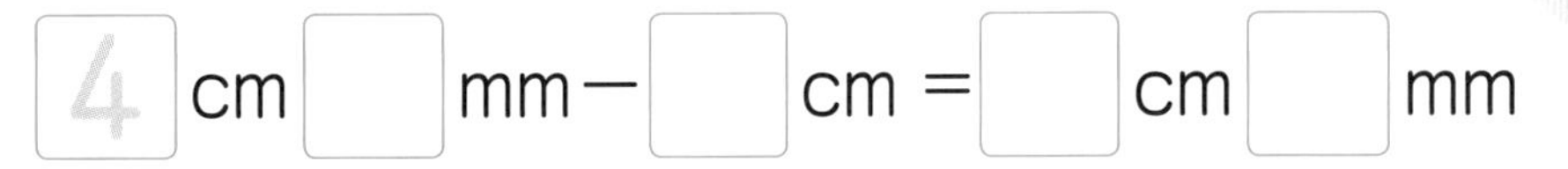

同じ　たんいの　数どうしを　計算するよ。長い　ほうから　みじかい　ほうを　ひくよ。

ぴったり2
れんしゅう

★できた　もんだいには、「た」を　書こう！★

できた 1　できた 2　できた 3

がくしゅうび　　月　　日

教科書 63ページ　答え 7ページ

よくみて

1 計算を　しましょう。 教科書 63ページ 1

① 1cm6mm＋2mm＝□cm□mm

② 4cm＋3cm6mm＝□cm□mm

③ 6cm3mm＋2cm4mm＝□cm□mm

④ 5cm5mm＋9cm3mm＝□cm□mm

⑤ 2cm7mm－6mm＝□cm□mm

⑥ 8cm3mm－2cm＝□cm□mm

⑦ 7cm9mm－4cm7mm＝□cm□mm

⑧ 3cm6mm－2cm5mm＝□cm□mm

たんいを　よく
見て　計算しよう。

2 6cmの　リボンと　4cmの　リボンが　あります。
合わせると　何(なん)cmに　なりますか。 教科書 63ページ 1

しき　□cm＋□cm＝□cm

答(こた)え　□cm

3 はがきの　たての　長さは　14cm8mm、よこの　長さは　10cmです。たてと　よこの　長さの　ちがいは　何cm何mmですか。 教科書 63ページ 1

しき　□cm□mm－□cm＝□cm□mm

答え　□cm□mm

ヒント
1 たんいを　よく　見て、同じ　たんいの　数どうしを　計算します。
2 「合わせると」なので、たし算で　もとめます。

4 長さの　たんい

教科書 53～65 ページ　答え 8 ページ

知識・技能　／100点

1 (　　)に　あてはまる　たんいを　書きましょう。　1つ4点(12点)

① 教科書の　あつさ ……………………………… 9 (　　)

② えんぴつキャップの　長さ ………………………… 3 (　　)

③ つくえの　よこの　長さ ……………………………… 68 (　　)

2 よく出る ものさしの　左の　はしから　ア、イ、ウ、エの　↓までの　長さは、それぞれ　どれだけですか。　1つ5点(20点)

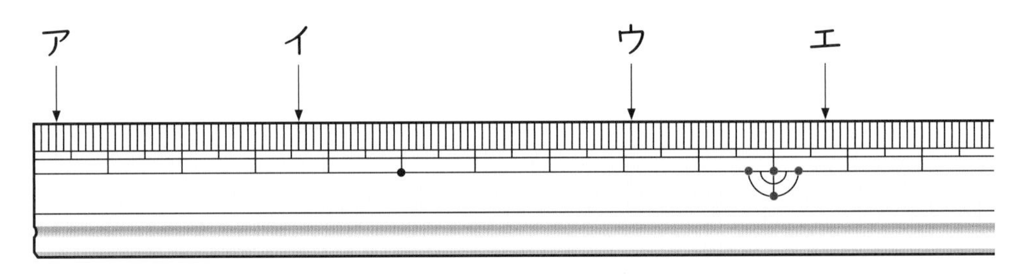

ア(　　)　イ(　　)

ウ(　　)　エ(　　)

3 よく出る つぎの　直線の　長さを　はかりましょう。　1つ4点(12点)

① (　　)

② (　　)

③ (　　)

4 長い　じゅんに　書きましょう。

1だい7点(14点)

① 5cm　48mm　53mm　4cm7mm

(　　　　　　　　　　　　)

② 2cm8mm　32mm　8cm2mm　50mm

(　　　　　　　　　　　　)

5 よく出る □に　あてはまる　数(かず)を　書きましょう。

1だい4点(16点)

① 3cm＝□mm　② 7cm4mm＝□mm

③ 67mm＝□cm□mm

④ 102mm＝□cm□mm

6 よく出る つぎの　長さの　直線を　ひきましょう。

1つ5点(10点)

① 6cm

② 11cm2mm

7 よく出る 計算(けいさん)を　しましょう。

1つ4点(16点)

① 2cm5mm＋7cm

② 3cm4mm＋8cm2mm

③ 9cm6mm－3mm

④ 6cm7mm－1cm1mm

ふりかえり　1が　わからない　ときは、18ページの　1 2に　もどって　かくにんして　みよう。

① 数の あらわし方－1

つぎの □ に あてはまる 数を 書きましょう。

ねらい 100より大きい数を数字であらわせるようにしよう。 れんしゅう 1～4

100より 大きい 数の あらわし方

100を 2こ あつめた 数を 200と 書いて、二百と 読みます。

200と 30と 7を 合わせた 数を 237と 書いて、二百三十七と 読みます。

1 おり紙の 数を 数字で 書きましょう。

(1)

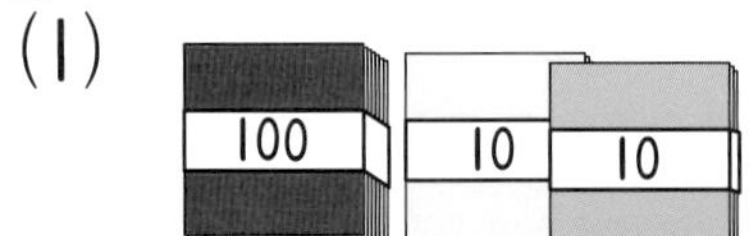

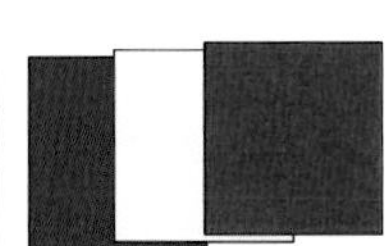

(2)

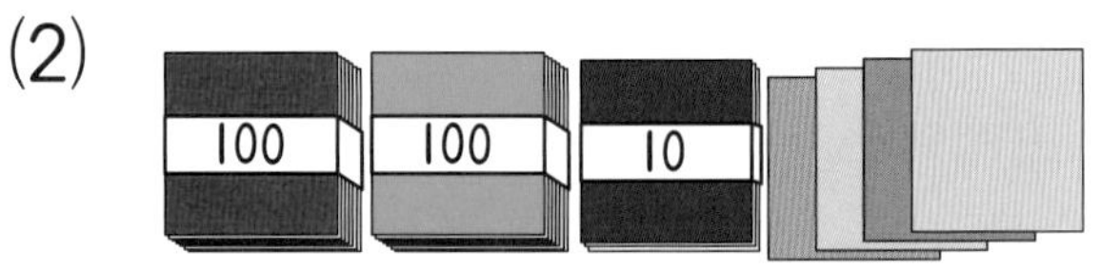

とき方 100や 10や 1が、いくつ あるかを 考えます。

(1) 100が 1こ、10が 2こ、1が 3こで 123 (まい)

(2) 100が 2こ、10が 1こ、1が 4こで □ (まい)

2 つぎの 数を 数字で 書きましょう。

(1) 四百七　(2) 五百四十六

とき方 (1) 400と 7を 合わせた 数は、□ です。

(2) 500と 40と 6を 合わせた 数は、□ です。

3 380は、10を いくつ あつめた 数ですか。

とき方 100は、10を 10こ あつめた 数です。

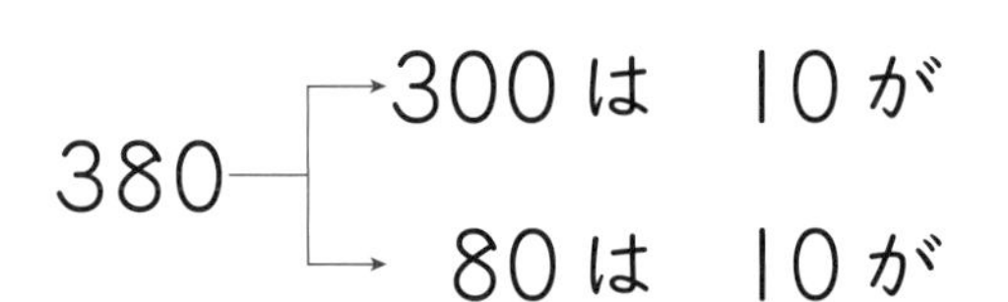

ぴったり2

れんしゅう

がくしゅうび　月　日

★できた　もんだいには、「た」を　書こう！★

できた ① できた ② できた ③ できた ④

教科書 66〜73ページ　答え 9ページ

1 つぎの　数を　読んで、かん字で　書きましょう。

教科書 70ページ 2

① 132　(　　　)　② 560　(　　　)　③ 906　(　　　)

2 つぎの　数を　数字で　書きましょう。

教科書 70ページ 2

① 百四十五　(　　　)　② 八百九十　(　　　)　③ 七百四　(　　　)

3 つぎの　数を　数字で　書きましょう。

教科書 70ページ 2

① 100を　3こ、10を　4こ、1を　8こ　合わせた　数　(　　　)

② 100を　6こと、10を　5こ　合わせた　数　(　　　)

! まちがいちゅうい

③ 百のくらいの　数字が　7で、十のくらいの　数字が　0で、一のくらいの　数字が　9の　数　(　　　)

よくよんで

4 □に　あてはまる　数を　書きましょう。

教科書 70ページ 2、72ページ 3、73ページ 4

① 572は　100を　□こ、10を　□こ、1を　□こ　合わせた　数です。

② 10を　54こ　あつめた　数は　□です。

③ 820は　10を　□こ　あつめた　数です。

④ 600は　10を　□こ　あつめた　数です。

10を　10こ　あつめると　100だね。

ヒント

2 ①　100と　40と　5を　合わせた　数です。

4 ①　100を　5こ　あつめると　500、10を　7こ　あつめると　70です。

つぎの □に あてはまる 数や きごうを 書きましょう。

◎ねらい 1000までの数の大小をくらべることができるようにしよう。 れんしゅう ①②③→

数の 大小

＞、＜を つかって、数の 大小を あらわします。

534＞462
534＜551

大 ＞ 小
小 ＜ 大

1 359と 371の 大きさを くらべて、＞か ＜を 書きましょう。

とき方 百のくらいの 数字は どちらも 3 で 同じです。十のくらいの 数字は 5と □ だから、359 □ 371

3	5	9
3	7	1

◎ねらい 1000という数や、1000までの数のならび方がわかるようにしよう。 れんしゅう ④→

千

100を 10こ あつめた 数を 1000と 書いて、千と 読みます。

0 100 200 300 400 500 600 700 800 900 1000

2 つぎの 数を 数字で 書きましょう。

(1) 1000より 200 小さい 数

(2) 700より 300 大きい 数

1000は 10を いくつ あつめた 数かな。

とき方 数の線で 考えます。

0 100 200 300 400 500 600 700 800 900 1000

(1) 200 小さい
(2) 300 大きい

1目もりが 100なので、

(1)は 800、(2)は □ です。

1 下の 数の線で、270 を あらわす 目もりに ↑を 書きましょう。

教科書 74ページ 5

0　100　200　300　400　500　600

2 2つの 数の 大きさを くらべて、□に ＞か ＜を 書きましょう。

教科書 75ページ 6

① 701 □ 699

② 528 □ 533

③ 342 □ 324

数の 大きさを くらべる ときは、上の くらいの 数字から じゅんに くらべよう。

3 420 を いろいろな 見方(みかた)で あらわしました。□に あてはまる 数を 書きましょう。

教科書 76ページ 7

① 420は 100を □こと、10を □こ 合(あ)わせた 数です。

② 420は 10を □こ あつめた 数です。

③ 420は 400より □ 大きい 数です。

④ 420は 500より □ 小さい 数です。

しきで 420=400+20と あらわす ことも できるよ。

4 □に あてはまる 数を 書きましょう。

教科書 77ページ 1

① 100を 10こ あつめた 数は □です。

② 10を □こ あつめると 1000に なります。

ヒント
1 数の線の 1目もりの 大きさは 10です。
2 ①は 百のくらい、②と ③は 十のくらいの 数字を くらべます。

③ たし算と ひき算

がくしゅうび 月 日

教科書 78ページ　答え 10ページ

つぎの □に あてはまる 数を 書きましょう。

ねらい (何十)＋(何十)の計算ができるようにしよう。 れんしゅう 1 2

70＋40の 計算の しかた

10の いくつ分で 考えます。

70 ＋ 40 ＝ 110

10が 7こ　10が 4こ　10が 7+4で 11こ

⑩⑩⑩⑩⑩⑩⑩ ⑩⑩⑩⑩

1 計算を しましょう。

(1) 50＋80　(2) 90＋30

とき方 10が 何こに なるかで 計算します。

(1) 10が 5 こと 10が □ こを たして、□

(2) 10が □ こと 10が □ こを たして、□

ねらい (百何十)－(何十)の計算ができるようにしよう。 れんしゅう 1 3

120－50の 計算の しかた

たし算と 同じように、10の いくつ分で 考えます。

120 － 50 ＝ 70

10が 12こ　10が 5こ　10が 12−5で 7こ

⑩⑩⑩⑩⑩⑩⑩⑩⑩⑩⑩⑩

2 計算を しましょう。

(1) 110－60　(2) 140－90

とき方 10が 何こに なるかで 計算します。

(1) 10が 11 こから 10が □ こを ひいて、□

(2) 10が □ こから 10が □ こを ひいて、□

★できた　もんだいには、「た」を　書こう！★

教科書　78ページ　答え　10ページ

1 計算を　しましょう。

教科書　78ページ 1

① 50＋60　② 90＋70

③ 80＋40　④ 30＋80

⑤ 20＋90　⑥ 60＋70

⑦ 120－40　⑧ 150－80

⑨ 160－70　⑩ 110－40

⑪ 130－50　⑫ 180－90

よくよんで

2 80円の　ジュースと　90円の　パンを　買(か)い ます。合(あ)わせて　何円に　なりますか。

教科書　78ページ 1

しき

答(こた)え（　　　）

よくよんで

3 150円　もって　います。文ぼうぐやで　70円の　シールを 買うと、のこりは　何円ですか。

教科書　78ページ 1

しき

答え（　　　）

ヒント
2 何十の　たし算を　つかって　もんだいを　ときます。
3 「のこりは　何円」だから、ひき算を　つかいます。

5 100より　大きい　数

教科書 66～80ページ　答え 10ページ

知識・技能　／92点

1 おり紙の　数を　数字で　書きましょう。　1つ4点(8点)

①

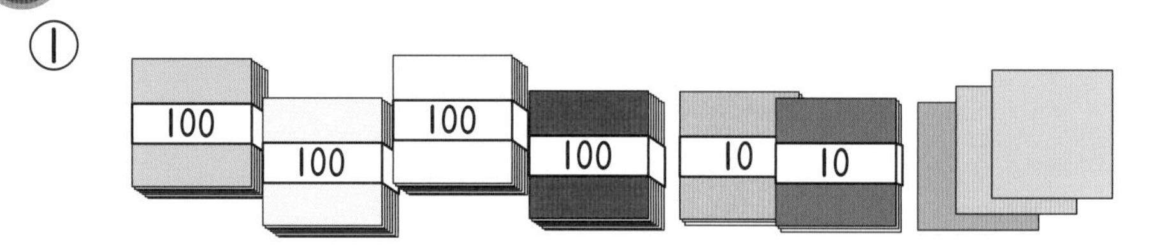

（　　）まい

②

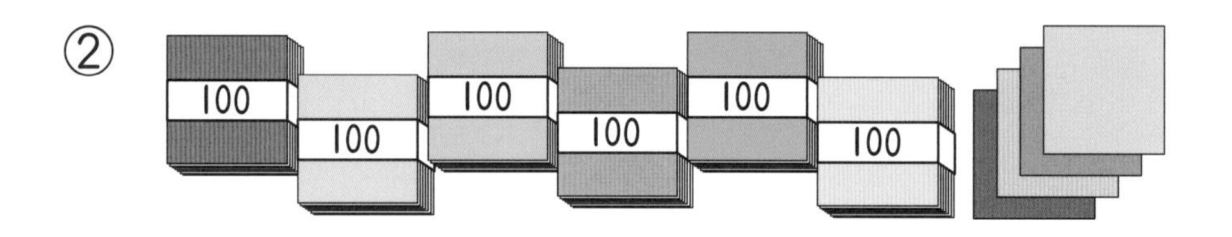

（　　）まい

2 よく出る　つぎの　数を　数字で　書きましょう。　1つ3点(24点)

① 三百二十五　（　　）　② 七百四十　（　　）　③ 九百二　（　　）

④ 100を　9こ、10を　2こ、1を　8こ　合わせた　数　（　　）

⑤ 100を　5こと、1を　7こ　合わせた　数　（　　）

⑥ 10を　63こ　あつめた　数　（　　）

⑦ 600より　400　大きい　数　（　　）

⑧ 1000より　100　小さい　数　（　　）

3 つぎの　数は　10を　いくつ　あつめた　数ですか。　1つ3点(9点)

① 180　（　　）　② 600　（　　）　③ 1000　（　　）

4 下の　数の線で、つぎの　ア、イ、ウを　あらわす　目もりに　↑を　書きましょう。

1つ4点(12点)

(れい)993　ア　991　イ　995　ウ　999

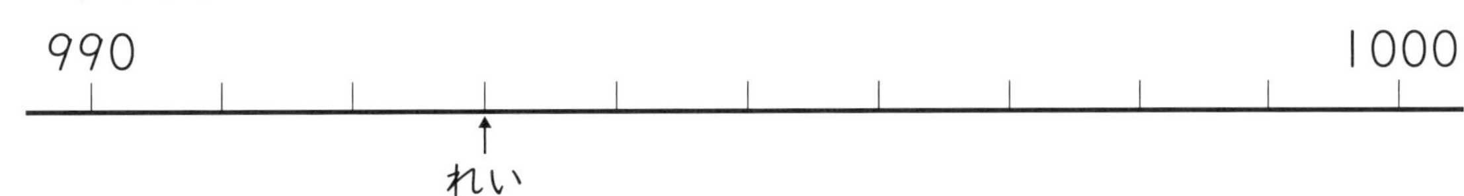

5 よく出る 計算を　しましょう。

1つ3点(18点)

① 80＋60　② 50＋70　③ 90＋40

④ 110－30　⑤ 150－70　⑥ 170－80

6 よく出る 340を　いろいろな　見方で　あらわします。□に　あてはまる　数を　書きましょう。

1つ4点(12点)

① 340は　10を　□こ　あつめた　数です。

② 340は　300より　□　大きい　数です。

③ 340は　400より　□　小さい　数です。

7 2つの　数を　くらべて、□に　＞か　＜を　書きましょう。

1つ3点(9点)

① 352□369　② 428□426　③ 389□398

思考・判断・表現　／8点

できたらスゴイ！

8 左の　カードの　数の　ほうが　大きく　なるように　します。0から　9までの　中で、□に　あてはまる　数字を　ぜんぶ　書きましょう。

1だい4点(8点)

① 264　2□3

(　　　)

② 738　□42

(　　　)

ふろくの「計算せんもんドリル」7 も　やって　みよう！

ふりかえり　1が　わからない　ときは、24ページの　1に　もどって　かくにんして　みよう。

がくしゅうび　　月　　日

活用

読みとる力を　のばそう

友だちの　家は　どこかな

教科書　81ページ　　答え　11ページ

北山マンション

8かい	801					
7かい						706
6かい						
5かい						
4かい					405	
3かい						306
2かい		202				
1かい	101					

かい
4 05 ごう室
この　図で
左から　数えて
5番目

ゆうたさんの　家は、405ごう室で、4かいの　左から　5番目に　あります。

さやかさんの　家は、5かいの　左から　2番目に　あります。

しゅんさんの　家は、306ごう室の　ま下に　あります。

みきさんの　家の　となりは、606ごう室です。

りょうたさんの　家は、さやかさんの　家の　3かい　下で、1つ　左の　へやです。

1 さやかさんの　家は、［502］ごう室です。

2 しゅんさんの　家は、［　　］かいの　左から　［　　］番目なので　［　　］ごう室です。

606ごう室は
右はしなので…

3 みきさんの　家は、［　　］ごう室です。

よくよんで

4 りょうたさんの　家は、さやかさんの　家の　3かい　下なので　［　　］かいで、1つ　左の　へやなので　［　　］ごう室です。

文ぼうぐ入れ

11	12			15
21		23		
51				55

上から　数えて　2番目
②③
左から　数えて　3番目

番ごうの　ついた　文ぼうぐ入れが　あります。

5 えんぴつは、上から　2番目の　左から　4番目に　入って　います。番ごうは　いくつですか。

(　　　　)

6 けしゴムは、24番の　ま上に　入って　います。番ごうは　いくつですか。

(　　　　)

よくよんで

7 ノートは、12番の　2つ　下で、1つ　左に　入って　います。番ごうは　いくつですか。

(　　　　)

8 クレヨンの　となりは、45番です。クレヨンの　番ごうは　いくつですか。

45番は
右はしだから…

(　　　　)

プログラミング

プログラミングにちょうせん！

ねらった　ますに　たどりつこう

教科書　82〜83ページ　答え　11ページ

1 つぎの　めいれいカードを　組み合わせて、　車を　すすめます。

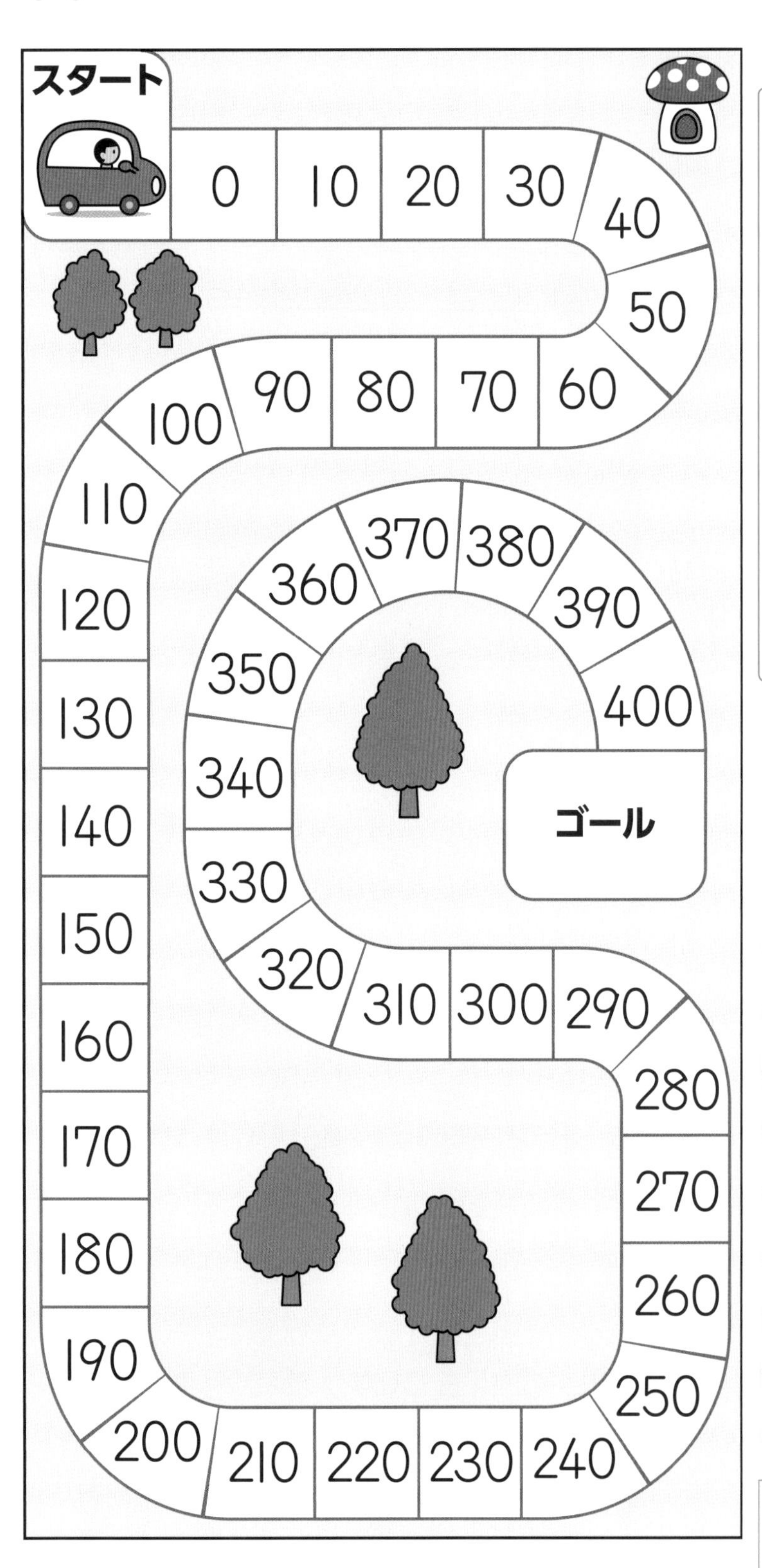

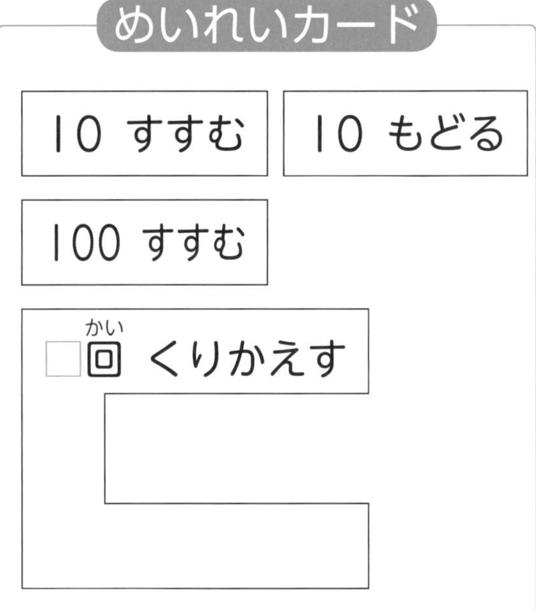

カードは
何回も　つかえるよ。

れい

2回 くりかえす

100 すすむ

10 すすむ

10 すすむ

➡ 220 すすむ

① スタートから 130の ますに とまるように します。□に あてはまる 数を 書きましょう。

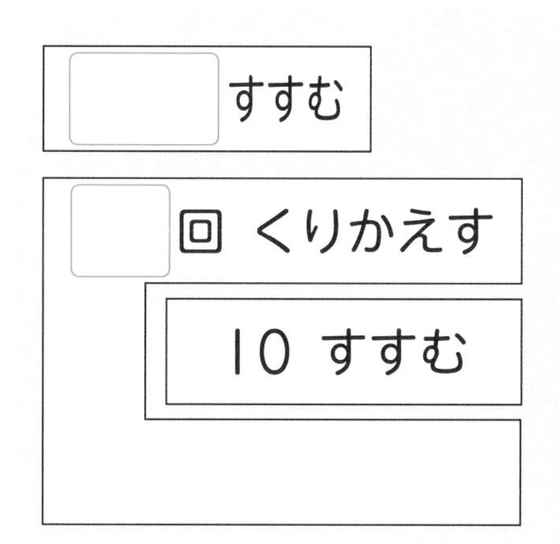

めいれいカードは、
10の まとまりや
100の まとまりを
組み合わせると いう
ことだね。

② 130の ますから すすんで、320の ますに とまるように します。□に あてはまる 数を 書きましょう。

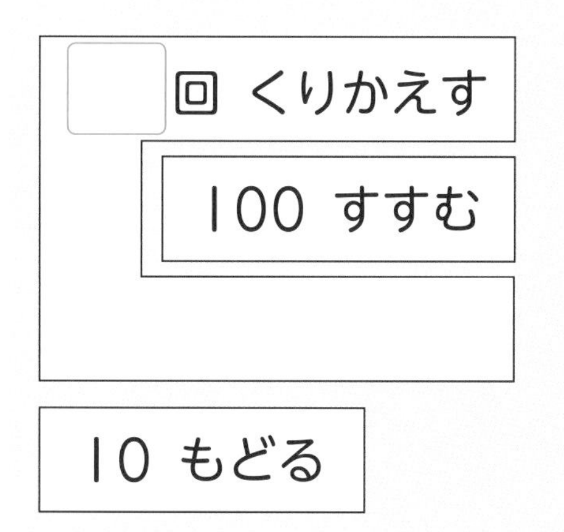

まず、130の ますから 320までは
いくつ すすむ ことに なるかを
考えよう。

320から ゴールまで
どうやって すすむか、
つづきも やって みよう。

ますを きめて
おうちの 人と
やって みよう。

① かさの あらわし方

教科書 85〜92ページ 答え 12ページ

つぎの □ に あてはまる 数を 書きましょう。

ねらい かさのたんい dL(デシリットル)をおぼえよう。 れんしゅう 1 〜 4

dL(デシリットル)

かさの たんいには **デシリットル**が あり、dL と 書きます。

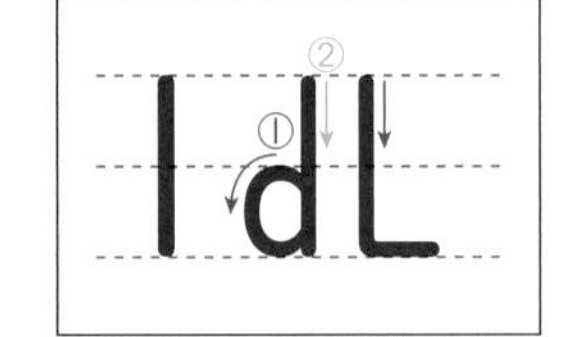

1 水とうに 入る 水の かさは、何 dL ですか。

かさも たんいの いくつ分で 考えよう。

(1) 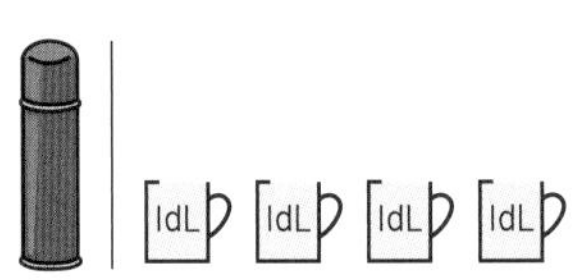

(2) 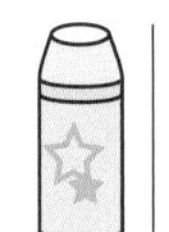

とき方 (1) 1dL ますの 4つ分なので、 4 dL です。

(2) 1dL ますの □ つ分なので、 □ dL です。

ねらい かさのたんい L(リットル)と mL(ミリリットル)をおぼえよう。 れんしゅう 2 3 4

L(リットル)

大きな かさの たんいには **リットル**が あり、L と 書きます。

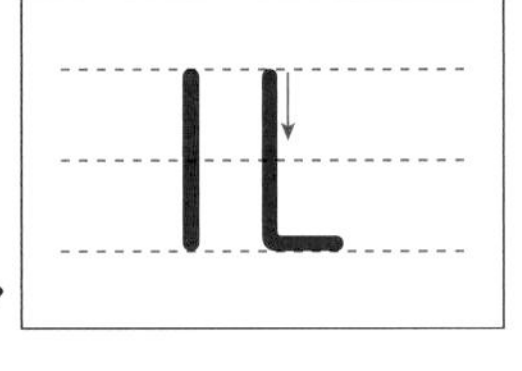

1L=10dL

1L ますの 1目もりは 1dL だね。

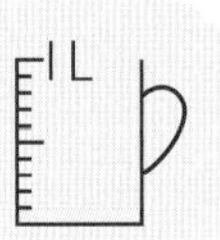

mL(ミリリットル)

dL より 小さい たんいには **ミリリットル**が あり、**mL** と 書きます。

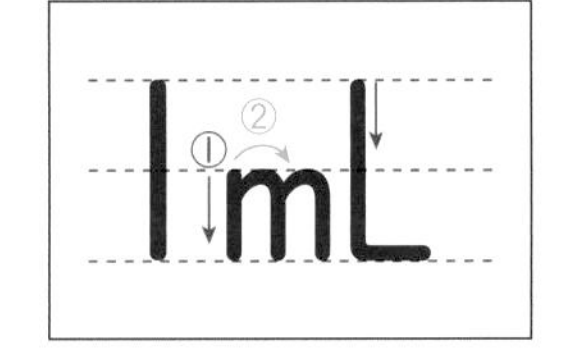

1L=1000mL　1dL=100mL

2 バケツに 入る 水の かさは、何 L ですか。また、何 mL ですか。

とき方 1L ますの 5つ分なので、 5 L です。

また、1L= □ mL なので、5000 mL です。

ぴったり2
れんしゅう

がくしゅうび　月　日

★できた　もんだいには、「た」を　書こう！★

できた 1　できた 2　できた 3　できた 4

教科書 85～92ページ　答え 12ページ

1 水の　かさは　何dLですか。　教科書 85ページ 1

① 1dL 1dL 1dL　② 1dL 1dL 1dL 1dL 1dL 1dL　③ 1dL 1dL 1dL 1dL 1dL 1dL 1dL 1dL 1dL

(　　)　(　　)　(　　)

よくよんで

2 水の　かさは　どれだけですか。あと　いの　あらわし方(かた)で　答(こた)えましょう。　教科書 85ページ 1、88ページ 2

① 1L 1L　② 1L 1L 1dL 1dL 1dL

① あ □L□dL　い □dL

② あ □L□dL　い □dL

まちがいちゅうい

3 □に　あてはまる　＞か　＜を　書きましょう。　教科書 88ページ 2、91ページ 4

① 15dL □ 1L3dL　② 12dL □ 2L

③ 1L □ 900mL　④ 200mL □ 7dL

よくよんで

4 水が、大きな　入れものには　2L8dL、小さな　入れものには　7dL　入ります。大きな　入れものには、小さな　入れものより　水が　どれだけ　多(おお)く　入りますか。　教科書 92ページ 5

しき

答え (　　)

ヒント
3 ② 12dLは　1L2dLです。
③ 1L＝1000mLです。

❻ かさの　たんい

教科書　85～93 ページ　答え　12 ページ

知識・技能　／70点

1 (　　)に　あてはまる　たんいを　書(か)きましょう。　1つ4点(12点)

① やかんに　入る　水の　かさ　2 (　　　)

② コップに　入る　水の　かさ　3 (　　　)

③ ジュースの　かんに　入る　水の　かさ　350 (　　　)

2 よく出る　2つの　水とうに　入る　水の　かさを、1dL ますで　はかりました。　1つ4点(20点)

あ

IdL　IdL　IdL　IdL　IdL

い

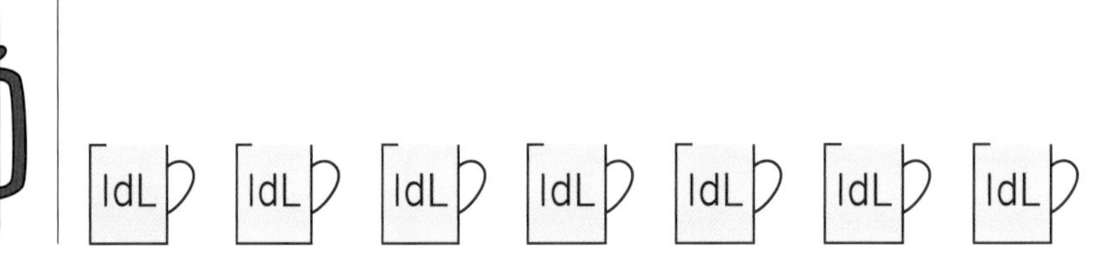

① それぞれ　何(なん)dL の　水が　入りますか。

あ (　　　　)　い (　　　　)

② それぞれの　水とうの　水を　合(あ)わせると、何 dL に　なりますか。また、それは　何 L 何 dL ですか。

(　　　　)　(　　　　)

③ 2つの　水とうに　入る　水の　かさの　ちがいは、何 dL ですか。

(　　　　)

3 よく出る　つぎの　かさだけ　色を　ぬりましょう。　1つ4点(8点)

① 5dL

② 1L8dL

4 よく出る　□に　あてはまる　＞か　＜を　書きましょう。　1つ5点(10点)

① 1L8dL □ 2L　　② 3L □ 3dL

5 計算を　しましょう。　1つ5点(20点)

① 2L＋9L　　② 1L9dL＋2L

③ 16dL－7dL　　できたらスゴイ!　④ 3L6dL－6dL

思考・判断・表現　／30点

6 ジュースを、ゆみさんが　6dL、ゆうたさんが　7dL　のみました。ちがいは　何dLですか。　しき・答え　1つ5点(10点)

しき

答え（　　　）

できたらスゴイ!

7 大きな　花びんには　1L5dLの　水が　入り、小さな　花びんには　4dLの　水が　入ります。　しき・答え　1つ5点(20点)

① 合わせて　水が　何L何dL　入りますか。

しき

答え（　　　）

② 大きな　花びんには、小さな　花びんより　水が　どれだけ　多く　入りますか。

しき

答え（　　　）

ふりかえり　1が　わからない　ときは、36ページの　1 2に　もどって　かくにんして　みよう。

がくしゅうび　月　日

① 時こくと 時間－1

教科書 94～99ページ　答え 13ページ

つぎの □ に あてはまる 数や ことばを 書きましょう。

ねらい 時間のもとめ方がわかるようにしよう。　れんしゅう ①②③→

時間の もとめ方

- 9時や 9時30分は、**時こく**です。
- 時こくと 時こくの 間の 長さが、**時間**です。
- 長い はりが 1まわりする 時間は、**1時間＝60分**

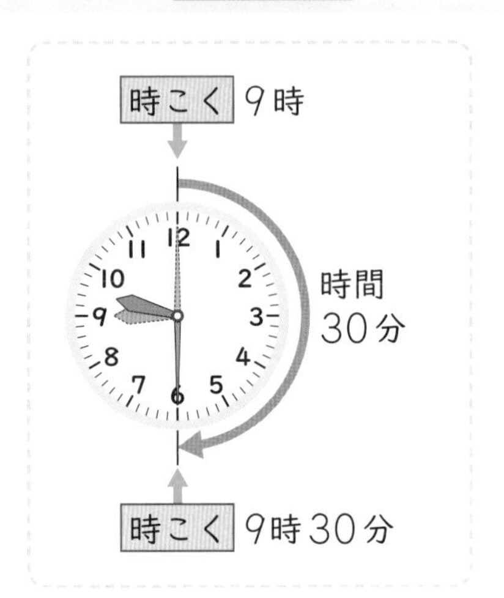

1 9時から 9時40分までの 時間は、何分ですか。

とき方 右の 図のように、長い はりが 12から [8] まで うごく 時間なので、[　　] 分です。

ねらい 1日の時こくと時間のあらわし方がわかるようにしよう。　れんしゅう ①④→

1日の 時こくと 時間

- 昼の 12時を **正午**と いいます。
- 夜の 12時から 正午までを **午前**、正午から 夜の 12時までを **午後**と いいます。 **1日＝24時間**

2 下の 時計が あらわす 時こくを、午前、午後を つかって 書きましょう。

とき方 朝は 午前です。

おきた 時こくは、[午前6時10分]

夜 ねた 時こくは、[　　]

朝 おきた 時こく　　夜 ねた 時こく

がくしゅうび　月　日

★できた　もんだいには、「た」を　書こう！★

でき ❶　でき ❷　でき ❸　でき ❹

教科書 94〜99ページ　答え 13ページ

1 □に　あてはまる　数を　書きましょう。 教科書 97ページ2、98ページ3

① １日＝□時間　　② １時間＝□分

③ 午前は□時間、午後は□時間　あります。

2 6時20分から　7時までの　時間は、何分ですか。 教科書 96ページ1、97ページ2

（　　　　）

3 下の　時計は、たくとさんが　家(いえ)を　出た　時こくと、公園(こうえん)に　ついた　時こくを　あらわして　います。 教科書 96ページ1、97ページ2

<家を　出た　時こく>

<公園に　ついた　時こく>

① 家を　出たのは、何時何分ですか。

（　　　　）

② 公園に　ついたのは、何時何分ですか。

（　　　　）

③ 家を　出てから　公園に　つくまでの　時間は　何分ですか。

（　　　　）

4 朝　家を　出た　時こくと、夜　おふろに　入った　時こくは、それぞれ　何時何分ですか。午前、午後を　つかって　書きましょう。

教科書 98ページ3

①

（　　　　）

②

（　　　　）

ヒント

1 ① 長い　はりは　１日に　何回(かい)　まわりますか。
② 長い　はりが　１まわりする　時間です。

① 時こくと 時間－2

がくしゅうび　月　日

教科書 98～100ページ　答え 13ページ

つぎの □ に あてはまる 数を 書きましょう。

ねらい 長い時間がもとめられるようにしよう。　れんしゅう 1→

時間の もとめ方

午前9時から 午後2時までの 時間は、午前9時から正午までが 3時間、正午から午後2時までが 2時間なので、3＋2＝5 で、5時間です

1 午後8時から 午前5時までの 時間を もとめましょう。

とき方 午後8時から 午前0時までの 時間は □4 時間、午前0時から 午前5時までの 時間は □ 時間なので、合わせて □ 時間です。

午前0時までの 時間と
午前0時からの 時間に
分けて 考えよう。

ねらい 時こくがもとめられるようにしよう。　れんしゅう 2 3→

時こくの もとめ方

午前9時 40 分から 15 分 たった時こくは、時計の 長い はりを 15 分 すすめると 午前9時 55 分です。

午前、午後を
わすれないでね。

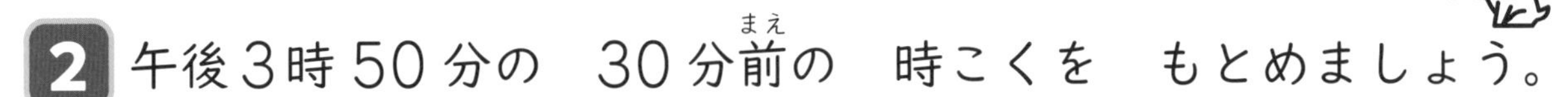

2 午後3時 50 分の 30 分前の 時こくを もとめましょう。

とき方 午後3時 50 分の 30 分前は、
午後 □ 時 □ 分です。

ぴったり2

れんしゅう

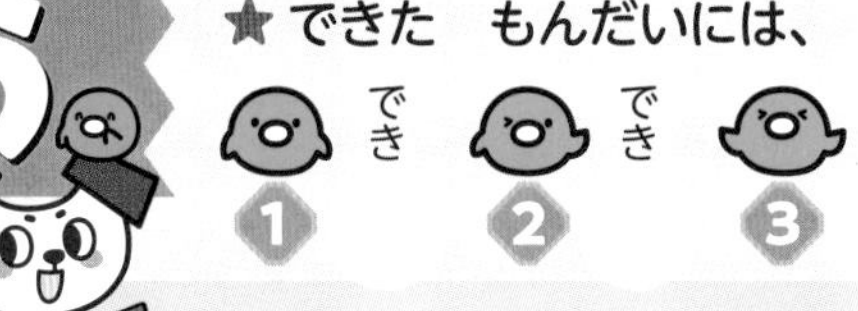

がくしゅうび　月　日

教科書 98～100ページ　答え 13ページ

1 ゆりあさんは、ゆう園地に　あそびに　行きました。ゆう園地には、午前10時から　午後3時まで　いました。
ゆう園地に　いた　時間は、何時間ですか。

（　　　　　）

2 ちかさんは、どうぶつ園に　行くために　午前8時に　家を　出ました。

教科書 100ページ 4

よくよんで

① 家を　出る　50分前に　朝ごはんを　食べはじめました。
食べはじめた　時こくは、午前何時何分ですか。

（　　　　　）

② 家を　出る　15分前に　はを　みがきおわりました。はを　みがきおわった　時こくは、午前何時何分ですか。

（　　　　　）

③ 家を　出て　20分後に　バスに　のりました。バスに　のった　時こくは、午前何時何分ですか。

（　　　　　）

3 けんとさんは　午前11時に　プールに　出かけて、2時間後に　帰って　きました。
帰って　きた　時こくは　何時ですか。

教科書 100ページ 5

（　　　　　）

ヒント　1 午前10時から　正午までは　2時間、正午から　午後3時までは　3時間です。

7 時こくと　時間

教科書　94～102ページ　答え　14ページ

知識・技能　　　／76点

1（　　）に　あてはまる　ことばを　書きましょう。　1つ5点(15点)

① へやの　そうじを　して　いた　時間…………25（　　　）

② はを　みがく　時間……………………………3（　　　）

③ 1日に　ねる　時間……………………………9（　　　）

2（　　）に　あてはまる　数を　書きましょう。　1つ5点(25点)

① 1時間は（　　　）分です。

② 1日は（　　　）時間です。

③ 午前は（　　　）時間、午後は（　　　）時間　あります。

④ 時計の　みじかい　はりは、1日に（　　　）回　まわります。

3 よく出る □に　あてはまる　数を　書きましょう。　1だい6点(18点)

① 1時間15分＝□分　② 1時間50分＝□分

③ 80分＝□時間□分

4 よく出る 時間や　時こくを　答えましょう。　1つ6点(18点)

① 右の　時こくから、午後3時50分までの　時間（　　　）

② 右の　時こくから　35分たった　時こく（　　　）

③ 右の　時こくの　4時間前の　時こく（　　　）

＜午後＞

思考・判断・表現　　　　／24点

5 かすみさんは、午前11時から　午後3時まで　おかあさんと　出かけて　いました。

出かけて　いた　時間は、何時間ですか。(6点)

(　　　　　　　　)

6 しゅうへいさんは、午後2時15分から30分　サッカーの　れんしゅうを　しました。

サッカーの　れんしゅうが　おわった時こくは、午後何時何分ですか。(6点)

(　　　　　　　　)

できたらスゴイ！

7 たくやさんが　にわの　草むしりを　はじめました。40分　したら、ちょうど　正午に　なりました。

たくやさんが　草むしりを　はじめた時こくは、午前何時何分ですか。(6点)

(　　　　　　　　)

できたらスゴイ！

8 さくらさんは、サイクリングを　2時間20分　して、家に　午後4時30分に　帰って　きました。サイクリングに　出かけた　時こくは、何時何分ですか。午前、午後を　つかって　答えましょう。

(6点)

(　　　　　　　　)

→ この　本の　おわりに　ある「夏の　チャレンジテスト」を　やって　みよう！

ふりかえり　2が　わからない　ときは、40ページの　1 2に　もどって　かくにんして　みよう。

がくしゅうび 月 日

① たし算の ひっ算

教科書 106～111ページ 答え 15ページ

つぎの □に あてはまる 数や きごうを 書きましょう。

ねらい 百のくらいにくり上がる、たし算のひっ算ができるようにしよう。 れんしゅう 1～4

百のくらいに くり上がる たし算の ひっ算

十のくらいの 計算が 10 いくつに なった ときは、百のくらいに 1 くり上げ ます。

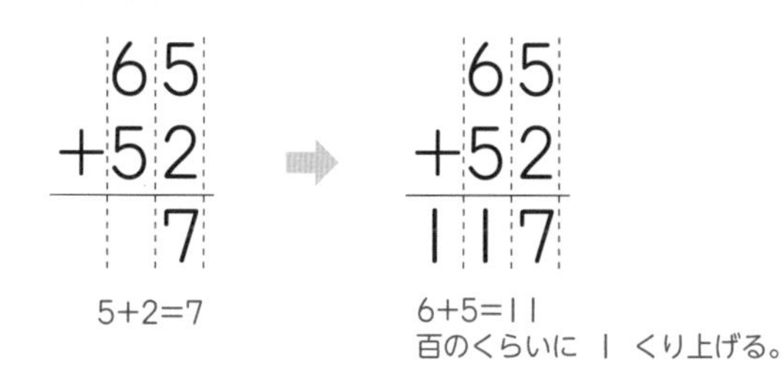

5+2=7

6+5=11
百のくらいに 1 くり上げる。

1 つぎの 計算を ひっ算で しましょう。

(1) 94+43 (2) 53+55 (3) 83+50 (4) 97+11

とき方 百のくらいに 1 くり上げて 計算します。

(1)
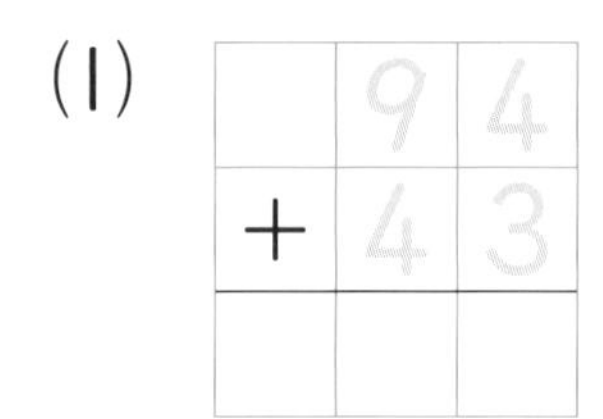

(2)
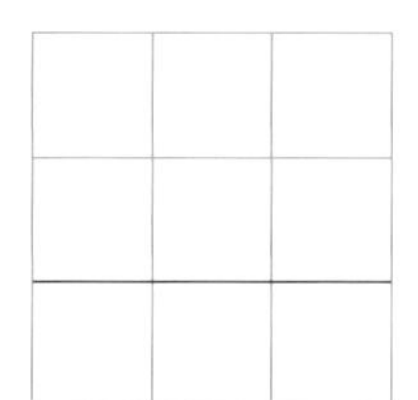

(3)
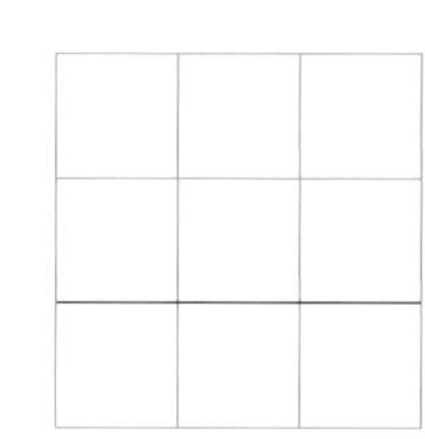

(4)
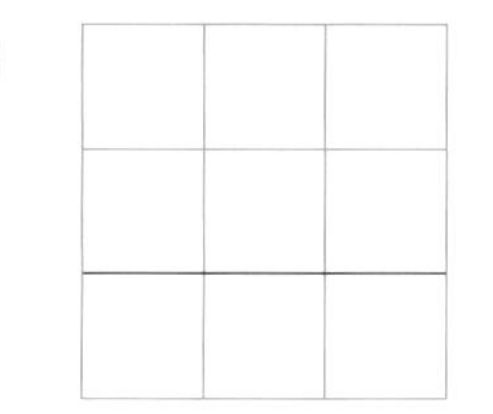

2 つぎの 計算を ひっ算で しましょう。

(1) 69+73 (2) 29+76 (3) 48+52 (4) 99+5

とき方 十のくらいと 百のくらいに 1 くり上げて 計算します。

(1)

(2)
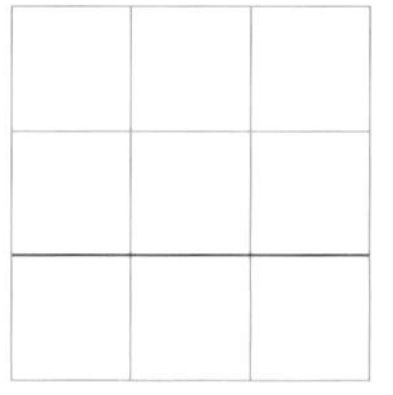

(3)
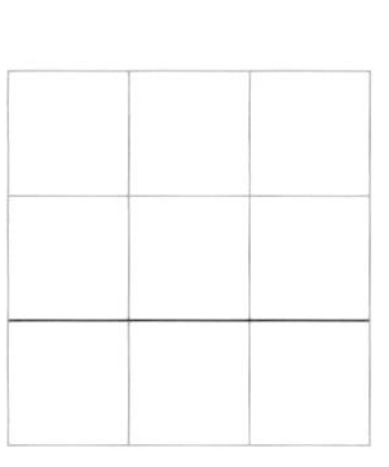

(4)
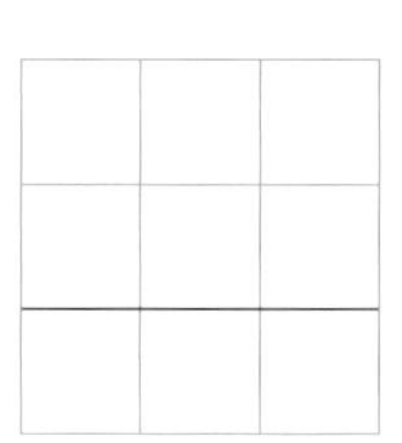

今までの ひっ算と どこが ちがうかな。

ぴったり2
れんしゅう

がくしゅうび　　月　　日

★できた　もんだいには、「た」を　書こう！★

教科書 106～111ページ　答え 15ページ

1 計算を　しましょう。

教科書 106ページ 1

①　54
　+62

②　36
　+81

③　69
　+90

④　45
　+74

⑤　94
　+15

⑥　70
　+36

2 つぎの　計算を　ひっ算で　しましょう。

① 67+55　② 74+49　③ 35+96

④ 43+58　② 24+76　⑥ 8+92

よくよんで

3 りかさんは、95円の　ポテトチップスと　34円の　グミを　買(か)います。合(あ)わせて　何(なん)円ですか。

教科書 106ページ 1

しき

答(こた)え（　　　　）

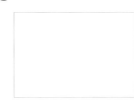

4 ゆきさんは　本を　きのうは　64ページ、今日(きょう)は　39ページ　読(よ)みました。2日間(ふつかかん)で　合わせて　何ページ　読みましたか。

教科書 111ページ 3

しき

答え（　　　　）

ヒント
2 ①　一のくらいは　7+5=12で、十のくらいに　1　くり上げます。
十のくらいは　1+6+5=12で、百のくらいに　1　くり上げます。

ぴったり1 じゅんび

3分でまとめ

8 たし算と ひき算の ひっ算

② たし算の きまり

がくしゅうび　月　日

教科書 112～113ページ　答え 15ページ

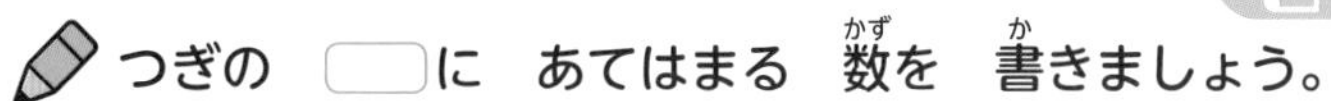

つぎの □ に あてはまる 数(かず)を 書(か)きましょう。

ねらい たし算(ざん)のきまりをりかいして、3つの数のたし算をくふうして計算(けいさん)しよう。 れんしゅう 1 2 3 →

たし算の きまり

たし算では、たす じゅんじょを かえても 答(こた)えは 同(おな)じに なります。

(28+45)+15=88
（28+45 → 73）

28+(45+15)=88
（45+15 → 60）

じゅんじょを かえると 計算しやすく なる ことが あるね。

( )は ひとまとまりを あらわし、先に 計算します。

1 29+36+14 の 計算を くふうして しましょう。

とき方　36+14 を 先に たすと 計算しやすく なります。

29+(36+14)=29+ [50] = [ ]

( )の 中は 先に 計算するよ。

2 くふうして 計算しましょう。

(1) 37+29+23　　(2) 58+36+22

とき方　どれと どれを 先に たすと 計算しやすく なるかを 考(かんが)えます。

(1) 37+29+23= [60] +29= [ ]
（37+23 → 60）

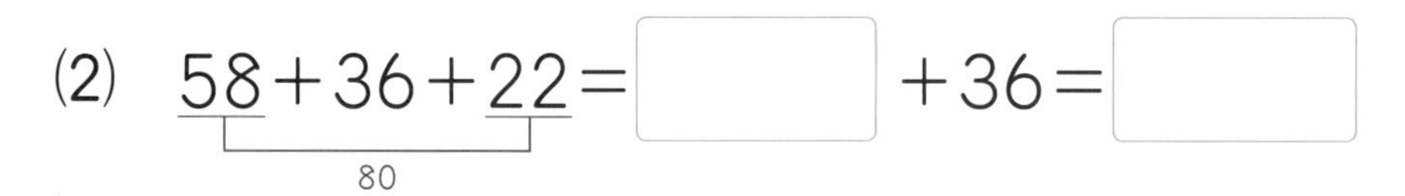

(2) 58+36+22= [ ] +36= [ ]
（58+22 → 80）

計算が かんたんに なると、まちがいが 少(すく)なくなるのが いいね。

がくしゅうび　月　日

★できた　もんだいには、「た」を　書こう！★

できた ❶　できた ❷　できた ❸

教科書 112～113ページ　答え 15ページ

1 くふうして　計算しましょう。 教科書 112ページ 1

① 18+37+23　② 61+48+32

③ 49+25+5　④ 33+59+21

⑤ 13+68+7　⑥ 27+45+23

⑦ 36+28+44　⑧ 69+37+11

よくよんで

2 おり紙(がみ)が　3色(しょく)あります。ぜんぶで何(なん)まい　ありますか。 教科書 112ページ 1

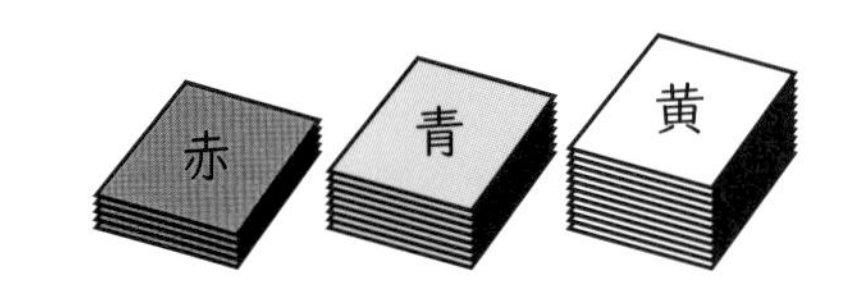

赤	青	黄(き)
27まい	34まい	46まい

しき

答(こた)え（　　）

！まちがいちゅうい

3 リサイクルの　ために　3日間(みっかかん)で　あつめた　アルミかんは　ぜんぶで　何こですか。 教科書 112ページ 1

おととい	きのう	今日(きょう)
25こ	38こ	15こ

しき

答え（　　）

ヒント
❶ たす　じゅんじょを　かえても　答えは　同じに　なるので、計算が　かんたんに　なるように　かえて　みましょう。

③ ひき算の　ひっ算

教科書 115～120ページ　答え 16ページ

つぎの □ に　あてはまる　数(かず)や　きごうを　書(か)きましょう。

ねらい 百のくらいの１をくり下(さ)げる、ひき算(ざん)のひっ算(さん)ができるようにしよう。 れんしゅう 1 ～ 4

百のくらいの　１を　くり下げる　ひき算の　ひっ算

十のくらいが　ひけない
ときは　百のくらいから
１　くり下げて
計算(けいさん)します。

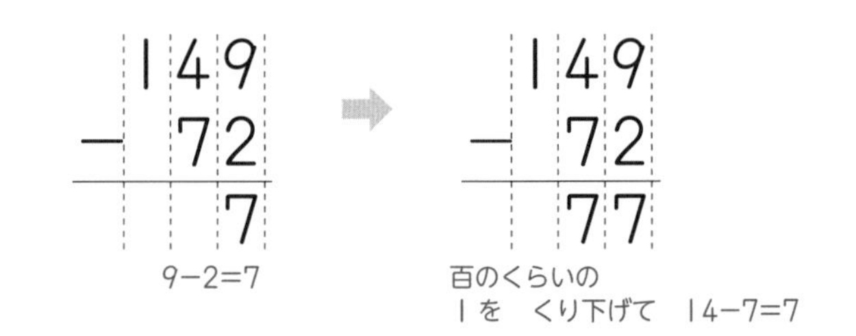

1 計算を　しましょう。

(1) 126－35　　(2) 115－85　　(3) 103－92

とき方　百のくらいの　１を　くり下げて　計算します。

(1)

	1	2	6
－		3	5

(2)

(3)

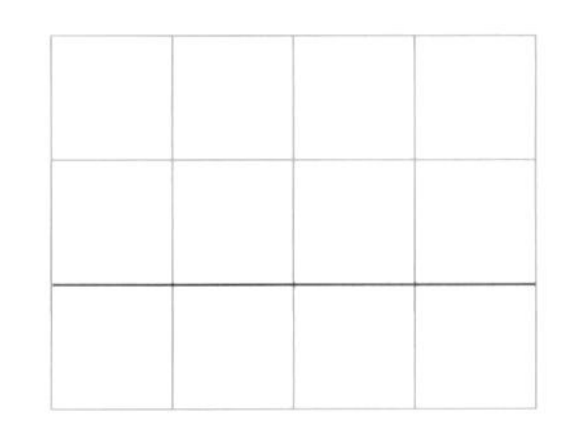

2 計算を　しましょう。(1) 156－68　　(2) 106－37

とき方 (1) 十のくらいと　百のくらいから　１　くり下げます。

$$\begin{array}{r} 1\overset{4}{\cancel{5}}6 \\ -\ \ 68 \\ \hline ③ \end{array}$$

一のくらいの　計算は、十のくらいから　１　くり下げて、
① □ －8＝ ② □

$$\begin{array}{r} 1\overset{4}{\cancel{5}}6 \\ -\ \ 68 \\ \hline ⑥ \end{array}$$

十のくらいの　計算は、百のくらいの　１を　くり下げて、
④ □ －6＝ ⑤ □

(2) 十のくらいが　0で　くり下げられない　ときは、
百のくらいの　１を　くり下げて　計算します。

$$\begin{array}{r} \cancel{1}\overset{\overset{9}{\cancel{10}}}{\cancel{0}}6 \\ -\ \ 37 \\ \hline ③ \end{array}$$

一のくらいの　計算は、まず、百のくらいの　１を　十のくらいに　くり下げる。つぎに、十のくらいから　１　くり下げて、
① □ －7＝ ② □

$$\begin{array}{r} \cancel{1}\overset{\overset{9}{\cancel{10}}}{\cancel{0}}6 \\ -\ \ 37 \\ \hline ⑥ \end{array}$$

十のくらいの　計算は、一のくらいに　１　くり下げたので、
④ □ －3＝ ⑤ □

ぴったり2

れんしゅう

★できた　もんだいには、「た」を　書こう！★

がくしゅうび　月　日

教科書 115〜120ページ　答え 16ページ

1 計算を　しましょう。

教科書 115ページ 1

①
```
  157
−  75
```

②
```
  173
−  90
```

③
```
  125
−  94
```

④
```
  148
−  78
```

⑤
```
  107
−  96
```

⑥
```
  103
−  81
```

2 つぎの　計算を　ひっ算で　しましょう。

教科書 117ページ 2、118ページ 3、120ページ 4

① 132−83　② 185−97　③ 140−54

④ 104−75

⑤ 102−5

⑥ 100−18

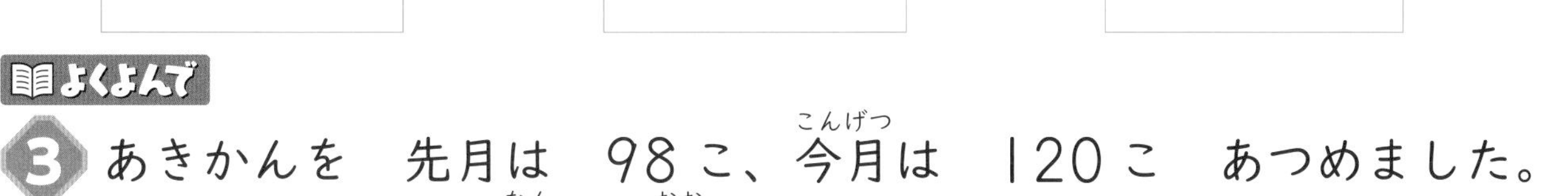

よくよんで

3 あきかんを　先月は　98こ、今月(こんげつ)は　120こ　あつめました。

今月は　先月より　何(なん)こ　多(おお)く　あつめましたか。

教科書 117ページ 2

しき

答(こた)え（　　　　）

よくよんで

4 牛(うし)が　86頭(とう)、ひつじが　102頭　います。

牛と　ひつじの　数の　ちがいは　何頭ですか。

教科書 118ページ 3

しき

答え（　　　　）

ヒント

2 ④ 一のくらいは、百のくらいから　くり下げて、14−5=9
十のくらいは、9−7=2

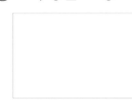

④ 大きな　数の　たし算と　ひき算

教科書 121ページ　答え 16ページ

つぎの ▭ に あてはまる 数や きごうを 書きましょう。

ねらい 大きな数のたし算のひっ算ができるようにしよう。 れんしゅう 1 2 3

大きな　数の　たし算

大きな　数の　たし算も　くらいを　たてに　そろえて、一のくらいから　じゅんに　計算します。

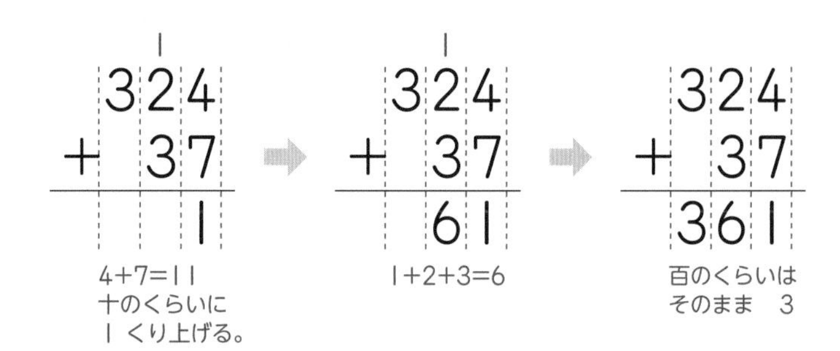

1 つぎの　計算を　ひっ算で　しましょう。

(1) 504+59　(2) 43+618　(3) 367+4

とき方　一のくらいから　じゅんに　計算します。

(1)

	5	0	4
+		5	9

(2)

+			

(3)

ねらい 大きな数のひき算のひっ算ができるようにしよう。 れんしゅう 1 2 4

大きな　数の　ひき算

大きな　数の　ひき算も　くらいを　たてに　そろえて、一のくらいから　じゅんに　計算します。

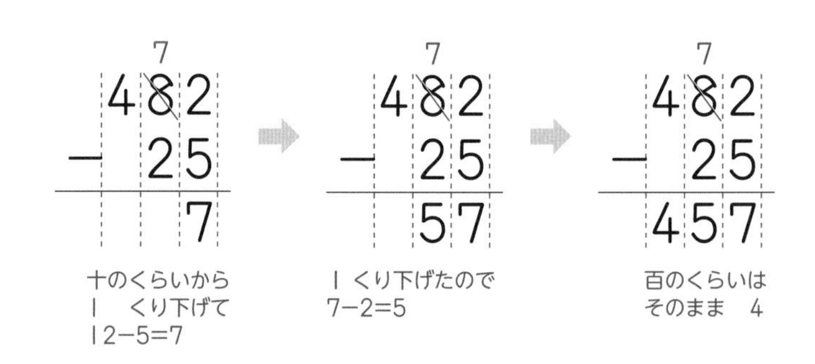

2 つぎの　計算を　ひっ算で　しましょう。

(1) 456−37　(2) 332−27　(3) 694−7

とき方

(1)

	4	5	6
−		3	7

(2)

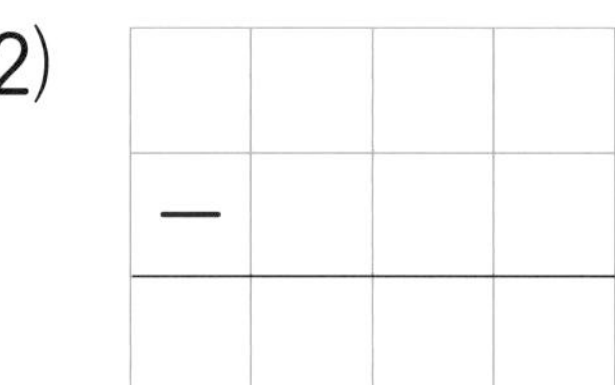

(3)

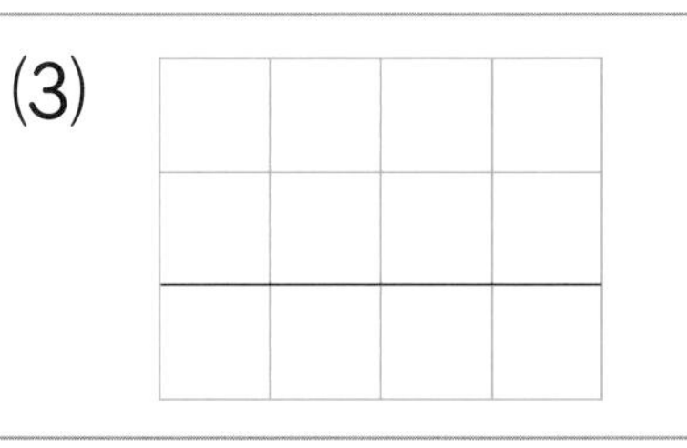

★できた　もんだいには、「た」を　書こう！★

でき ❶　でき ❷　でき ❸　でき ❹

教科書　121ページ　答え　16ページ

1 計算を　しましょう。

教科書　121ページ 1

①
```
  318
+  56
```

②
```
   38
+254
```

③
```
    7
+619
```

④
```
  874
−  26
```

⑤
```
  473
−  58
```

⑥
```
  291
−   6
```

2 つぎの　計算を　ひっ算で　しましょう。

教科書　121ページ 1

① 645＋29　② 46＋527　③ 819＋9

④ 698−79　⑤ 543−39　⑥ 812−5

3 シールが　318まい　あります。54まい　もらいました。合(あ)わせて　何(なん)まい　ありますか。

教科書　121ページ 1

しき

答(こた)え（　　　）

よくよんで

4 クッキーを　345こ　売(う)って　います。38こ　売れました。のこりは　何こですか。

教科書　121ページ 1

しき

答え（　　　）

ヒント

❶ ① 一のくらいの　計算は　8＋6＝14で　1　くり上げます。十のくらいの　計算は　1＋1＋5＝7で　百のくらいは　そのまま　3に　なります。

8 たし算と　ひき算の　ひっ算

教科書 106～122 ページ　答え 17 ページ

知識・技能　／64点

1 よく出る つぎの　計算(けいさん)を　ひっ算で　しましょう。　1つ4点(24点)

① 44＋75　② 93＋76　③ 87＋49

④ 54＋76　⑤ 71＋29　⑥ 4＋96

2 よく出る つぎの　計算を　ひっ算で　しましょう。　1つ4点(24点)

① 176－85　② 145－87　③ 105－62

④ 160－93　⑤ 106－28　⑥ 100－7

3 計算の　まちがいを　見つけて、正しく　計算しましょう。　1つ4点(8点)

① 47＋635

```
   47
+635
 672
```

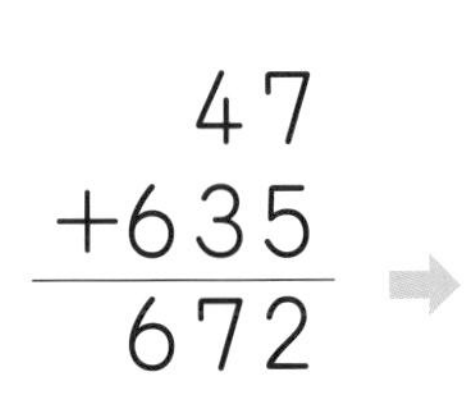

② 452－49

```
 452
－ 49
 417
```

4 くふうして　計算しましょう。　1つ4点(8点)

① 19+26+24　② 25+57+43

思考・判断・表現　／36点

5 西(にし)小学校の　2年生は　95人です。東(ひがし)小学校の　2年生は、それより　13人　多(おお)いそうです。東小学校の　2年生は　何(なん)人ですか。　しき・ひっ算・答え　1つ4点(12点)

しき

ひっ算

答(こた)え（　　　）

6 よく出る　れんさんは　シールを　97まい　もって　います。りかさんは　105まい　もって　います。どちらが　何まい　多(おお)く　もって　いますか。
しき・ひっ算・答え　1つ4点(12点)

しき

ひっ算

答え（　　　）

7 328円　もって　います。19円の　ガムを　買(か)うと、何円　のこりますか。　しき・ひっ算・答え　1つ4点(12点)

しき

ひっ算

答え（　　　）

ふろくの「計算せんもんドリル」11〜22も　やって　みよう！

ふりかえり　1が　わからない　ときは、46ページの　1 2に　もどって　かくにんして　みよう。

① 三角形と　四角形

教科書 125～128ページ　答え 17ページ

つぎの □ に　あてはまる　数や　きごうを　書きましょう。

ねらい　三角形を見分けられるようにしよう。　れんしゅう 1 2 3

三角形

3本の　直線で　かこまれた　形を、**三角形**と　いいます。

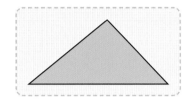

1 三角形を　見つけて、㋐、㋑、㋒、㋓で　答えましょう。

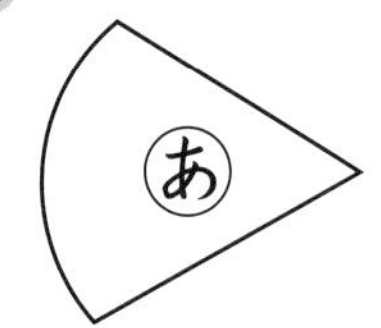

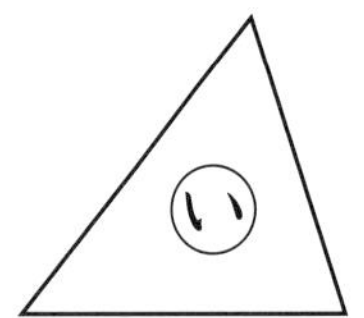

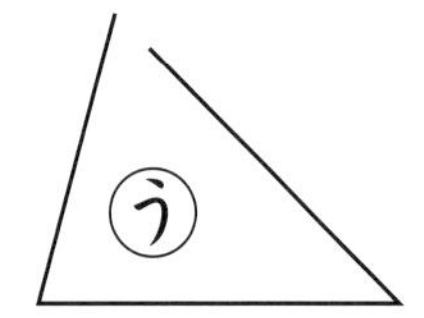

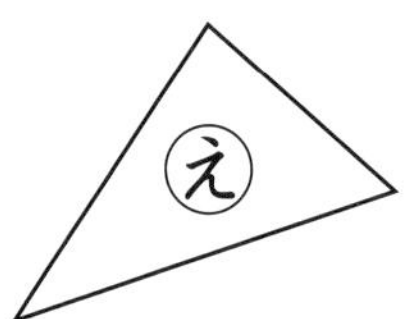

とき方　3 本の　直線で　かこまれた　形が　三角形です。
三角形は、□と□です。

まっすぐで　ない
線が　ある　形や、
線が　くっついて
いない　形は、
三角形では　ないよ。

ねらい　四角形を見分けられるようにしよう。　れんしゅう 1 2 3

四角形

4本の　直線で　かこまれた　形を、**四角形**と　いいます。

三角形や　四角形の　まわりの　直線を**へん**、かどの　点を　**ちょう点**と　いいます。

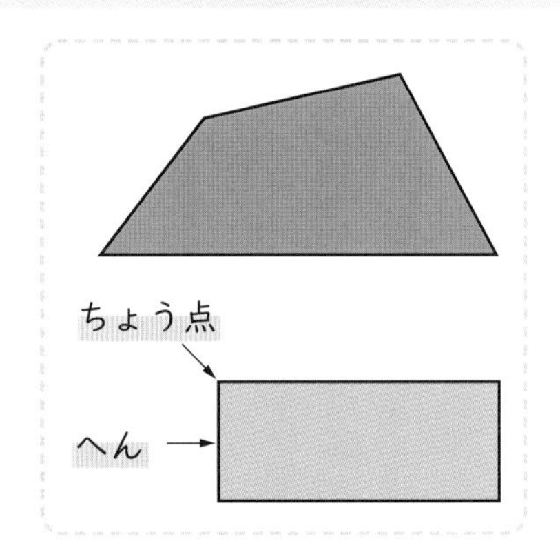

2 四角形を　見つけて、㋐、㋑、㋒、㋓で　答えましょう。

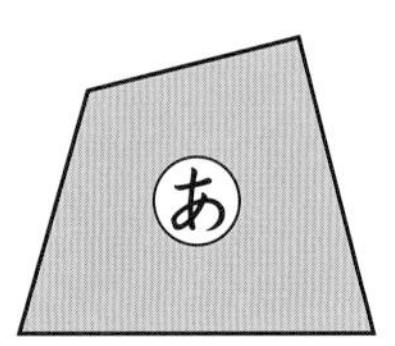

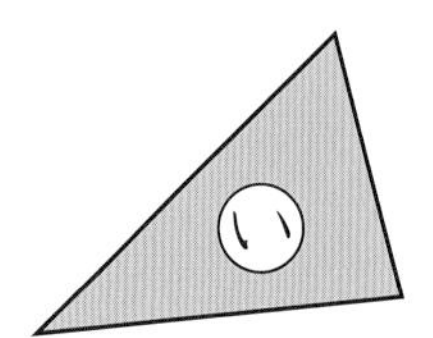

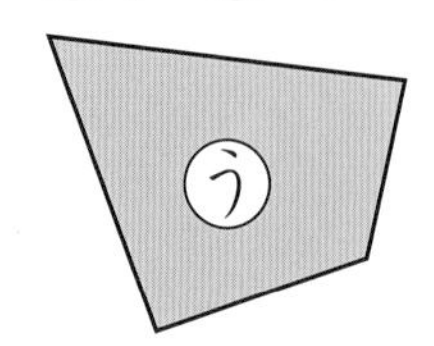

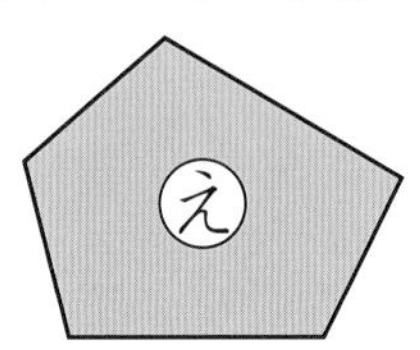

とき方　4 本の　直線で　かこまれた　形が　四角形です。

四角形は、□と□です。

ぴったり2
れんしゅう

がくしゅうび　　月　　日

★できた　もんだいには、「た」を　書こう！★

でき ❶　でき ❷　でき ❸

教科書 125〜128ページ　答え 17ページ

1 (　　)に　あてはまる　ことばや　数を　書きましょう。

教科書 125ページ 1

① まっすぐな　線を (　　　　)と　いいます。

② 3本の　直線で　かこまれた　形を、(　　　　)と　いいます。

③ 4本の　直線で　かこまれた　形を、(　　　　)と　いいます。

④ 三角形には　へんが (　　　　)つ、ちょう点が (　　　　)つ　あります。

よくみて

2 三角形や　四角形を　見つけて、きごうで　答えましょう。

教科書 128ページ 2

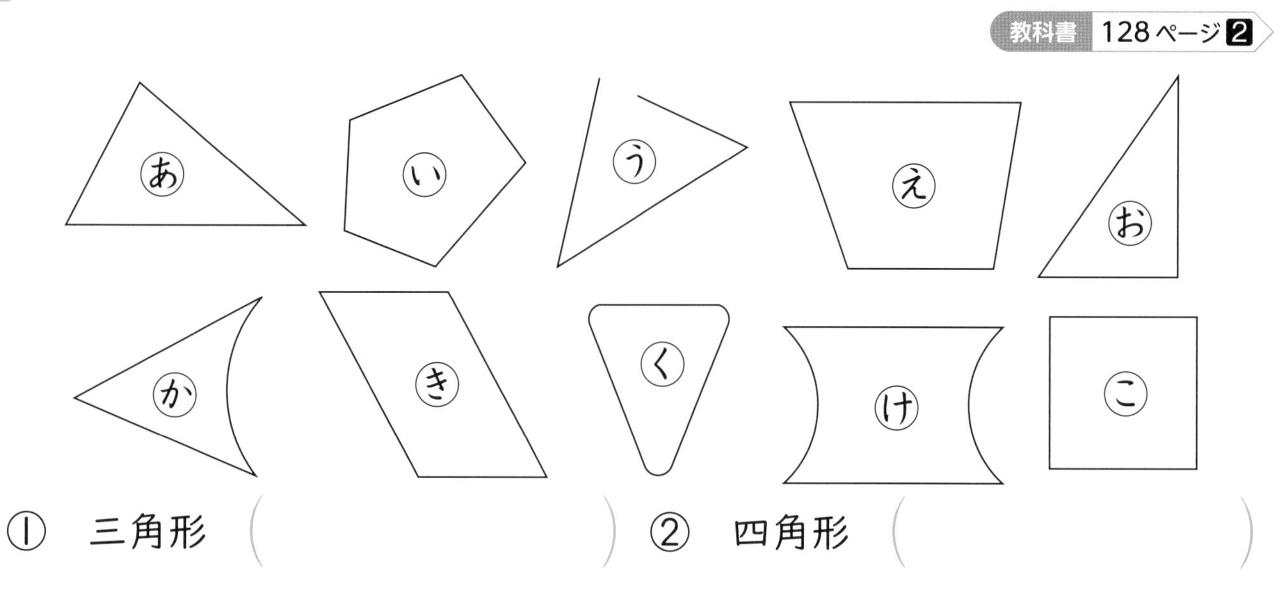

① 三角形 (　　　　　　)　② 四角形 (　　　　　　)

3 点と　点を　直線で　むすんで、三角形と　四角形を　かきましょう。

教科書 125ページ 1

① 三角形　② 四角形

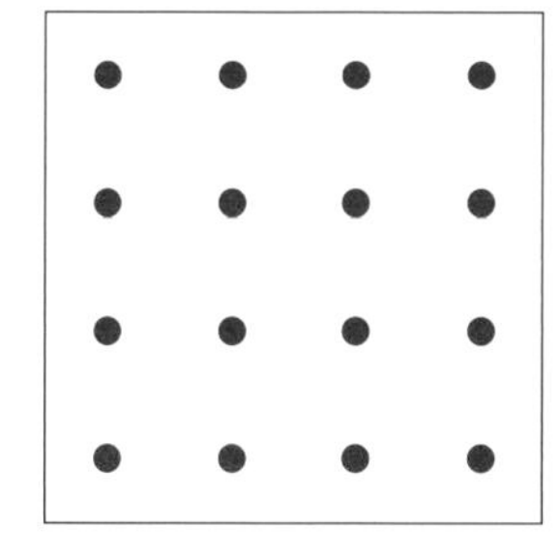

直線を　ひく
ときは、
ものさしを
つかおう。

ヒント ❷ 3本の　直線で　あっても、つながって　いない　形は　三角形では　ありません。

がくしゅうび　　月　　日

教科書 129〜134ページ　答え 18ページ

つぎの □ に　あてはまる　きごうを　書きましょう。

ねらい 長方形と正方形のとくちょうをりかいしよう。　れんしゅう ①③→

長方形と　正方形

✪紙を　右のように　おって　できた　かどの　形を、**直角**と　いいます。

三角じょうぎには、直角の　かどが　あるよ。

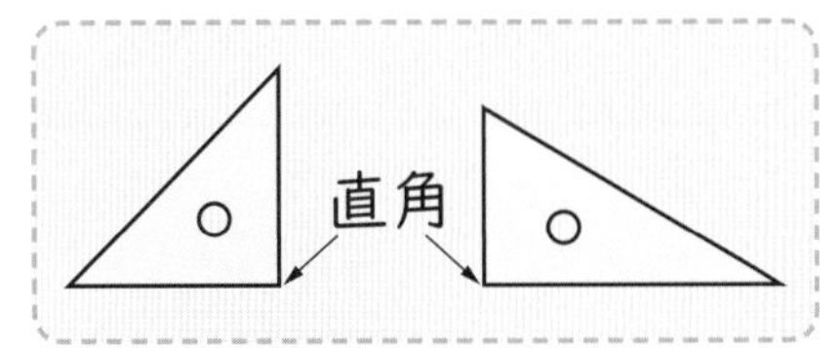

✪**長方形**…かどが　みんな　直角に　なって　いる　四角形

✪**正方形**…かどが　みんな　直角で、へんの　長さが　みんな　同じ　四角形

長方形

正方形

1 長方形、正方形を　見つけましょう。

長方形と　正方形の　ちがいは　何かな？

とき方　かどの　形や　へんの　長さを　考えます。
長方形は □ 、正方形は □ です。

ねらい 直角三角形のとくちょうをりかいしよう。　れんしゅう ②③→

直角三角形

直角三角形…直角の　かどが　ある　三角形

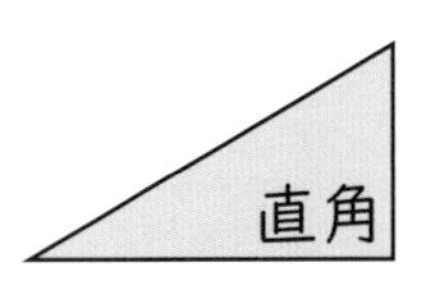

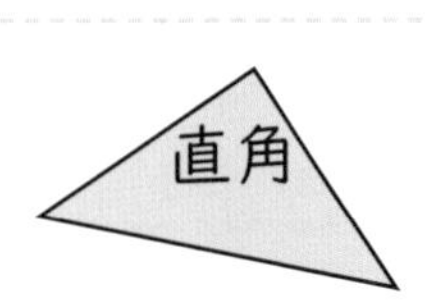

2 直角三角形を　見つけましょう。

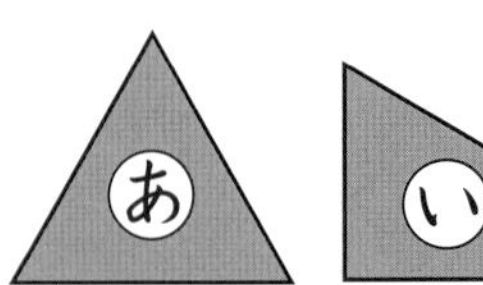

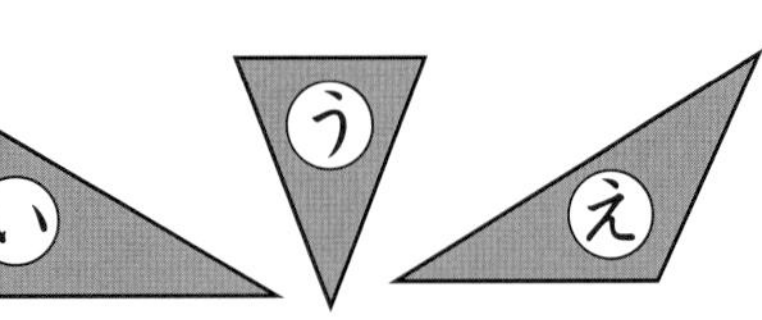

とき方　かどの　形を　考えます。直角三角形は □ です。

ぴったり2

れんしゅう

がくしゅうび　月　日

★できた　もんだいには、「た」を　書こう！★

教科書 129〜134ページ　答え 18ページ

よくみて

1 下の　形を　見て、きごうで　答えましょう。

教科書 130ページ2、131ページ3

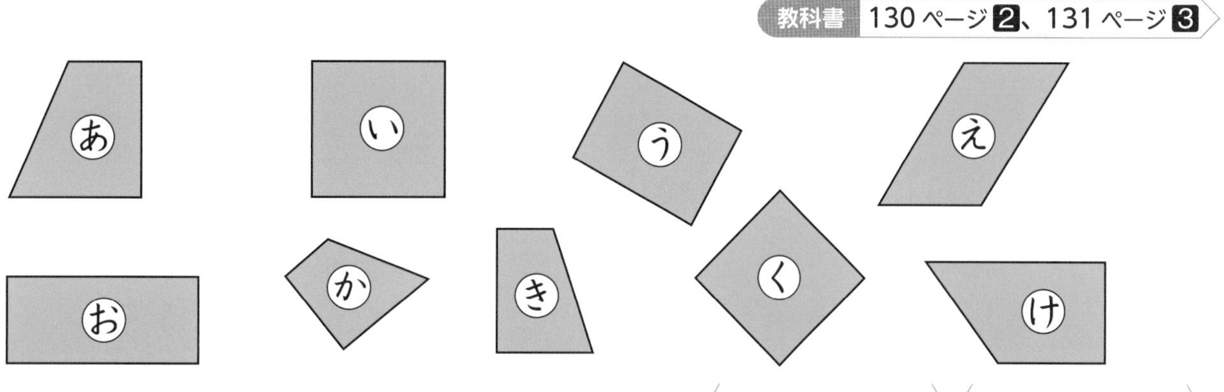

① 正方形を　2つ　えらびましょう。（　　）（　　）

② 長方形を　2つ　えらびましょう。（　　）（　　）

2 つぎの　図から、直角三角形を　2つ　見つけて、きごうで　答えましょう。

教科書 132ページ1

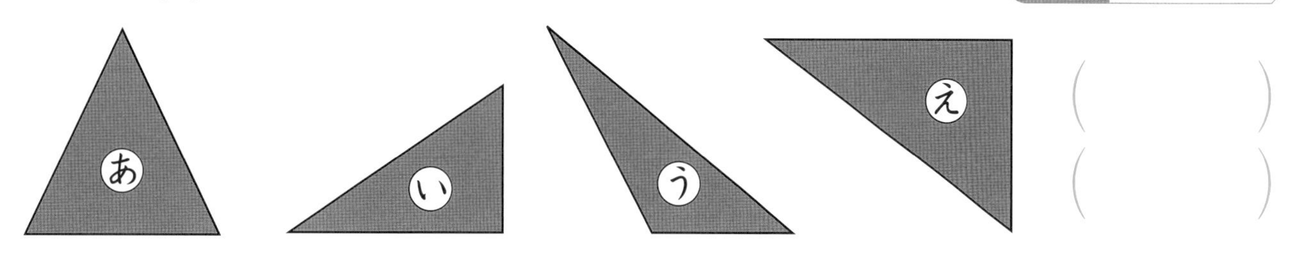

（　　）
（　　）

3 つぎの　形を　ほうがんに　かきましょう。

教科書 133ページ2

① 1つの　へんの　長さが　3cmの　正方形

② 直角に　なる　2つの　へんの　長さが　3cmと　4cmの　直角三角形

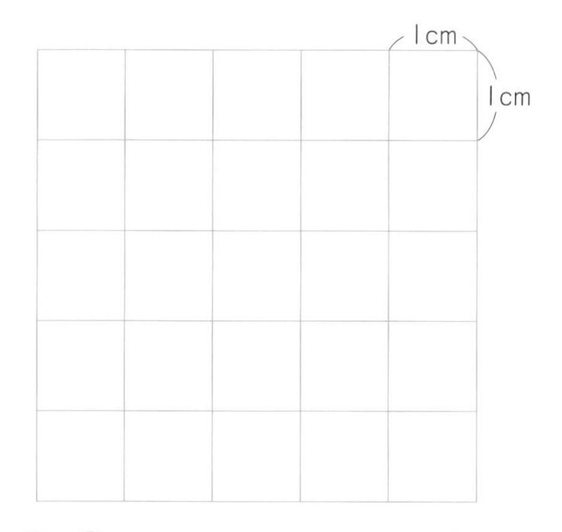

ものさしを
つかおう。

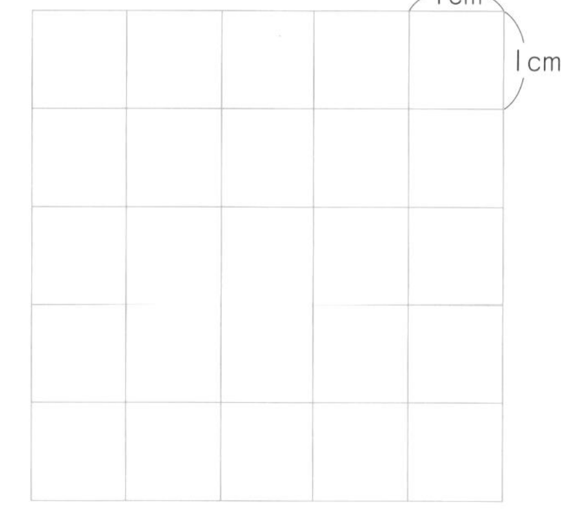

ヒント　**1** 長方形では、むかい合って　いる　へんの　長さが　同じに　なって　います。

9 三角形と　四角形

教科書　125〜136ページ　答え　18ページ

知識・技能　／100点

1 (　　)に　あてはまる　数や　ことばを　書きましょう。　1つ5点(50点)

① 四角形には、ちょう点が　(ア　　　)つ、へんが　(イ　　　)つ　あります。

② 三角形には、ちょう点が　(ア　　　)つ、へんが　(イ　　　)つ　あります。

③ 長方形には、直角の　かどが　(　　　)つ　あります。

④ 長方形には、へんが　(ア　　　)つ　あり、むかい合って　いる　へんの　長さは　(イ　　　)です。

⑤ 正方形には、直角の　かどが　(ア　　　)つ　あり、へんの　長さは、みんな　(イ　　　)です。

⑥ 直角の　かどが　ある　三角形を、(　　　　　)と　いいます。

2 よく出る　つぎの　図から、長方形、正方形、直角三角形を　それぞれ　2つずつ　見つけて、きごうで　答えましょう。　1つ3点(18点)

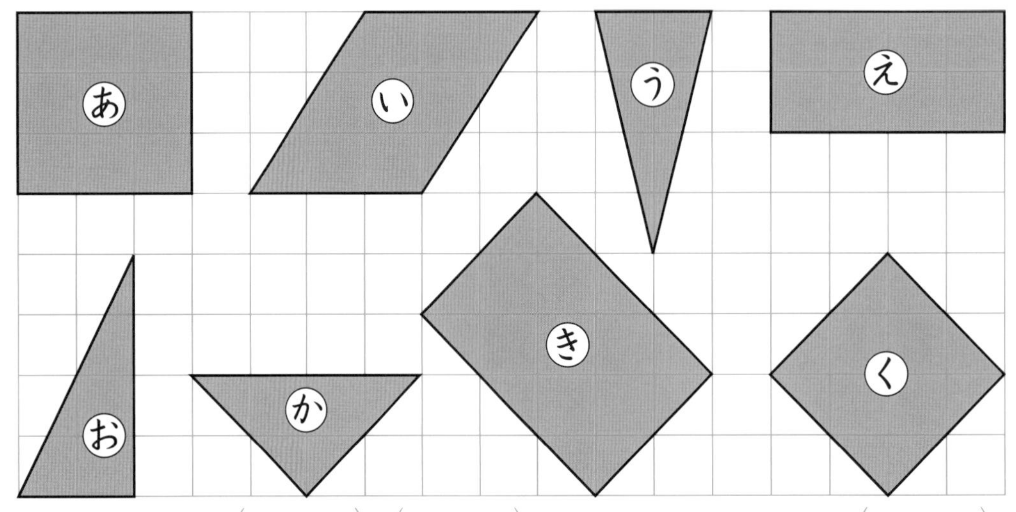

① 長方形　(　　　)(　　　)　　② 正方形　(　　　)(　　　)

③ 直角三角形　(　　　)(　　　)

3 右の　長方形で、あの　長さは　何（なん）cm ですか。
また、まわりの　長さは　何cm ですか。

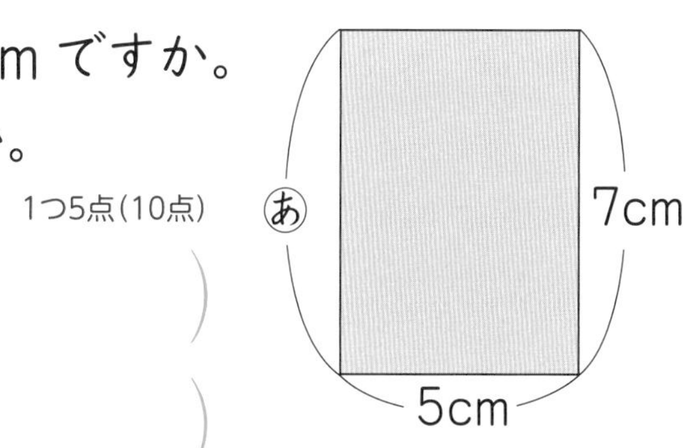

1つ5点(10点)

あの　長さ　（　　　　）

まわりの　長さ　（　　　　）

4 よく出る　つぎの　形（かたち）を　ほうがんに　かきましょう。　1つ5点(10点)

① 2つの　へんの　長さが　3cm と　5cm の　長方形

② 1つの　へんの　長さが　4cm の　正方形を　2つの　同（おな）じ　大きさに　分けて　できる　直角三角形

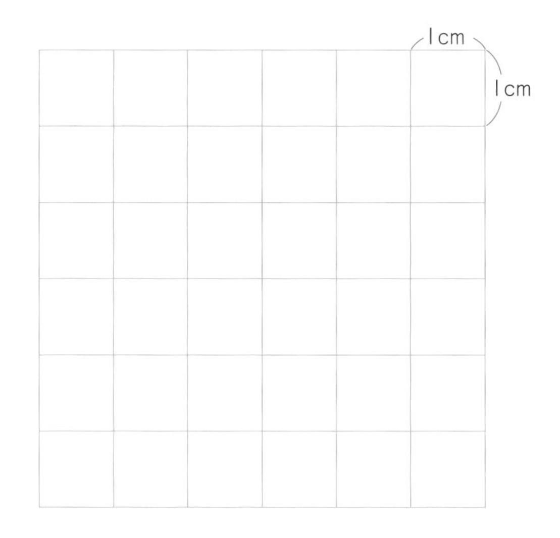

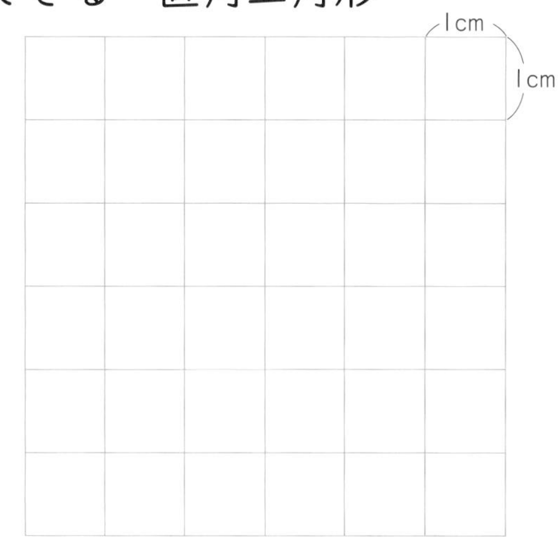

できたらスゴイ！

5 右の　三角形や　四角形を、きめられた　まい数（すう）だけ　つかって、つぎの　形の　中に　しきつめましょう。(線（せん）を　ひきましょう。)　1つ6点(12点)

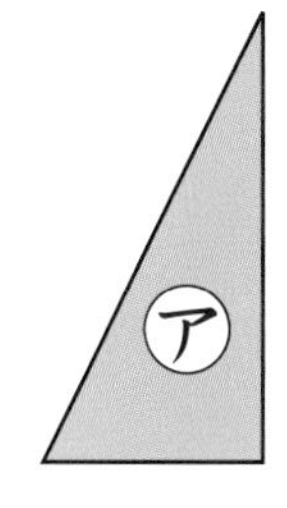

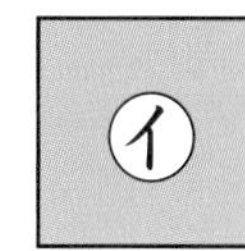

① アを　2まいと　イを　2まい

② アを　2まいと　ウを　2まい

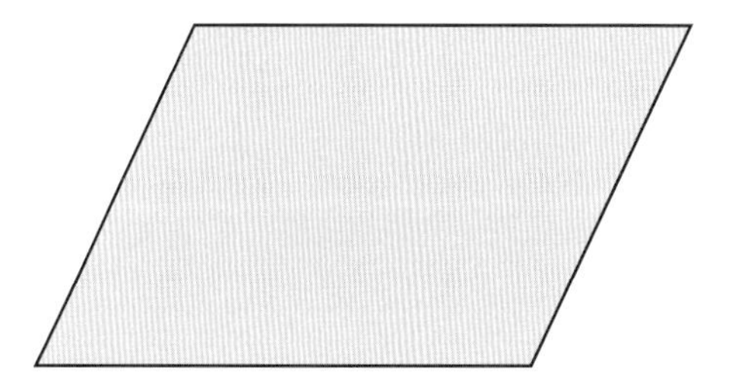

ふりかえり　3が　わからない　ときは、58 ページの　1に　もどって　かくにんして　みよう。

① かけ算

つぎの □ に あてはまる 数を 書きましょう。

ねらい かけ算のいみがわかり、しきをつくることができるようにしよう。 れんしゅう ①②③→

かけ算の　いみ

同じ　数ずつの　ものが　いくつ分か　ある　とき、ぜんぶの数を　もとめるのに　**かけ算**を　つかって　計算します。

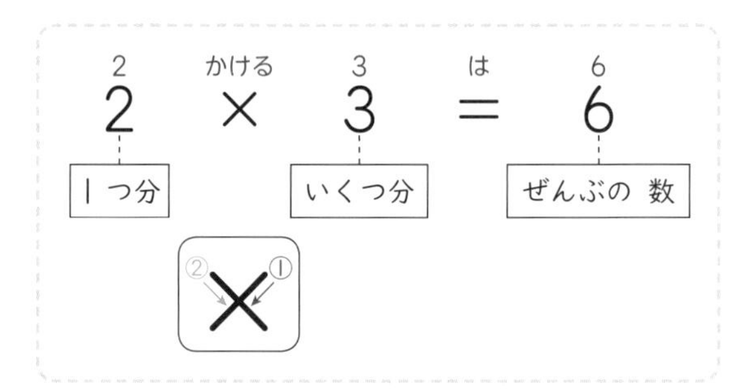

1 ケーキの　数を　もとめる　かけ算の　しきを　書きましょう。

とき方　ケーキは ①[2] こずつ ②[5] さら分　あるので、ケーキの　数を　もとめる　かけ算の　しきは、③[　] × ④[　] に　なります。

ねらい かけ算のしきの答えを、たし算でもとめられるようにしよう。 れんしゅう ④→

かけ算の　しきの　答え

2×3の 答えは、2+2+2の 計算で もとめる ことが できます。

2 **1**の　ケーキの　数を　たし算で　もとめましょう。

とき方　かけ算の　しきの　答えは、たし算で　もとめる　ことが　できます。
2×5

2×5 は、2を
5回 たす ことと
同じ 計算なんだね。

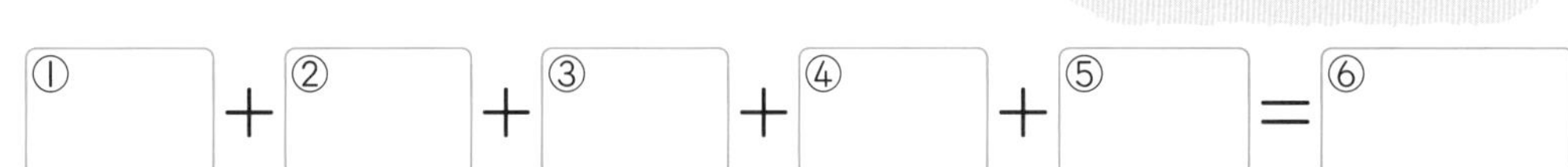

→ ①[　] + ②[　] + ③[　] + ④[　] + ⑤[　] = ⑥[　]

答え ⑦[　] こ

1 かけ算を　つかって　ぜんぶの　数が　もとめられるのは、
あと　いの　どちらですか。

教科書 139ページ 1

あ

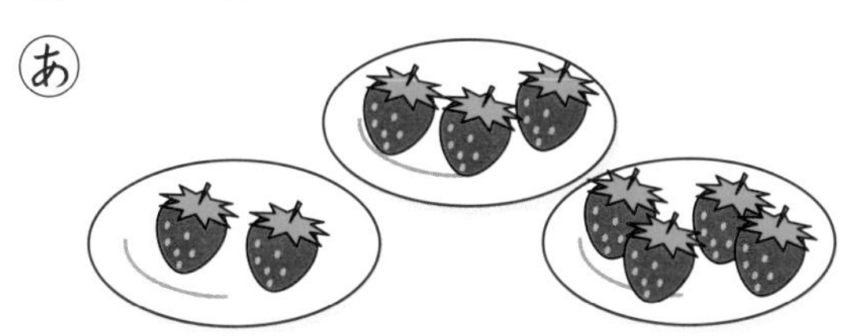

い

（　　　）

よくよんで

2 ぜんぶの　数を　もとめる、かけ算の　しきを　書きましょう。

教科書 140ページ 2

①

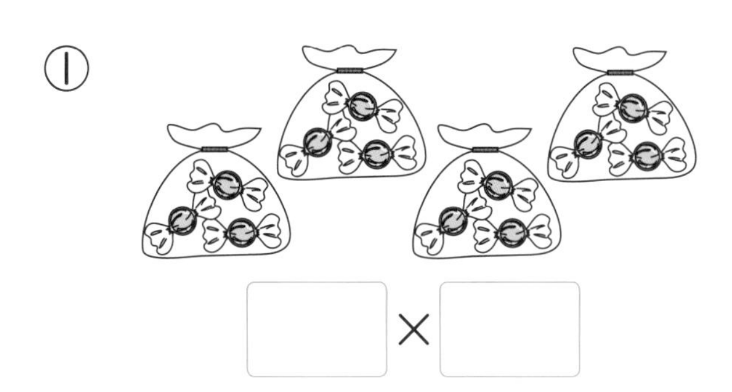

□×□

②

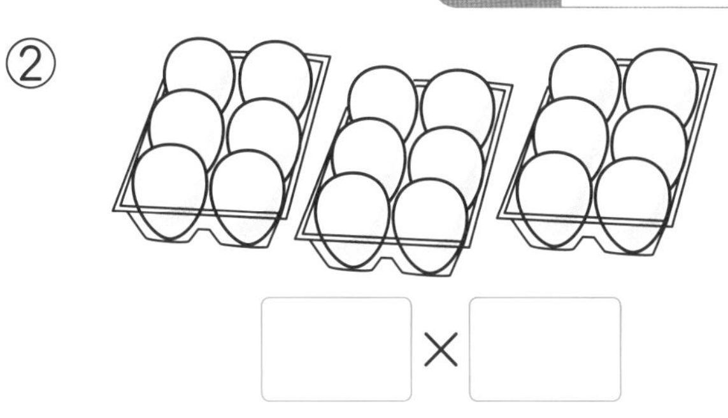

□×□

3 つぎの　かけ算の　しきに　なるように、おはじきを　◯で
かこみましょう。

教科書 142ページ 3

① 2×4

② 3×5

4 かけ算の　しきを　書いて、答えを　たし算で　もとめましょう。

教科書 140ページ 2

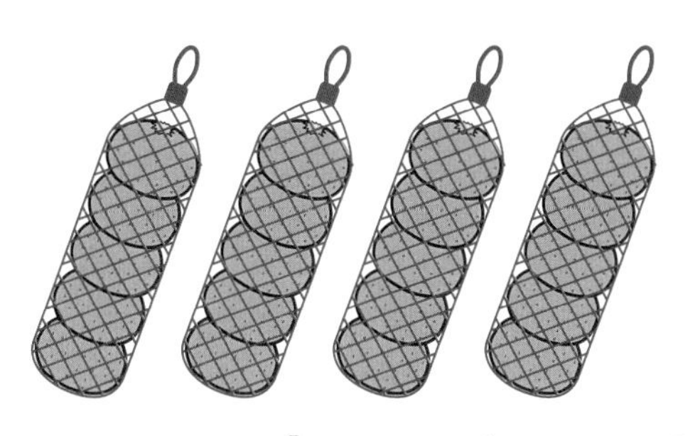

〔かけ算の　しき〕□×□

〔たし算の　しき〕　　答え

（　　　）

ヒント
1 同じ　数ずつの　ものが　いくつ分か　ある　ときに、かけ算で　ぜんぶの　数が
もとめられます。

② 九九－1

教科書 143～146ページ　答え 19ページ

つぎの □ に あてはまる 数(かず)を 書(か)きましょう。

ねらい 2のだんの九九(くく)をおぼえて、つかえるようにしよう。　れんしゅう ①②→

2のだんの　九九

しき	九九	答え
2×1＝2	二一(にいち)が	2(に)
2×2＝4	二二(ににん)が	4(し)
2×3＝6	二三(にさん)が	6(ろく)
2×4＝8	二四(にし)が	8(はち)
2×5＝10	二五(にご)	10(じゅう)
2×6＝12	二六(にろく)	12(じゅうに)
2×7＝14	二七(にしち)	14(じゅうし)
2×8＝16	二八(にはち)	16(じゅうろく)
2×9＝18	二九(にく)	18(じゅうはち)

1 ジュースを、1人(ひとり)が　コップに　2はいずつ　のみました。6人で　何(なん)ばい　のみましたか。

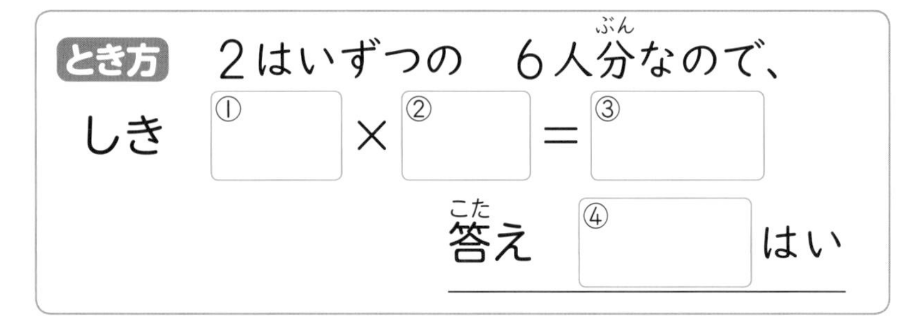

とき方　2はいずつの　6人分(ぶん)なので、

しき　① □ × ② □ ＝ ③ □

答(こた)え　④ □ はい

「二一(にいち)が　2(に)」の　ような　いい方(かた)を　九九と　いうよ。

ねらい 5のだんの九九をおぼえて、つかえるようにしよう。　れんしゅう ③④⑤→

5のだんの　九九

しき	九九	答え
5×1＝5	五一(ごいち)が	5(ご)
5×2＝10	五二(ごに)	10(じゅう)
5×3＝15	五三(ごさん)	15(じゅうご)
5×4＝20	五四(ごし)	20(にじゅう)
5×5＝25	五五(ごご)	25(にじゅうご)
5×6＝30	五六(ごろく)	30(さんじゅう)
5×7＝35	五七(ごしち)	35(さんじゅうご)
5×8＝40	五八(ごは)	40(しじゅう)
5×9＝45	五九(ごっく)	45(しじゅうご)

2 おり紙(がみ)を、1人に　5まいずつ　くばります。7人に　くばるには、おり紙は　何まい　いりますか。

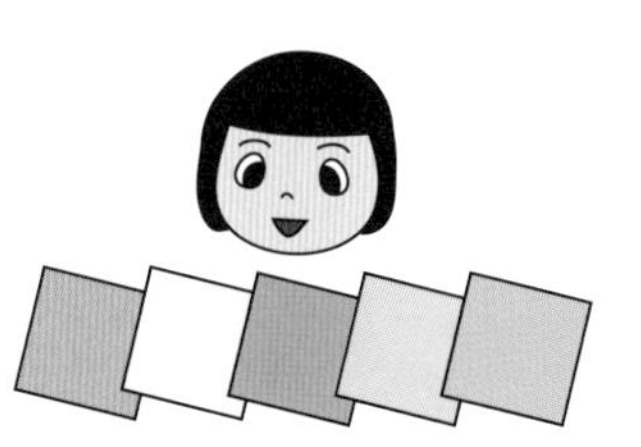

とき方　5まいずつの　7人分なので、

しき　① □ × ② □ ＝ ③ □　　答え　④ □ まい

ぴったり2
れんしゅう

がくしゅうび　月　日

★できた　もんだいには、「た」を　書こう！★

1 でき　2 でき　3 でき　4 でき　5 でき

教科書 143～146ページ　答え 19ページ

1 計算を　しましょう。 教科書 143ページ 1

① 2×2　② 2×7　③ 2×3

④ 2×5　⑤ 2×4　⑥ 2×9

⑦ 2×8　⑧ 2×1　⑨ 2×6

2 1パックに　2こずつ　プリンが　入って　います。7パック分では　プリンは　ぜんぶで　何こに　なりますか。 教科書 143ページ 1

プリン　プリン

しき

答え（　　　）

3 計算を　しましょう。 教科書 145ページ 2

① 5×3　② 5×5　③ 5×1

④ 5×7　⑤ 5×2　⑥ 5×6

⑦ 5×4　⑧ 5×9　⑨ 5×8

4 せんべいが　1ふくろに　5まいずつ　入って　います。6ふくろ分では、せんべいは　ぜんぶで　何まいに　なりますか。 教科書 145ページ 2

おせんべい

しき

答え（　　　）

！まちがいちゅうい

5 □に　数を　書いて、しきが　5×3の　しきに　なる　もんだいを　つくりましょう。 教科書 145ページ 2

えんぴつを　1人に　①□本ずつ　くばります。②□人に　くばるには、えんぴつは　何本　いりますか。

ヒント
2 2こずつ　7パック分なので、2×7です。
4 5まいずつ　6ふくろ分なので、5×6です。

がくしゅうび　月　日

教科書 147～152ページ　答え 20ページ

つぎの □ に　あてはまる　数を　書きましょう。

ねらい　3のだん、4のだんの九九をおぼえて、つかえるようにしよう。　れんしゅう 1 2

3×4の　しきで、3を　**かけられる数**、4を　**かける数**と　いいます。

3 × 4 ＝12
（3：かけられる数　4：かける数）

★ 3のだんでは、かける数が　1　ふえると　答えは　3　ふえます。

★ 4のだんでは、かける数が　1　ふえると　答えは　4　ふえます。

1 3のだん、4のだんの　九九の　答えを　書きましょう。

(1)

三一が	①	三二が	②	三三が	③
三四	④	三五	⑤	三六	⑥
三七	⑦	三八	⑧	三九	⑨

(2)

四一が	①	四二が	②	四三	③
四四	④	四五	⑤	四六	⑥
四七	⑦	四八	⑧	四九	⑨

ねらい　「ばい」ということばのいみがわかり、つかえるようにしよう。　れんしゅう 3

ばい

1つ分、2つ分、3つ分の　ことを、**1ばい、2ばい、3ばい**と　いいます。

2 4cmの　3ばいの　長さは　何cmですか。

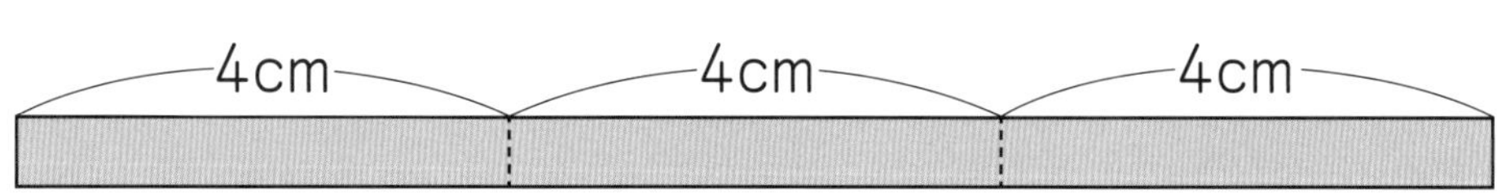

とき方　3ばいは　3つ分の　ことです。

しき ① □ × ② □ ＝ ③ □　　答え ④ □ cm

がくしゅうび　月　日

★できた　もんだいには、「た」を　書こう！★

でき ①　でき ②　でき ③

教科書 147～152ページ　答え 20ページ

1 1そうに　3人ずつ　のれる　ボートが　あります。　教科書 147ページ 3

① 5そうでは、何人　のれますか。

(　　　　)

② 6そうでは、何人　のれますか。

(　　　　)

③ ボートが　1そう　ふえると、のれる　人数（にんずう）は　何人　ふえますか。

(　　　　)

2 1つの　花びんに　花を　4本ずつ　入れます。　教科書 149ページ 4

① 花びん　3つでは、花は　何本　いりますか。

(　　　　)

② 花びん　4つでは、花は　何本　いりますか。

(　　　　)

③ 花びんが　1つ　ふえると、花の　数は　何本　ふえますか。

(　　　　)

3 2cmの　5ばいの　長さは　何cmですか。　教科書 151ページ 1

① 2cmの　5ばいに　なるように、色（いろ）を　ぬりましょう。

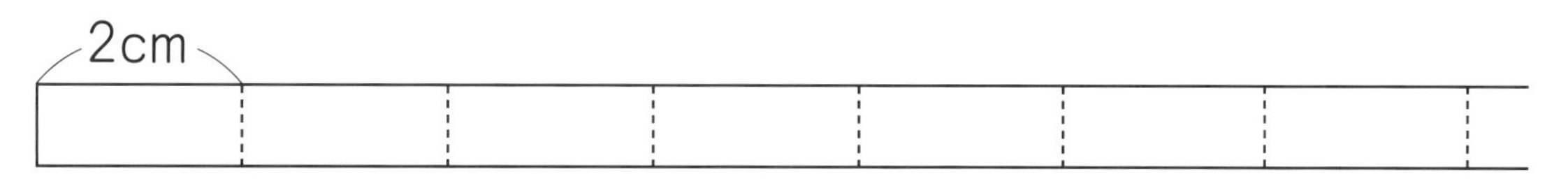

② かけ算（ざん）で　答（こた）えを　もとめましょう。

しき

答え (　　　　)

ヒント
1 ③ 3のだんでは、かける数が　1　ふえると、答えは　3　ふえます。
3 5ばいは　5つ分の　ことです。

⑩ かけ算

教科書 137～153ページ　答え 20ページ

知識・技能　/76点

1 かけ算を　つかって　ぜんぶの　人の　数が　もとめられるのは、あと　いの　どちらですか。 (4点)

あ 

い 

(　　　)

2 よく出る　かけ算を　つかって、ぜんぶの　数を　もとめましょう。 しき・答え　1つ4点(32点)

① 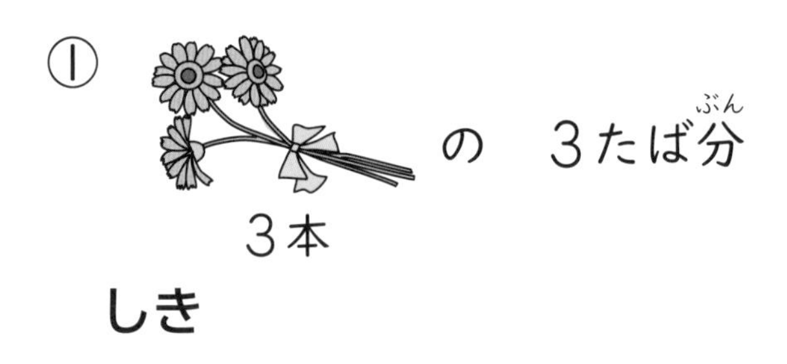 の　3たば分

3本

しき

答え (　　　)

②  の　7台分

2人

しき

答え (　　　)

③  の　5ばい

5こ

しき

答え (　　　)

④ 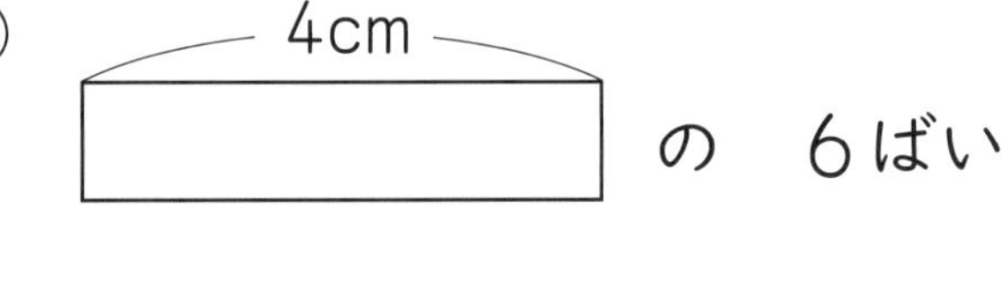 の　6ばい

しき

答え (　　　)

3 よく出る　計算を　しましょう。 1つ2点(24点)

① 5×1	② 4×8	③ 2×5
④ 3×2	⑤ 5×7	⑥ 4×9
⑦ 4×7	⑧ 2×3	⑨ 3×8
⑩ 2×4	⑪ 3×9	⑫ 5×9

4 答えが　同(おな)じに　なる　カードを　線(せん)で　むすびましょう。

1つ3点(12点)

4×5	2×2	3×6	4×4
・	・	・	・
・	・	・	・
4×1	2×8	5×4	2×9

5 2のだんでは、かける数が　1　ふえると、答えは　いくつ　ふえますか。

(4点)

(　　　　)

思考・判断・表現　／24点

6 よく出る　長(なが)いすが　7つ　あります。1つの　長いすに　3人ずつ　すわります。ぜんぶで　何人(なん)　すわれますか。　しき・答え　1つ4点(8点)

しき

答え(　　　　)

7 よく出る　バラを　5本ずつ　花たばに　したら、8たば　できました。バラは、ぜんぶで　何本　ありますか。　しき・答え　1つ4点(8点)

しき

答え(　　　　)

8 とうまさんは　シールを　4まい　もって　います。ゆいさんは　とうまさんの　3ばいの　シールを　もって　います。ゆいさんの　もって　いる　シールは　何まいですか。　しき・答え　1つ4点(8点)

しき

答え(　　　　)

ふりかえり　1が　わからない　ときは、62ページの　1に　もどって　かくにんして　みよう。

がくしゅうび　月　日

① かけ算九九づくり－1

教科書 156～160ページ　答え 21ページ

つぎの □ に あてはまる 数(かず)を 書(か)きましょう。

ねらい 6のだんの九九をおぼえて、つかえるようにしよう。　れんしゅう ① ② ⑤→

6のだんの 九九		
6×1＝6	六一(ろくいち)が	6(ろく)
6×2＝12	六二(ろくに)	12(じゅうに)
6×3＝18	六三(ろくさん)	18(じゅうはち)
6×4＝24	六四(ろくし)	24(にじゅうし)
6×5＝30	六五(ろくご)	30(さんじゅう)
6×6＝36	六六(ろくろく)	36(さんじゅうろく)
6×7＝42	六七(ろくしち)	42(しじゅうに)
6×8＝48	六八(ろくは)	48(しじゅうはち)
6×9＝54	六九(ろっく)	54(ごじゅうし)

1 1ふくろ　6まい入りの　食(しょく)パンが　4ふくろ　あります。食パンは　ぜんぶで　何(なん)まい　ありますか。

とき方 6まいずつの　4ふくろ分(ぶん)なので、

しき ①[6] × ②[4] ＝ ③[　]

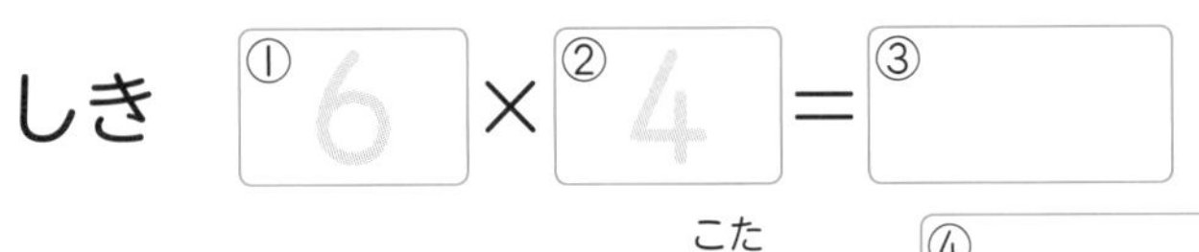

答(こた)え ④[　] まい

6のだんでは、かける数が　1　ふえると、答えは　6　ふえるよ。

ねらい 7のだんの九九をおぼえて、つかえるようにしよう。　れんしゅう ③ ④→

7のだんの 九九		
7×1＝7	七一(しちいち)が	7(しち)
7×2＝14	七二(しちに)	14(じゅうし)
7×3＝21	七三(しちさん)	21(にじゅういち)
7×4＝28	七四(しちし)	28(にじゅうはち)
7×5＝35	七五(しちご)	35(さんじゅうご)
7×6＝42	七六(しちろく)	42(しじゅうに)
7×7＝49	七七(しちしち)	49(しじゅうく)
7×8＝56	七八(しちは)	56(ごじゅうろく)
7×9＝63	七九(しちく)	63(ろくじゅうさん)

2 7人ずつの　グループを　つくったら、5グループ　できました。みんなで　何人　いますか。

とき方 7人ずつの　5グループ分なので、

しき ①[　] × ②[　] ＝ ③[　]　　答え ④[　] 人

★できた　もんだいには、「た」を　書こう！★

できた ① ② ③ ④ ⑤

がくしゅうび　月　日

教科書 156～160ページ　答え 21ページ

1 計算(けいさん)を　しましょう。 教科書 157ページ 1

① 6×5　② 6×9　③ 6×1

④ 6×2　⑤ 6×6　⑥ 6×4

⑦ 6×7　⑧ 6×3　⑨ 6×8

2 6こ入りの　たまごの　パックが　8パック　あります。
たまごは、ぜんぶで　何こ　ありますか。 教科書 157ページ 1

しき

答え（　　　）

3 計算を　しましょう。 教科書 159ページ 2

① 7×4　② 7×3　③ 7×5

④ 7×1　⑤ 7×7　⑥ 7×2

⑦ 7×6　⑧ 7×8　⑨ 7×9

4 1週間(しゅうかん)は　7日(なのか)です。3週間は　何日ですか。 教科書 159ページ 2

しき

答え（　　　）

5 下の　図(ず)を　見て、答えが　12に　なる　九九を、ぜんぶ
書きましょう。 教科書 156ページ、157ページ 1

① 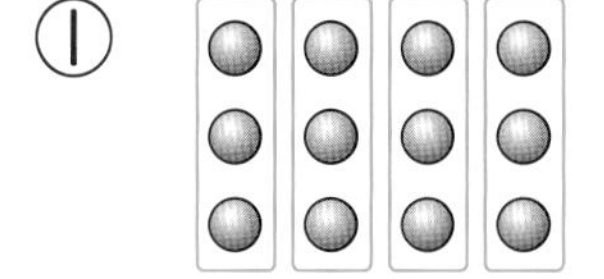 ② 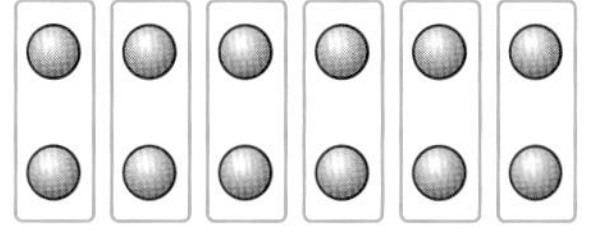 ③ 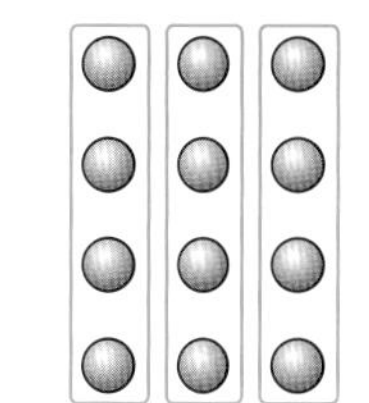 ④ 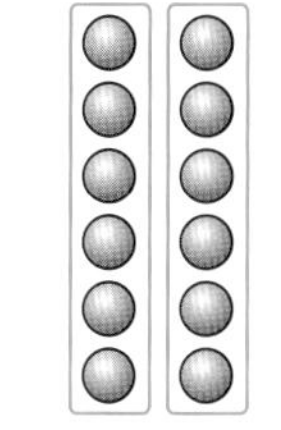

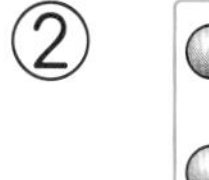  

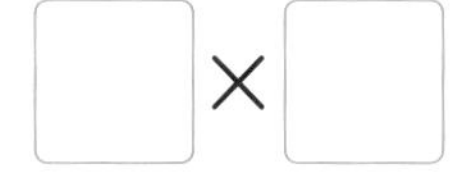 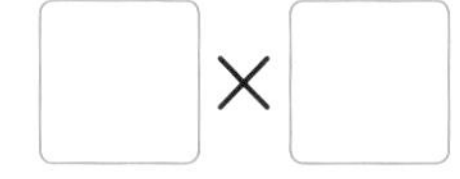 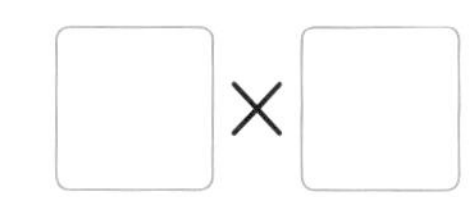 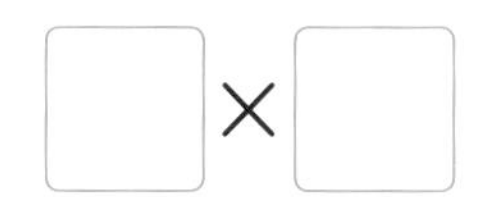

ヒント　5 ①　●が　3こずつ　4つ分　あります。

がくしゅうび　月　日

① かけ算九九づくり－2

教科書 161～163ページ　答え 21ページ

つぎの □ に あてはまる 数(かず)を 書(か)きましょう。

ねらい 8のだん、9のだんの九九をおぼえて、つかえるようにしよう。 れんしゅう 1～4

8のだんでは、かける数が　1　ふえると答(こた)えは　8　ふえます。

8×3=24
↓1 ふえる　8 ふえる
8×4=32

9のだんでは、かける数が　1　ふえると答えは　9　ふえます。

9×5=45
↓1 ふえる　9 ふえる
9×6=54

1 8のだんの　九九の　答えを　書きましょう。

八一が（はちいち）	①	八二（はちに）	②	八三（はちさん）	③
八四（はちし）	④	八五（はちご）	⑤	八六（はちろく）	⑥
八七（はちしち）	⑦	八八（はっぱ）	⑧	八九（はっく）	⑨

2 9のだんの　九九の　答えを　書きましょう。

九一が（くいち）	①	九二（くに）	②	九三（くさん）	③
九四（くし）	④	九五（くご）	⑤	九六（くろく）	⑥
九七（くしち）	⑦	九八（くは）	⑧	九九（くく）	⑨

ねらい 1のだんの九九をおぼえて、つかえるようにしよう。 れんしゅう 5

1のだんでは、1に　どんな　数を　かけても、答えは　かける数と　同(おな)じに　なります。

3 1のだんの　九九の　答えを　書きましょう。

一一が（いんいち）	①	一二が（いんに）	②	一三が（いんさん）	③
一四が（いんし）	④	一五が（いんご）	⑤	一六が（いんろく）	⑥
一七が（いんしち）	⑦	一八が（いんはち）	⑧	一九が（いんく）	⑨

がくしゅうび　月　日

★できた　もんだいには、「た」を　書こう！★

1 でき　2 でき　3 でき　4 でき　5 でき

教科書 161〜163ページ　答え 21ページ

よくよんで

1 1はこ　8こ入りの　チョコレートが　あります。 教科書 161ページ3

① 4はこでは、ぜんぶで　何こ　ありますか。 (　　)

② 1はこ　ふえると、チョコレートは　何こ　ふえますか。 (　　)

2 計算を　しましょう。 教科書 161ページ3

① 8×3　② 8×2　③ 8×7

④ 8×8　⑤ 8×5　⑥ 8×9

3 1チーム　9人で　やきゅうを　します。 教科書 162ページ4

① 5チームでは、ぜんぶで　何人　いますか。 (　　)

② 1チーム　ふえると、人数は　何人　ふえますか。 (　　)

4 計算を　しましょう。 教科書 162ページ4

① 9×7　② 9×1　③ 9×6

④ 9×4　⑤ 9×9　⑥ 9×3

5 絵を　見て、もんだいに　答えましょう。 教科書 163ページ5

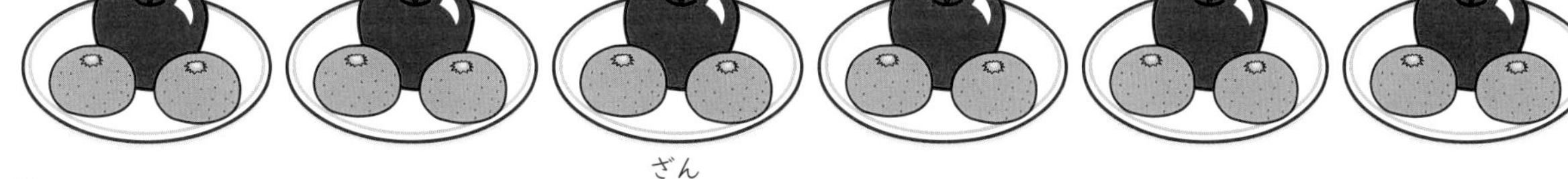

① みかんの　数を　かけ算で　もとめましょう。

しき　答え (　　)

② りんごの　数を　かけ算で　もとめましょう。

しき　答え (　　)

ヒント

5 ① みかんは　1さらに　2こずつ　6さら分　あります。
② りんごは　1さらに　1こずつ　6さら分　あります。

⑪ かけ算九九づくり

教科書 156～165ページ　答え 22ページ

知識・技能　／73点

1 □に あてはまる 数(かず)を 書(か)きましょう。　1つ3点(12点)

① 7のだんでは、かける数が 1 ふえると、答(こた)えは □ ふえます。

② 8×5の 答えは、8×4の 答えより □ ふえます。

③ かけ算(ざん)九九の しきの 中で、答えが 18に なる ものは、2×9、3×6、□×3、□×2です。

2 よく出る 計算(けいさん)を しましょう。　1つ2点(24点)

① 7×3　② 1×2　③ 9×3

④ 1×9　⑤ 8×9　⑥ 6×8

⑦ 8×8　⑧ 7×4　⑨ 1×5

⑩ 6×7　⑪ 9×7　⑫ 7×6

3 よく出る 答えが 同(おな)じに なる カードを 線(せん)で むすびましょう。　1つ3点(12点)

7×8	8×3	9×4	6×9
6×6	9×6	6×4	8×7

4 よく出る まん中の　数に　まわりの　数を　かけた　答えを　書きましょう。

1つ1点(25点)

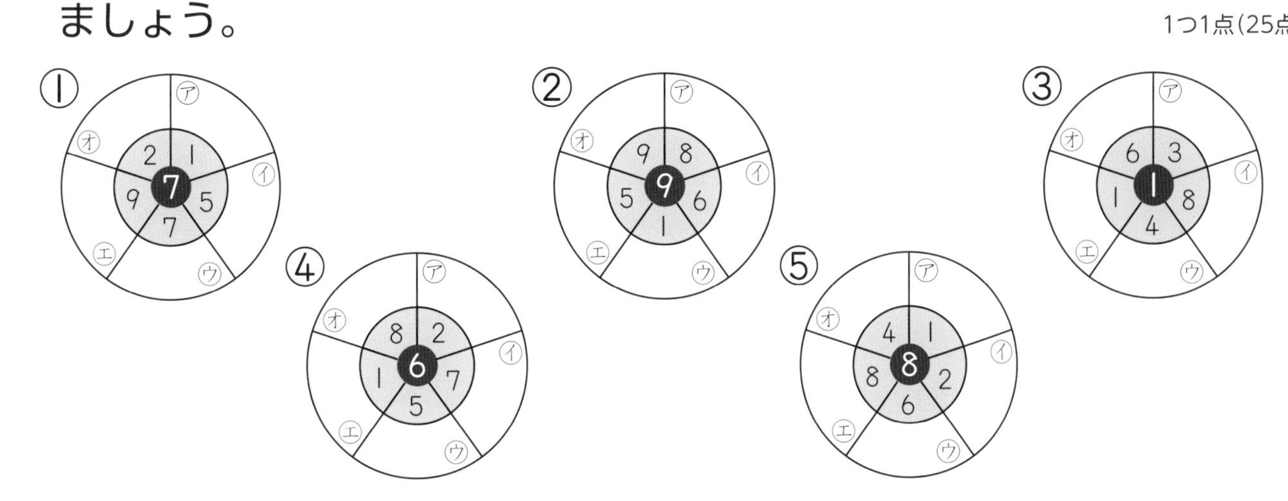

思考・判断・表現　／27点

5 よく出る |さら　8こ入りの　たこやきが　あります。5さらでは、たこやきは　何(なん)こに　なりますか。

しき・答え　1つ3点(6点)

しき

答え(　　　　)

6 子どもが　7人　います。|人(ひとり)に　|さつずつ　ノートを　くばると、ノートは　ぜんぶで　何さつ　いりますか。

しき・答え　1つ3点(6点)

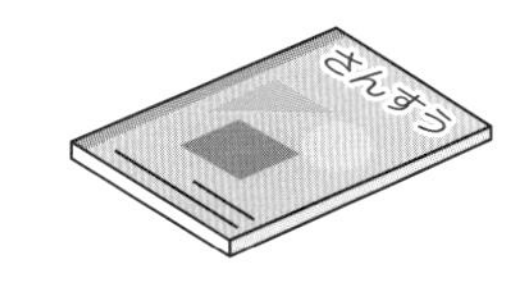

しき

答え(　　　　)

7 りんごを　5つの　ふくろに　分(わ)けたら、|ふくろに　6こずつ　入りました。りんごは　何こ　ありましたか。

しき4点、答え3点(7点)

しき

答え(　　　　)

できたらスゴイ!

8 2人(ふたり)の　つくった　もんだいは、3×6と　6×3の　どちらの　しきで　もとめれば　よいでしょう。

1だい4点(8点)

①

3つの　ふくろに、みかんが　6こずつ　入って　います。みかんは　何こ　ありますか。

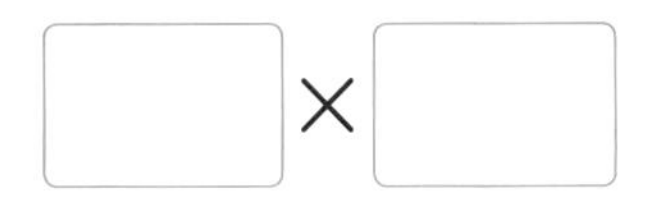

□×□

②

6人の　子どもに、みかんを　3こずつ　くばります。みかんは　何こ　いりますか。

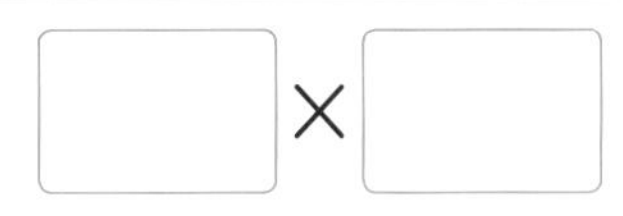

□×□

ふりかえり　5が　わからない　ときは、72ページの　1に　もどって　かくにんして　みよう。

ふろくの「計算せんもんドリル」23～32も　やって　みよう!

① 長い ものの 長さの あらわし方

教科書 170～175ページ　答え 22ページ

つぎの □ に あてはまる 数を 書きましょう。

ねらい 1mのものさしをつかって、長さをはかれるようにしよう。 れんしゅう 1 2 3→

m(メートル)

長い ものの 長さを はかる ときは、1m(1メートル)の ものさしを つかうと べんりです。

1m＝100cm

1 こくばんの よこの 長さを はかったら、1mの ものさしで 3つ分と、あと 60cmでした。こくばんの よこの 長さは、何m何cmですか。また、何cmですか。

とき方 1mの 3つ分は 3mです。あと 60cmなので、□m□cmです。また、1m＝100cmなので、3mは 300cmです。あと 60cmなので、□cmです。

ねらい 長さのたし算やひき算ができるようにしよう。 れんしゅう 4→

長さの たし算と ひき算

mは mどうし、cmは cmどうしの 数を、たしたり ひいたりして 計算します。

2 計算を しましょう。

(1) 90cm＋60cm　　(2) 1m20cm－50cm

とき方 同じ たんいどうしで 計算します。

(1) 90cm＋60cm＝□m□cm
　　150cm

(2) 1m20cm－50cm＝□cm
　　120cm

1m＝100cmだから、150cmは…。

がくしゅうび　月　日

★できた　もんだいには、「た」を　書こう！★

でき ①　でき ②　でき ③　でき ④

教科書 170～175ページ　答え 22ページ

1 つぎの　ものの　長さを　はかるには、30 cm の　ものさしと　1 m の　ものさしの　どちらを　つかうと　より　べんりですか。

教科書 171ページ 1

① 先生の　つくえの　よこの　長さ　（　　　　）

② はがきの　たての　長さ　（　　　　）

2 □に　あてはまる　数を　書きましょう。 教科書 173ページ 2

① 700 cm＝□m　　② 182 cm＝□m□cm

3 花だんの　よこの　長さを　はかったら、1 m の　ものさしで　2つ分と、あと　60 cm　ありました。 教科書 173ページ 2

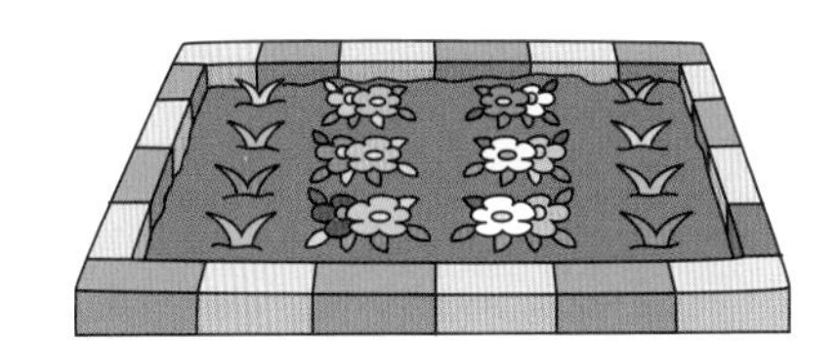

① 花だんの　よこの　長さは　何 m 何 cm ですか。

（　　　　）

② 花だんの　よこの　長さは　何 cm ですか。　（　　　　）

4 リボンを　2つに　切(き)ったら、1 m 60 cm と　80 cm の　リボンに　なりました。

教科書 175ページ 4

① もとの　リボンの　長さは　何 m 何 cm ですか。

しき

答(こた)え（　　　　）

② 2つの　リボンの　長さの　ちがいは　何 cm ですか。

しき

1m60cm から　80cm は
どうやって　ひけば　いいかな。

答え（　　　　）

ヒント
2 ① 100 cm は　1 m です。長い　ものの　長さは、cm よりも　大きい　たんい　m を　つかって　あらわすと　べんりです。

12 長い　ものの　長さの　たんい

教科書 170～176 ページ　答え 23 ページ

知識・技能　／60点

1 （　　）に　あてはまる　長さの　たんいを　書きましょう。　1つ5点(15点)

① 教科書の　たての　長さ……………………26（　　）

② 花だんの　たての　長さ……………………3（　　）

③ ノートの　あつさ……………………………5（　　）

2 よく出る 計算を　しましょう。　1つ5点(20点)

① 1 m 70 cm＋20 cm

② 50 cm＋80 cm

③ 1 m 50 cm－60 cm

④ 1 m 80 cm－65 cm

3 左はしから　ア、イ、ウまでの　長さは　何 cm ですか。　1つ5点(15点)

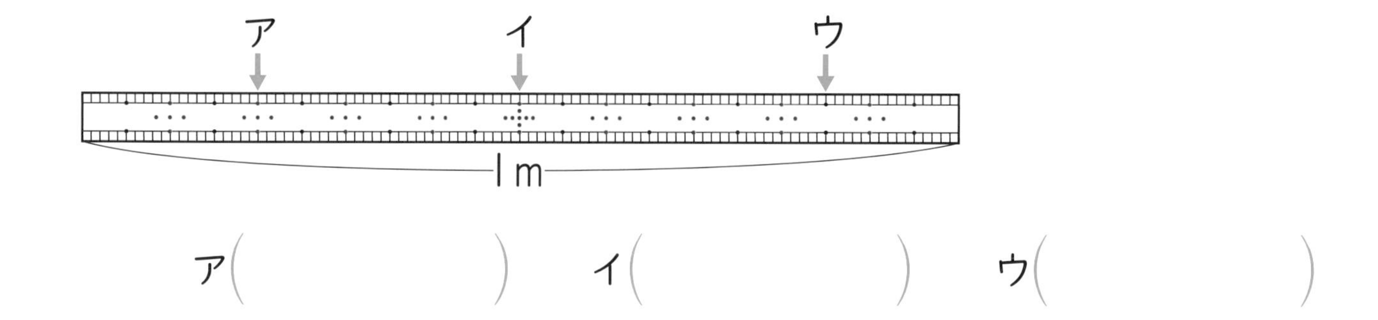

ア（　　）　イ（　　）　ウ（　　）

4 よく出る 長い　じゅんに　書きましょう。　1だい5点(10点)

① 1m20cm　2m　1m7cm

(　　　　　　　　)

② 3m18cm　321cm　3m

(　　　　　　　　)

この　本の　おわりに　ある「冬の　チャレンジテスト」を　やって　みよう！

思考・判断・表現　／40点

5 テープを　2つに　切(き)ったら、90cmと　75cmの　テープに　なりました。　しき・答え　1つ5点(20点)

① もとの　テープの　長さは　何m何cmですか。

しき

答(こた)え(　　　　)

② 2つの　テープの　長さの　ちがいは　何cmですか。

しき

答え(　　　　)

6 あゆさんの　しん長(ちょう)は　1m25cmです。あゆさんが　35cmの　台(だい)の　上に　のると、何m何cmに　なりますか。　しき・答え　1つ5点(10点)

しき

答え(　　　　)

できたらスゴイ！

7 ゆうきさんの　おとうさんの　しん長は、1mの　ものさしで　2つ分(ぶん)に　27cm　たりません。

おとうさんの　しん長は、何m何cmですか。　しき・答え　1つ5点(10点)

しき

答え(　　　　)

ふりかえり　❷が　わからない　ときは、76ページの　❷に　もどって　かくにんして　みよう。

読みとる力を　のばそう

どれが　おけるかな

教科書 178〜179ページ　答え 23ページ

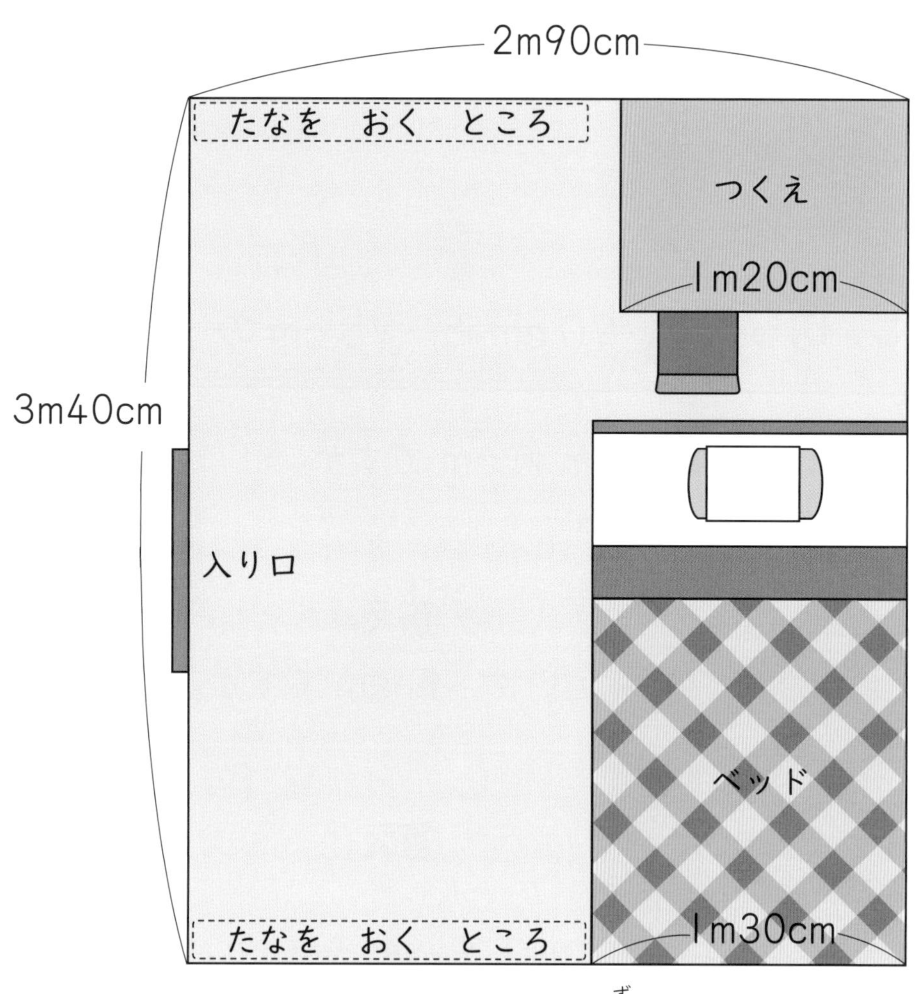

本だなも　たなも
後ろを　かべに
くっつけて　おくよ。

かずやさんの　へやは、上の　図のように　なって　います。
かずやさんは　へやの　かぐを　ふやす　ことに　しました。

1 つくえの　よこに、下の　Ⓐから　Ⓔの　本だなの
どれかを、よこむきで　おこうと　思って　います。

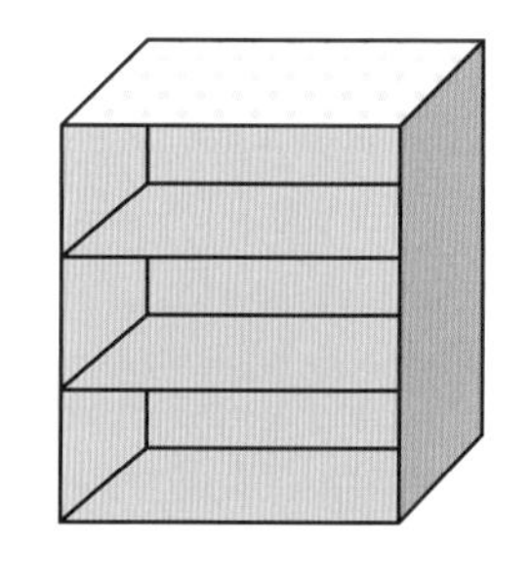

Ⓐ
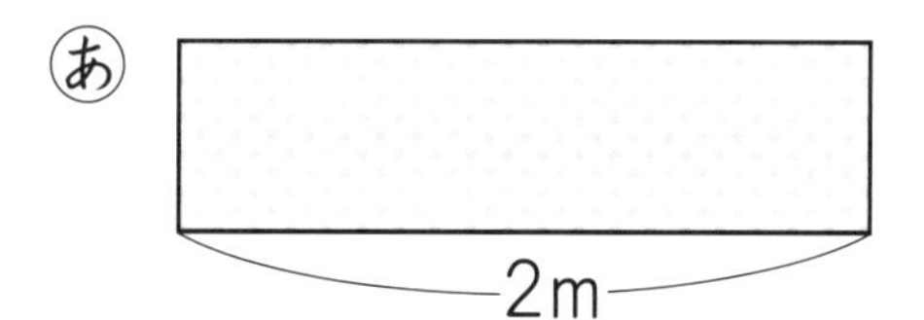

Ⓘ
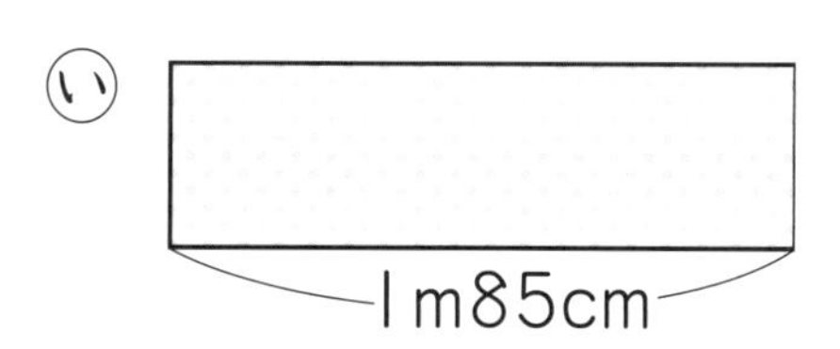

Ⓤ
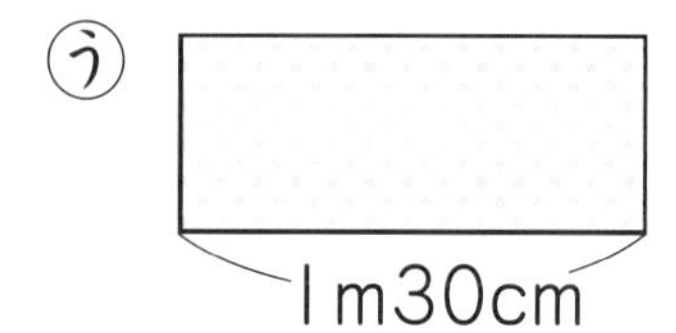

Ⓔ
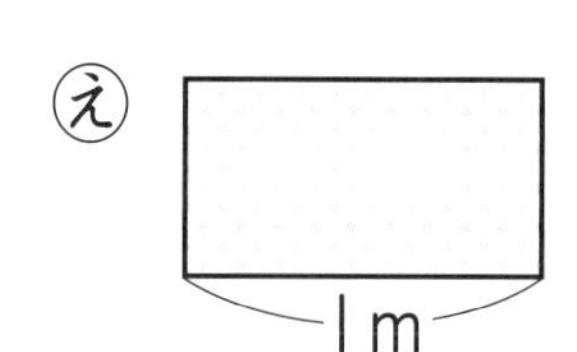

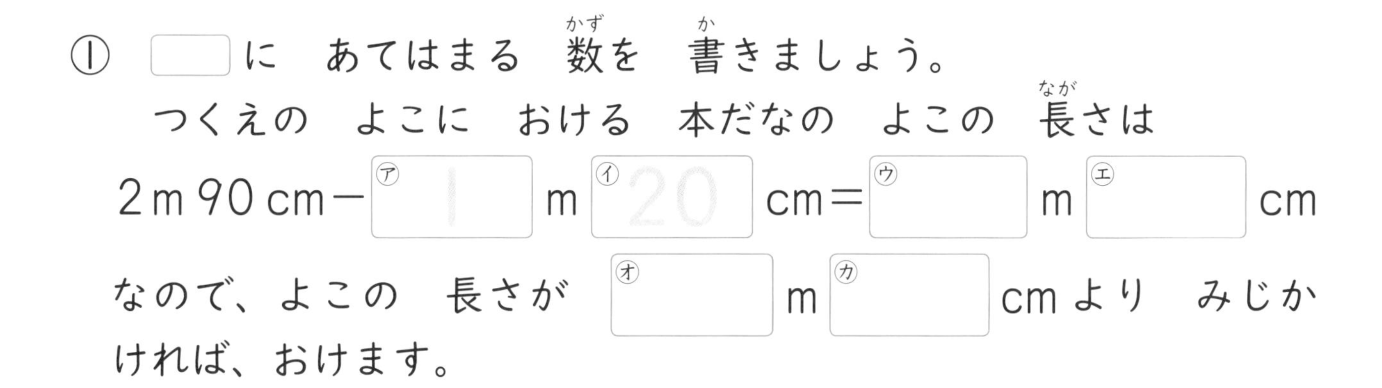

① □に　あてはまる　数を　書きましょう。

　つくえの　よこに　おける　本だなの　よこの　長さは

2m90cm－㋐ 1 m㋑ 20 cm＝㋒□m㋓□cm

なので、よこの　長さが　㋔□m㋕□cmより　みじかければ、おけます。

② どの　本だななら　おく　ことが　できますか。

答えは　2つ　あるね。

(　　　　)と(　　　　)

よくよんで

2 ベッドの　よこに　㋕から　㋙の　たなの　うち2つを、よこむきで　おこうと　思って　います。

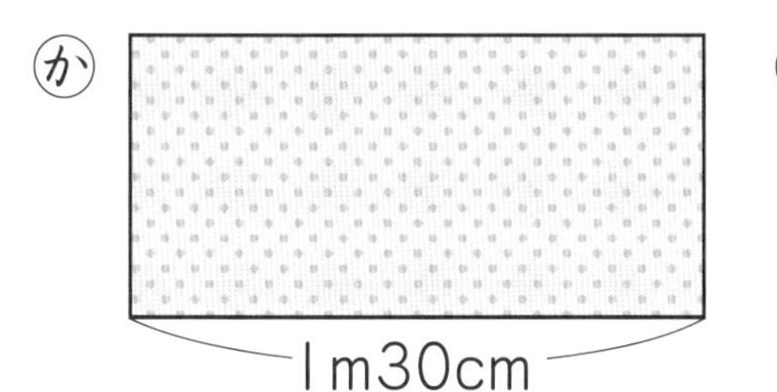

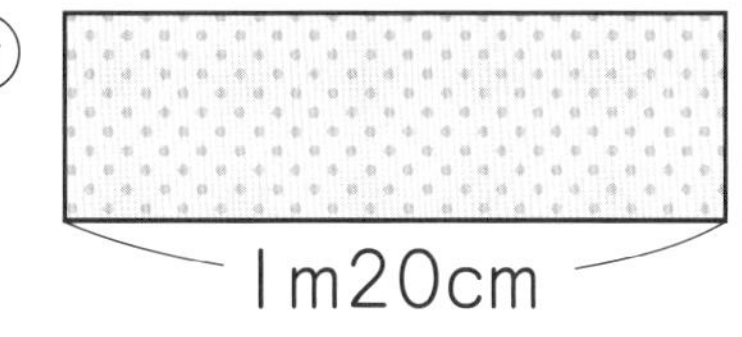

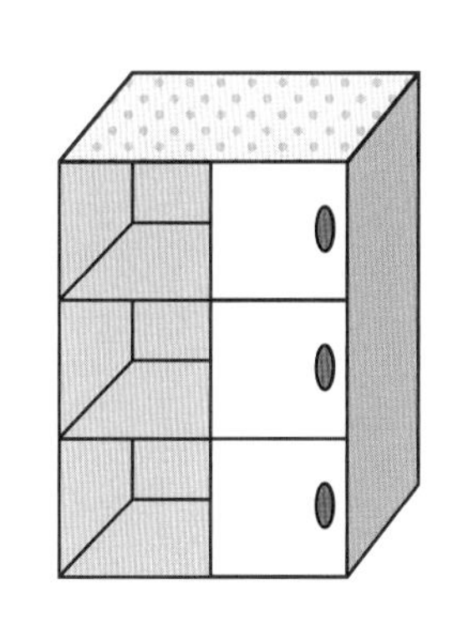

2つ　ならべて
おくよ。

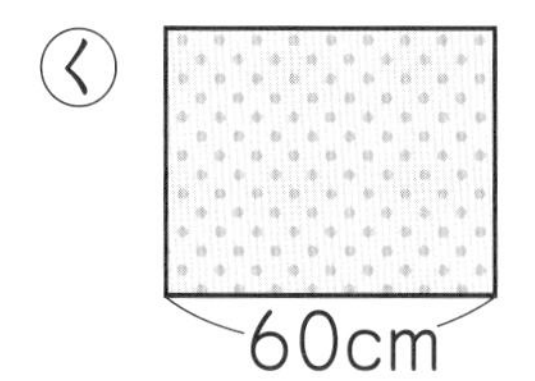

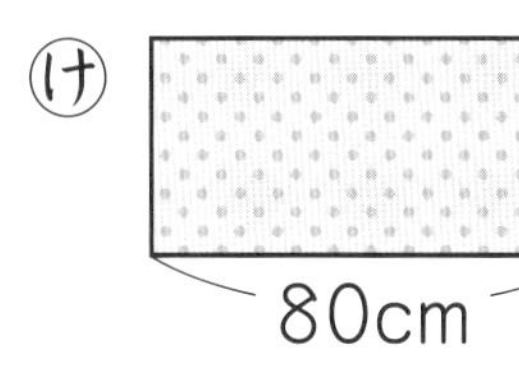

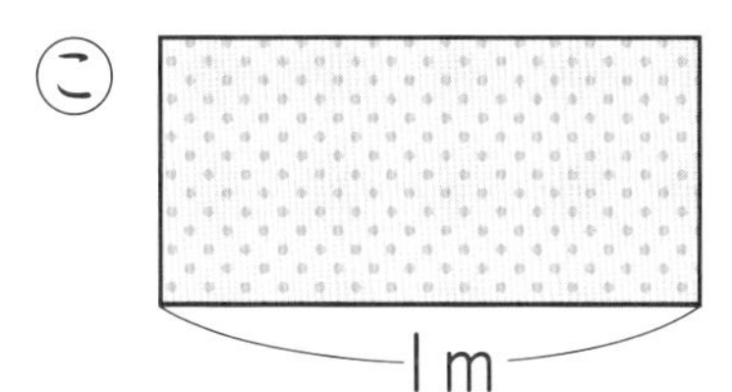

① ベッドの　よこに　たなを　おく　ことが　できる　はばは、何m何cmですか。

(　　　　)

② どの　2つなら　おく　ことが　できますか。ぜんぶ　書きましょう。

(　　と　　)、(　　と　　)

13 1000より　大きい　数

①　大きな　数の　あらわし方－1

教科書 180～185ページ　答え 24ページ

つぎの □に　あてはまる　数を　書きましょう。

ねらい　1000より大きい数を数字であらわせるようにしよう。　れんしゅう ①～④

1000を　2こ　あつめた　数を　2000と　書いて、二千と　読みます。

2000と　400と　50と　7を　合わせた　数を　2457と　書いて、二千四百五十七と　読みます。

千のくらい	百のくらい	十のくらい	一のくらい
1000 1000	100 100 100 100	10 10 10 10 10	1 1 1 1 1 1 1
●●	●●●●	●●●●●	●●●●●●●
2	4	5	7
二千	四百	五十	七

1 色紙の　数を　数字で　書きましょう。

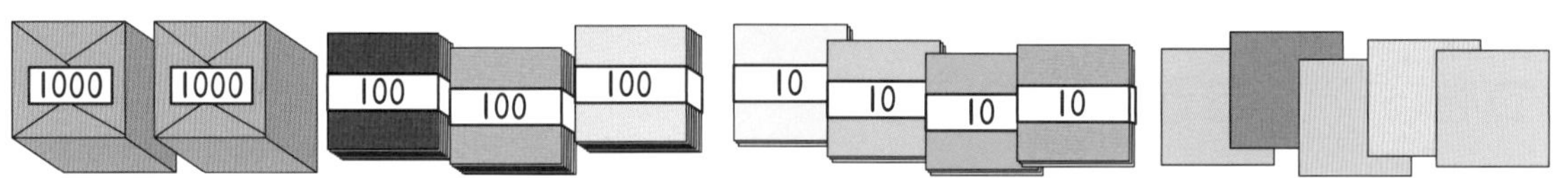

とき方　1000、100、10、1が　いくつ　あるかを　考えます。
1000を ① 2 こ、100を ② □ こ、10を ③ □ こ、
1を ④ □ こ　合わせると ⑤ □ (まい)に　なります。

2 つぎの　数を　数字で　書きましょう。

(1)　三千六十四　　(2)　五千三

とき方　(1)　3000と　60と　4を　合わせた　数は、□ です。
(2)　5000と　3を　合わせた　数は、□ です。

3 3200は、100を　いくつ　あつめた　数ですか。

とき方　1000は　100を　10こ　あつめた　数です。

がくしゅうび　月　日

★できた　もんだいには、「た」を　書こう！★

でき ① でき ② でき ③ でき ④

教科書 180～185ページ　答え 24ページ

1 つぎの　数を　読んで、かん字で　書きましょう。

教科書 180ページ1、183ページ2

① 3526 (　　　)　② 8047 (　　　)　③ 6109 (　　　)

2 つぎの　数を　数字で　書きましょう。

教科書 180ページ1、183ページ2

① 四千二百八十三 (　　　)　② 六千九十二 (　　　)　③ 七千六百五 (　　　)

3 □に　あてはまる　数を　書きましょう。

教科書 183ページ2、185ページ4

① 1000を　4こと、10を　5こ　合わせた　数は、□です。

② 8036は、1000を□こ、10を□こ、1を□こ　合わせた　数です。

③ 7802の　千のくらいの　数字は□で、十のくらいの　数字は□です。

②は、100の　まとまりが　ない　数だよ。

④ 9200は、100を□こ　あつめた　数です。

! まちがいちゅうい

4 つぎの　数を　数字で　書きましょう。

教科書 184ページ3

① 100を　39こ　あつめた　数 (　　　)

1000は　100を　10こ　あつめた　数だよ。

② 100を　50こ　あつめた　数 (　　　)

ヒント 4 ① 100が　30こで　3000、100が　9こで　900に　なります。

ぴったり1 じゅんび

13 1000より 大きい 数

① 大きな 数の あらわし方－2
② 一万

がくしゅうび 月 日

教科書 186～189ページ　答え 24ページ

つぎの □ に あてはまる 数を 書きましょう。

ねらい 10000という数や、10000までの数のならび方がわかるようにしよう。 れんしゅう 1～4

一万

1000を 10こ あつめた 数を 10000と 書いて、一万と 読みます。

0 1000 2000 3000 4000 5000 6000 7000 8000 9000 10000

1 100を いくつ あつめると 10000に なりますか。

とき方 100を 10こ あつめると 1000、1000を 10こ あつめると 10000なので、100を [100] こ あつめると 10000に なります。

2 下の 数の線の ア、イ、ウに あてはまる 数を 書きましょう。

9000 ア 9500 イ ウ 10000

とき方 上の 数の線の 1目もりの 大きさは 100です。

ア □　イ □　ウ □

3 どちらの 数が 大きいですか。

(1) 7301 7289　(2) 5718 5722

とき方 大きい くらいの 数字から くらべて いきます。

(1) 百のくらいの 数字を くらべます。

→ □ の ほうが 大きい。

(2) 十のくらいの 数字を くらべます。

→ □ の ほうが 大きい。

何の くらいで くらべれば よいか 考えよう。

ぴったり2 れんしゅう

がくしゅうび　月　日

★できた　もんだいには、「た」を　書こう！★

でき ❶　でき ❷　でき ❸　でき ❹

教科書 186～189ページ　答え 24ページ

1 つぎの　数を　数字で　書きましょう。 教科書 188ページ 1

① 1000を　10こ　あつめた　数 （　　　）

② 9999より　1　大きい　数 （　　　）

③ 10000より　10　小さい　数 （　　　）

④ 9000より　1000　大きい　数 （　　　）

⑤ 10000より　100　小さい　数 （　　　）

2 つぎの　数の線の　アから　オに　あてはまる　数を　書きましょう。 教科書 188ページ 1

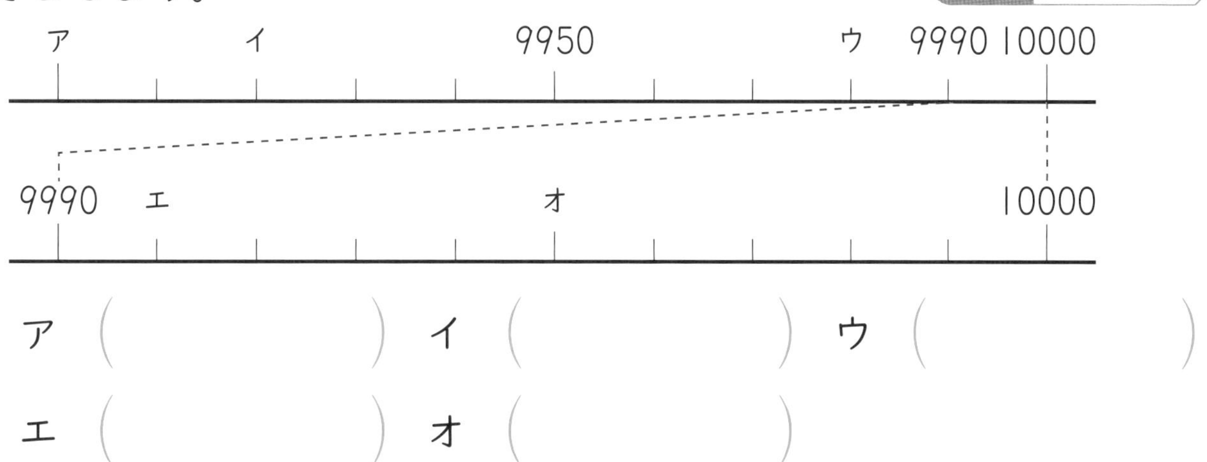

ア（　　　）　イ（　　　）　ウ（　　　）

エ（　　　）　オ（　　　）

3 □に　あてはまる　>か　<を　書きましょう。 教科書 186ページ 6

① 6001 □ 5999　　② 7329 □ 7351

4 3100を　いろいろな　見方(みかた)で　あらわします。□に　あてはまる　数を　書きましょう。 教科書 187ページ 7

① 3100は　100を □ こ　あつめた　数です。

② 3100は　3000より □ 大きい　数です。

③ 3100は　4000より □ 小さい　数です。

ヒント　❷ 上の　数の線の　1目もりは　10で、下の　数の線の　1目もりは　1です。

がくしゅうび　　月　　日

③　何百の　たし算と　ひき算

教科書 190ページ　答え 25ページ

つぎの □ に　あてはまる　数を　書きましょう。

ねらい (何百)＋(何百)の計算ができるようにしよう。　れんしゅう ❶❷❹

(何百)＋(何百)の　計算の　しかた

合わせて　100が　何こに　なるかを　考えます。

(れい)　400＋300　　⑩⑩⑩⑩　⑩⑩⑩

400は　100が　4こ、300は　100が　3こなので、100は　合わせて　7こです。だから、400＋300＝700

1 500＋800を　計算しましょう。

とき方　合わせて　100が　何こに　なるかを　考えます。

500は　100が ①[5] こ、800は　100が ②[　] こなので、合わせると、100が ③[　] こです。

だから、500＋800＝④[　]

100が　10こで　1000だね。

ねらい (何百)－(何百)の計算ができるようにしよう。　れんしゅう ❶❸

(何百)－(何百)の　計算の　しかた

ひくと　100が　何こに　なるかを　考えます。

(れい)　700－300　　⑩⑩⑩⑩⑩⑩⑩

700は　100が　7こ、300は　100が　3こなので、ひくと、100が　4こです。だから、700－300＝400

2 1000－500を　計算しましょう。

とき方　ひくと　100が　何こに　なるかを　考えます。

1000は　100が ①[10] こ、500は　100が ②[　] こなので、ひくと、100が ③[　] こです。

だから、1000－500＝④[　]

100を　もとに　して　考えよう。

がくしゅうび　月　日

教科書 190ページ　答え 25ページ

1 □に　あてはまる　数を　書きましょう。 教科書 190ページ 1

① 300＋800の　答(こた)えは、□が　いくつ分かを　考えると、3＋8の　計算で　もとめられます。

② 900－200の　答えは、100が　何こに　なるかを　考えると、□－□の　計算で　もとめられます。

2 計算を　しましょう。 教科書 190ページ 1

① 200＋300　② 600＋300　③ 500＋400

④ 200＋800　⑤ 700＋600　⑥ 900＋500

3 計算を　しましょう。 教科書 190ページ 1

① 500－200　② 600－300　③ 800－400

④ 1000－900　⑤ 1000－700　⑥ 1000－300

4 500円と　700円の　べんとうを、それぞれ　1つずつ　買(か)いました。だい金は　合わせて　何円ですか。 教科書 190ページ 1

しき

答え（　　　　）

ヒント　2 3 何百の　たし算(ざん)と　ひき算は、100が　何こに　なるかを　考えましょう。

⑬ 1000より 大きい 数

教科書 180〜191 ページ　答え 25 ページ

知識・技能　／88点

1 よく出る 色紙(いろがみ)の 数(かず)を 数字(すうじ)で 書(か)きましょう。 (6点)

1000 1000 1000 1000 100 100 10 10 10

(　　　　)まい

2 よく出る つぎの 数を 数字で 書きましょう。 1つ4点(28点)

① 三千六百七十五　(　　　　)

② 四千九　(　　　　)

③ 1000を 5こ、100を 3こ、10を 7こ 合(あ)わせた 数　(　　　　)

④ 1000を 8こと、10を 4こ 合わせた 数　(　　　　)

⑤ 100を 42こ あつめた 数　(　　　　)

⑥ 9990より 10 大きい 数　(　　　　)

⑦ 10000より 1000 小さい 数　(　　　　)

3 よく出る □に あてはまる 数を 書きましょう。 1つ2点(14点)

① 7305の 千のくらいの 数字は □で、百のくらいの 数字は □で、十のくらいの 数字は □で、一のくらいの 数字は □です。

② 6900は、100を □こ あつめた 数です。

③ 6900は、1000を □こと、100を □こ 合わせた 数です。

4 よく出る 計算(けいさん)を　しましょう。　　1つ3点(12点)

① 200＋600　　② 900＋400

③ 800－500　　④ 1000－600

5 下の　数の線(せん)で、ア、イ、ウの　数を　あらわす　目もりに　↓を　つけましょう。　　1つ4点(12点)

(れい)　9991　　ア　9993　　イ　9995　　ウ　9999

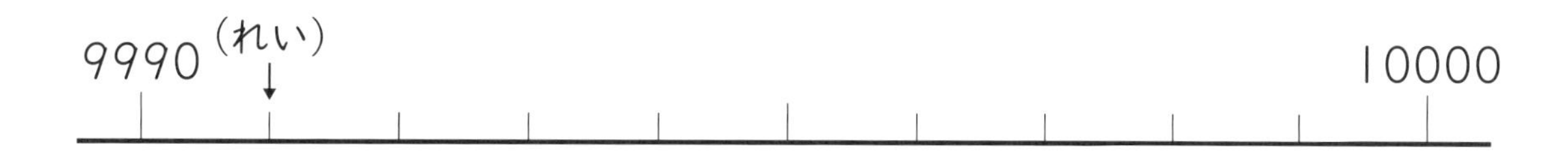

6 □に　あてはまる　数を　書きましょう。　　1つ2点(16点)

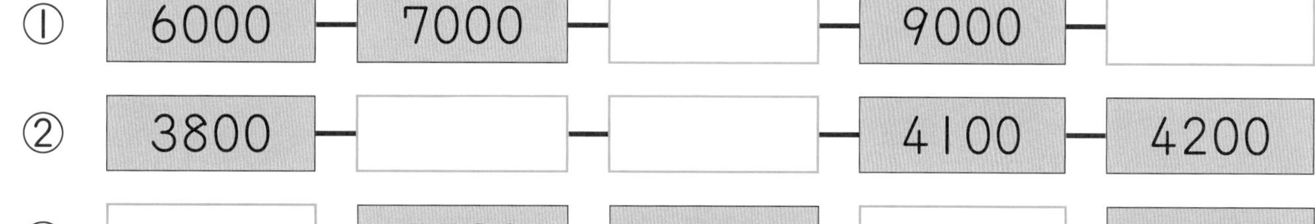

① 6000 － 7000 － □ － 9000 － □

② 3800 － □ － □ － 4100 － 4200

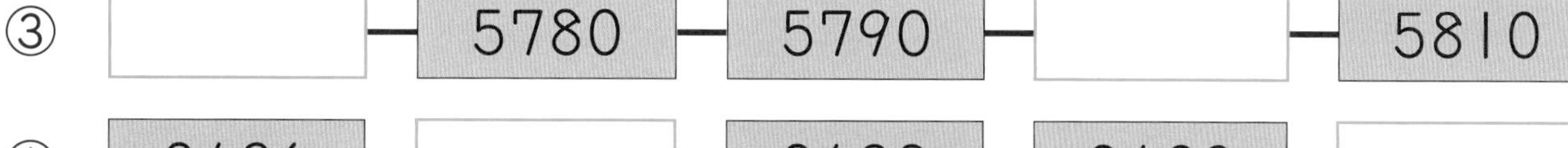

③ □ － 5780 － 5790 － □ － 5810

④ 2496 － □ － 2498 － 2499 － □

思考・判断・表現　　／12点

できたらスゴイ！

7 0から　9までの　数字の　中で、□に　あてはまる　数字を　ぜんぶ　書きましょう。　　1だい6点(12点)

①
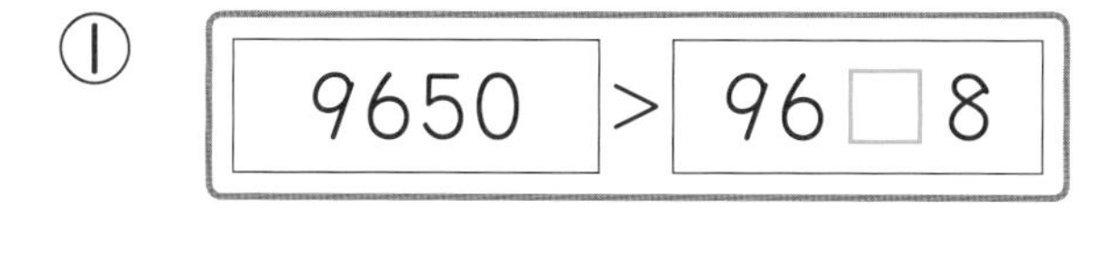

9650 ＞ 96□8

(　　　　　)

②
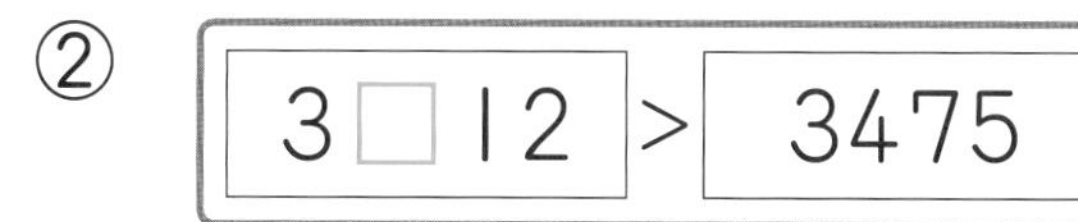

3□12 ＞ 3475

(　　　　　)

ふろくの「計算せんもんドリル」8も　やって　みよう！

ふりかえり　1が　わからない　ときは、82ページの　1に　もどって　かくにんして　みよう。

ぴったり1 じゅんび

14 たし算と　ひき算の　かんけい

がくしゅうび　月　日

① たし算と　ひき算の　かんけい

教科書 192〜199ページ　答え 26ページ

つぎの □ に　あてはまる　数や　ことばを　書きましょう。

ねらい もんだいを図にあらわして考えられるようにしよう。　れんしゅう 1 2 3

もんだいを　図に　あらわすと、どんな　しきに　なるのか　わかりやすく　なります。

1 つぎの　ことを　図と　しきに　あらわしましょう。

> バスに　おとなが　12人、子どもが　8人　のって　います。合わせて　20人です。

(1) ぜんたいの　人数を　もとめる　しきを　書きましょう。

(2) 子どもの　人数を　もとめる　しきを　書きましょう。

とき方 図を　見て、どんな　しきに　なるかを　考えます。

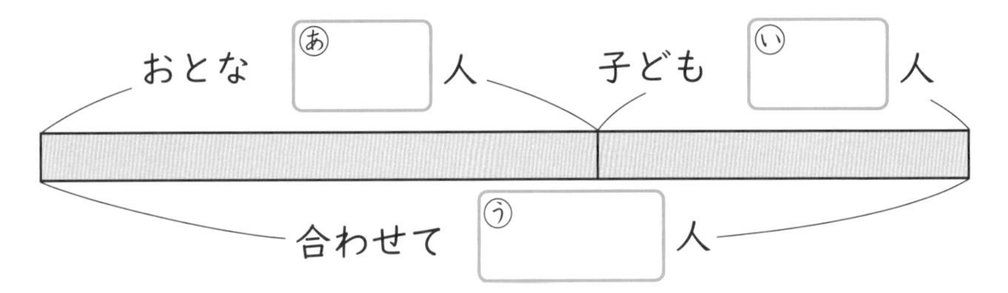

(1) 図から、① □ 算を　つかえば　よい　ことが　わかります。

しきは、② □（おとなの　人数）＋ ③ □（子どもの　人数）＝ ④ □（ぜんたいの　人数）に　なります。

(2) 図から、① □ 算を　つかえば　よい　ことが　わかります。

しきは、② □（ぜんたいの　人数）－ ③ □（おとなの　人数）＝ ④ □（子どもの　人数）に　なります。

ぜんたいの　大きさを　もとめる　ときは　たし算、ぶぶんの　大きさを　もとめる　ときは　ひき算に　なるよ。

がくしゅうび　月　日

★できた　もんだいには、「た」を　書こう！★

でき ❶　でき ❷　でき ❸

教科書 192〜199ページ　答え 26ページ

1 きのう　あきかんを　16こ　あつめました。今日(きょう)も　何(なん)こか　あつめたので、合わせて　30こに　なりました。今日は　何こ　あつめましたか。

教科書 195ページ 3

① もんだいに　合うように、□に　数を　書きましょう。

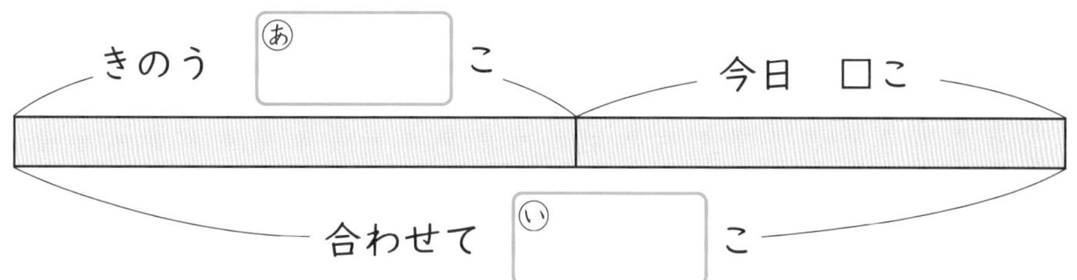

② しきと　答(こた)えを　書きましょう。

しき

答え（　　　　）

2 おり紙(がみ)が　15まい　あります。何まいか　つかったので、のこりは　7まいに　なりました。つかった　おり紙は　何まいですか。

教科書 197ページ 4

① もんだいに　合うように、□に　数を　書きましょう。

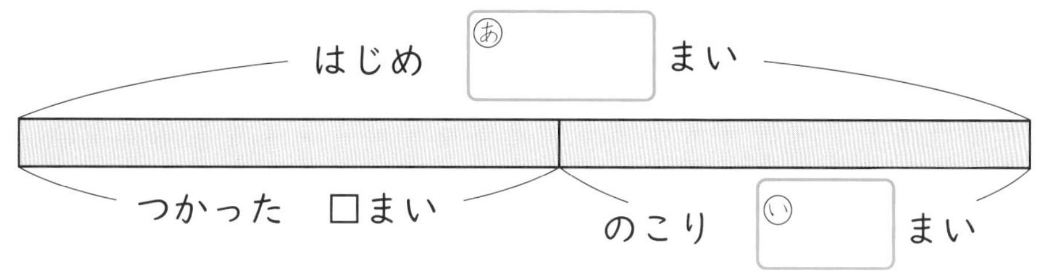

② しきと　答えを　書きましょう。

しき

答え（　　　　）

よくよんで

3 校ていに　何人か　いました。10人　帰(かえ)ると、のこりが　15人に　なりました。はじめに　何人　いましたか。

教科書 199ページ 5

しき

もとめる　数は　「□人」と
して　テープ図に　あらわそう。

答え（　　　　）

ヒント
❶ ②（合わせた　数）－（きのうの　数）＝（今日の　数）
❸（帰った　人数）＋（のこりの　人数）＝（はじめの　人数）

⑭ たし算と　ひき算の　かんけい

教科書　192～200 ページ　答え　26 ページ

知識・技能　／30点

1 よく出る　つぎの　図(ず)を　見て、□の　数(かず)を　もとめる　しきと　答(こた)えを　書(か)きましょう。　しき・答え　1つ5点(30点)

①
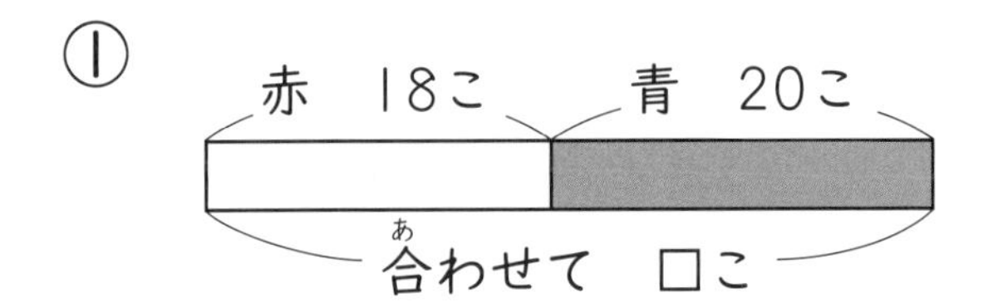

しき

答え（　　　　）

②
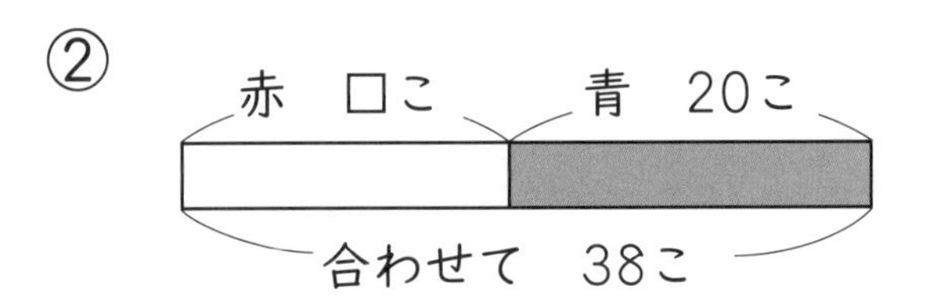

しき

答え（　　　　）

③
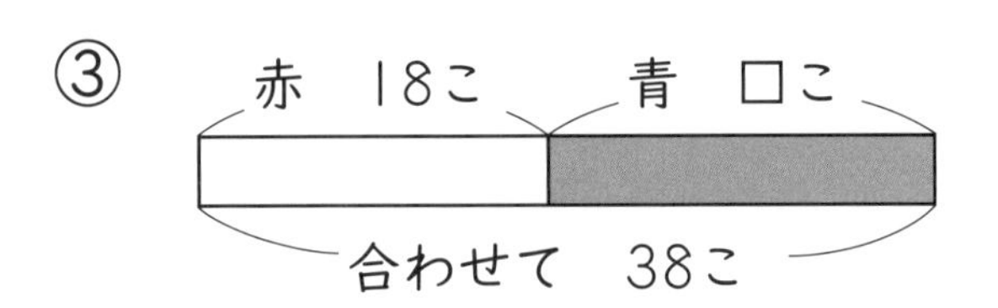

しき

答え（　　　　）

思考・判断・表現　／70点

2 よく出る　チューリップが　何本(なんぼん)か　さいて　いました。15本　とったら、のこりが　17本に　なりました。
チューリップは、はじめに　何本　さいて　いましたか。　①1つ5点、②しき・答え　1つ5点(20点)

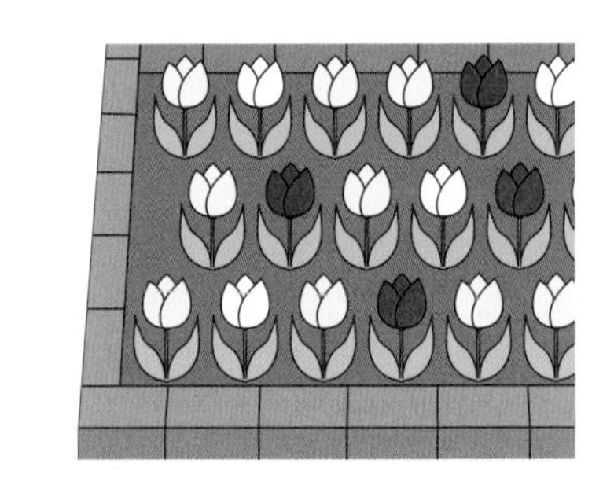

①　もんだいに　合うように、□に　数を　書きましょう。

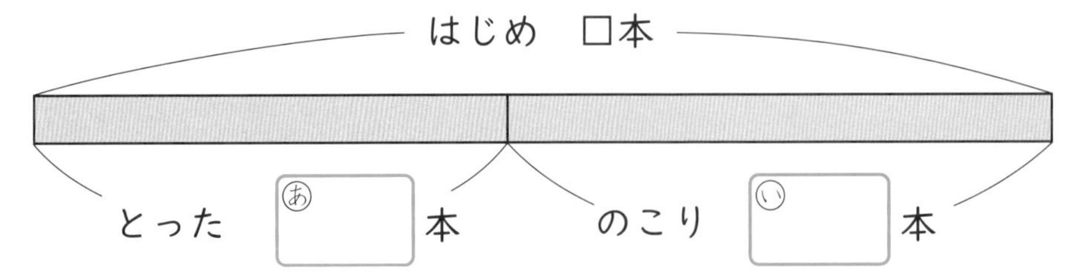

②　しきと　答えを　書きましょう。

しき

答え（　　　　）

3 おり紙で　つるを　おって　います。今日　16わ　おったので、ぜんぶで　38わに　なりました。きのうまでに　おった　つるの　数は　何ばですか。

しき・答え　1つ5点(10点)

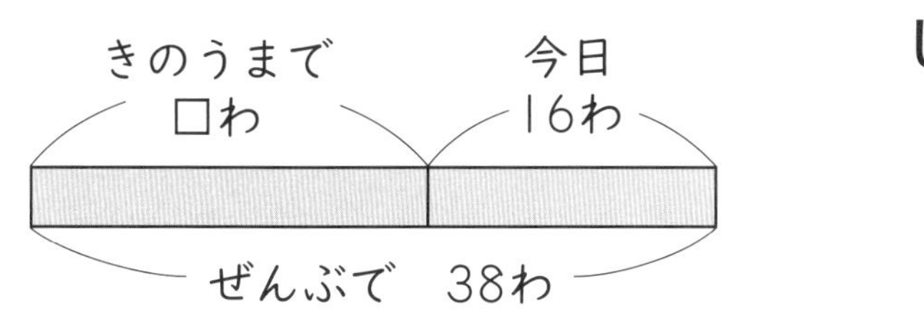

しき

答え（　　　　）

4 みかんが　16こ　ありました。何こか　食べたので、のこりは　9こに　なりました。何こ　食べましたか。

しき・答え　1つ5点(10点)

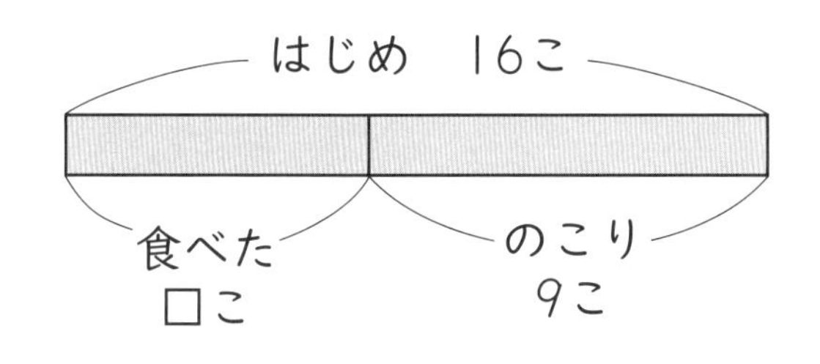

しき

答え（　　　　）

5 りかさんは、何円か　もって　買いものに　行きました。80円の　チョコレートを　買ったら、のこりは　60円に　なりました。りかさんは、何円　もって　行きましたか。

しき・答え　1つ5点(10点)

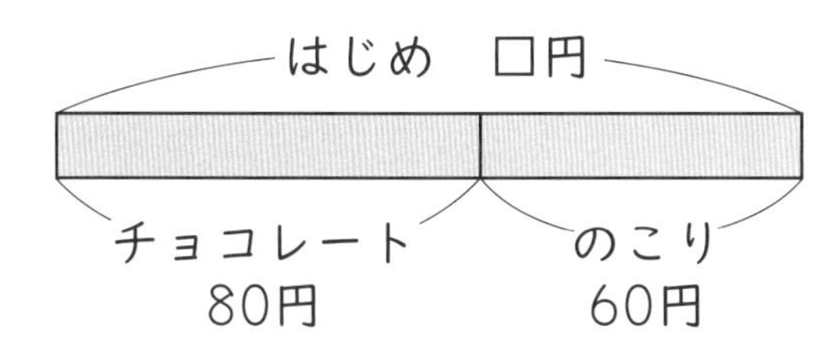

しき

答え（　　　　）

できたらスゴイ!

6 ゆうたさんは、シールを　何まいか　もって　いました。友だちから　8まい　もらったので、ぜんぶで　25まいに　なりました。はじめに　もって　いた　シールは　何まいですか。

しき・答え　1つ10点(20点)

しき

答え（　　　　）

ふりかえり　1が　わからない　ときは、90ページの　1に　もどって　かくにんして　みよう。

がくしゅうび　　月　　日

① かけ算の　きまり－1

教科書 202～205ページ　答え 27ページ

つぎの □ に　あてはまる　数を　書きましょう。

ねらい　かけ算九九のひょうを見て、かけ算のきまりを見つけよう。　れんしゅう ①②③→

✪かけ算では、かける数が　1　ふえると、答えは　かけられる数だけ　ふえます。

5×2=10
↓1ふえる　5ふえる
5×3=15

✪かけ算では、かけられる数と　かける数を　入れかえても　答えは　同じに　なります。

6×8=48
8×6=48

1 ひょうを　見て　答えましょう。

(1)　2のだんでは、かける数が　1　ふえると、答えは　いくつ　ふえますか。

(2)　3×9と　答えが　同じに　なる　九九は　何ですか。

(3)　3のだんと　4のだんの　答えを　たすと　何の　だんの　答えに　なりますか。

かける数（横）／かけられる数（縦）

	1	2	3	4	5	6	7	8	9
1	1	2	3	4	5	6	7	8	9
2	2	4	6	8	10	12	14	16	18
3	3	6	9	12	15	18	21	24	27
4	4	8	12	16	20	24	28	32	36
5	5	10	15	20	25	30	35	40	45
6	6	12	18	24	30	36	42	48	54
7	7	14	21	28	35	42	49	56	63
8	8	16	24	32	40	48	56	64	72
9	9	18	27	36	45	54	63	72	81

とき方

(1)　かける数が　1　ふえると、答えは　かけられる数だけ　ふえるので、[2]　ふえます。

(2)　かけられる数と　かける数を　入れかえても　答えは　同じなので、□×□ に　なります。

(3)　3のだんと　4のだんの　答えを　たすと、7、14、21、28、35、42、49、56、63と　なり、□ のだんの　答えに　なります。

ぴったり2

れんしゅう

がくしゅうび　月　日

★できた　もんだいには、「た」を　書こう！★

でき 1　でき 2　でき 3

教科書 202～205ページ　答え 27ページ

1 右の　かけ算九九の　ひょうを　見て　答えましょう。

教科書 203ページ1、204ページ2、205ページ3

① かけられる数が　4の　とき、かける数が　1　ふえると、答えは　いくつ　ふえますか。

(　　　)

② 6のだんでは、かける数が　1　ふえると、答えは　いくつ　ふえますか。

(　　　)

③ 9×5と　答えが　同じに　なる　九九は　何ですか。

(　　　)

④ 3のだんと　5のだんの　答えを　たすと、何の　だんの　答えに　なりますか。

(　　　)

かける数

かけられる数	1	2	3	4	5	6	7	8	9
1	1	2	3	4	5	6	7	8	9
2	2	4	6	8	10	12	14	16	18
3	3	6	9	12	15	18	21	24	27
4	4	8	12	16	20	24	28	32	36
5	5	10	15	20	25	30	35	40	45
6	6	12	18	24	30	36	42	48	54
7	7	14	21	28	35	42	49	56	63
8	8	16	24	32	40	48	56	64	72
9	9	18	27	36	45	54	63	72	81

! まちがいちゅうい

2 答えが　つぎの　数に　なる　九九を、1の　ひょうから　見つけて　書きましょう。

教科書 204ページ2

① 16 (　　　)

② 36 (　　　)

3 右の　おはじきの　数を、2つの　考え方で　計算しましょう。

教科書 204ページ2

しき1 (　　　)

しき2 (　　　)

答え (　　　)

ヒント

1 ④ 3のだんと　5のだんの　答えを　たして、九九の　ひょうから　あてはまる　だんを　見つけましょう。

がくしゅうび　　月　　日

① かけ算の　きまりー２

教科書 206～209ページ　答え 27ページ

つぎの □に あてはまる 数を 書きましょう。

ねらい かけ算のきまりをつかって、九九のひょうをひろげよう。 れんしゅう 1→

4×11 は、4×9=36　4×10=40　4×11=44 なので、44
（4 ふえる）（4 ふえる）

12×3 は、12×1=12　12×2=24　12×3=36 なので、36
（12 ふえる）（12 ふえる）

1 計算を　しましょう。

(1) 5×12　　　(2) 11×2

とき方 (1) 5×9=①45　　5×10=②□
5×11=③□　　5×12=④□
(2) 11×1=①□　　11×2=②□

ねらい かけ算をつかって、くふうしてもとめよう。 れんしゅう 2→

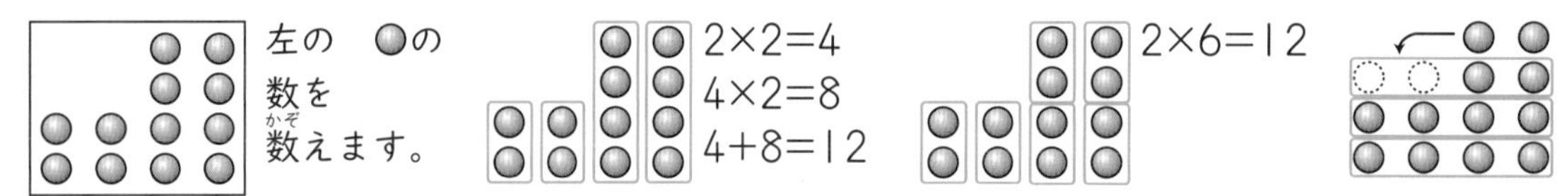
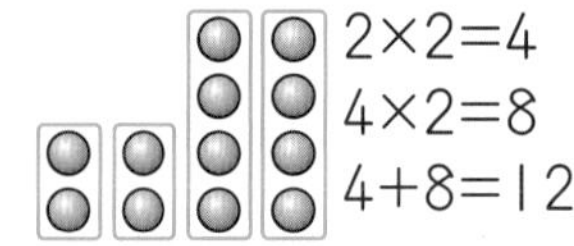
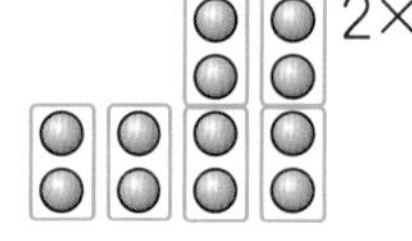
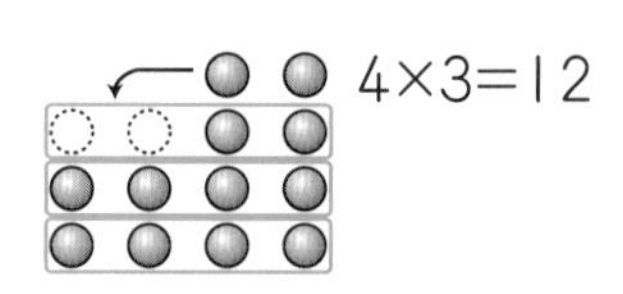

上のように　いろいろな　もとめ方が　あります。

2 右の ●の 数は ぜんぶで 何こ ありますか。

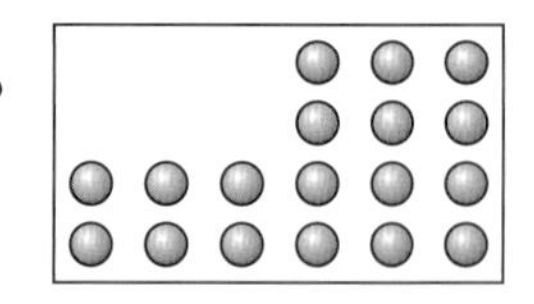

とき方 あ

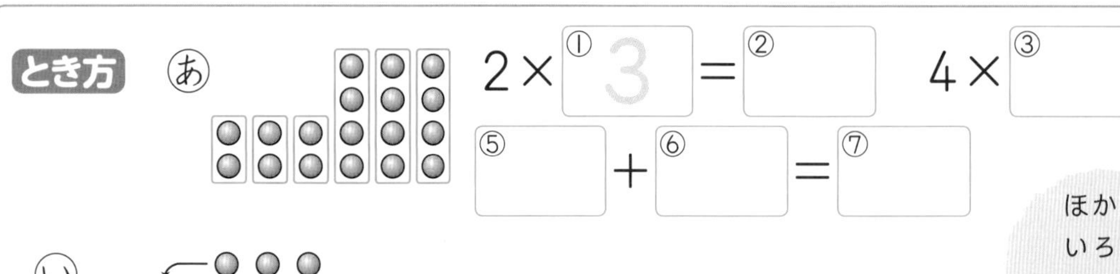

2×①3 =②□　　4×③□ =④□
⑤□ ＋⑥□ =⑦□

い

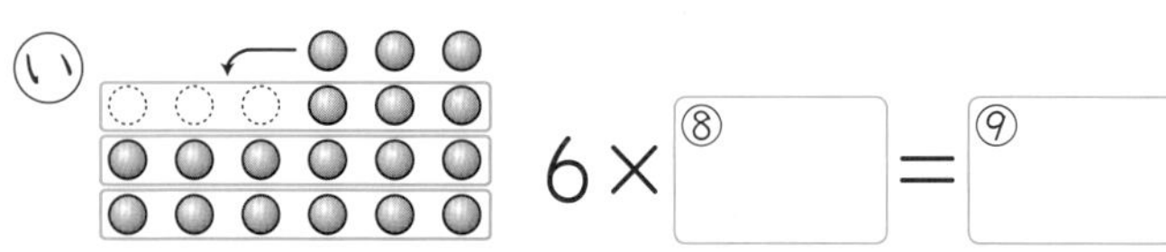

6×⑧□ =⑨□

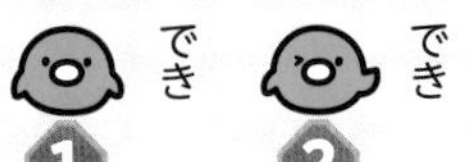

★できた　もんだいには、「た」を　書こう！★

できた 1　できた 2

がくしゅうび　月　日

教科書 206〜209ページ　答え 27ページ

1 計算を　しましょう。

教科書 206ページ 4

① 6×12　② 7×11　③ 4×12

④ 10×5　⑤ 11×3　⑥ 12×4

2 おかしの　数を、かけ算を　つかって　くふうして　もとめます。つぎの　3人の　考え方で　それぞれ　計算しましょう。

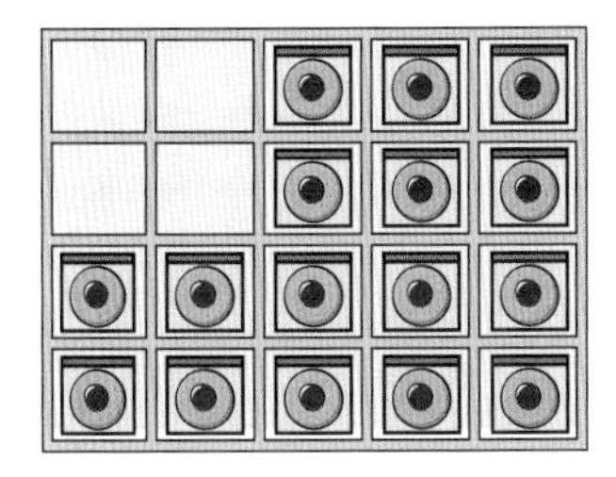

教科書 207ページ 5

①

ゆうか

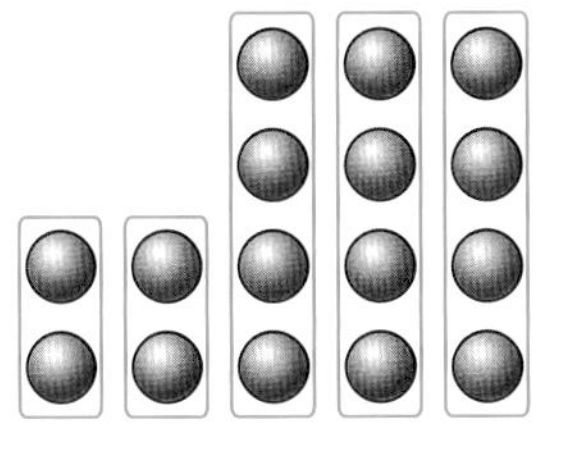

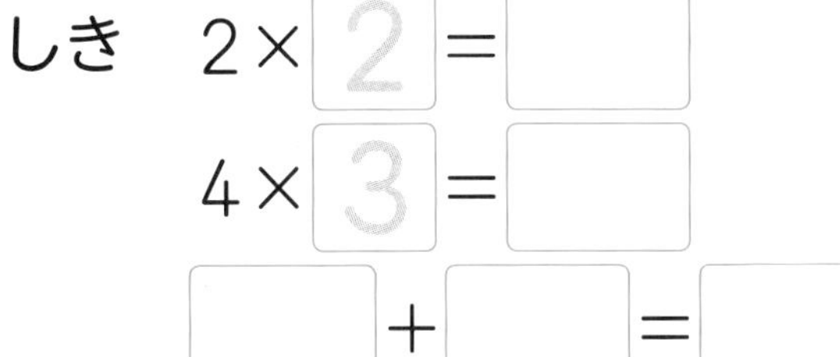
しき　2×2＝□
4×3＝□
□＋□＝□

②

まさと

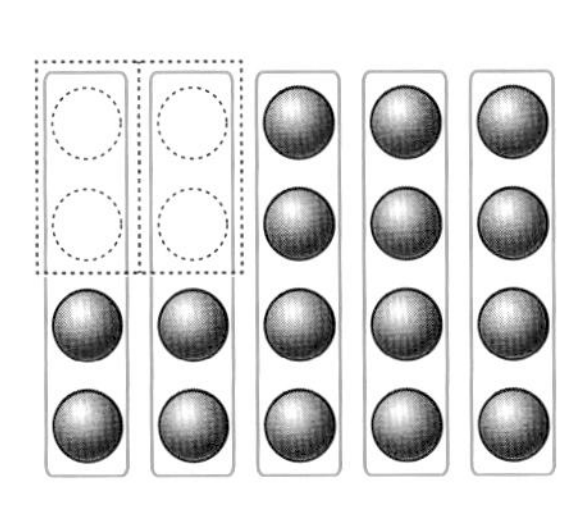

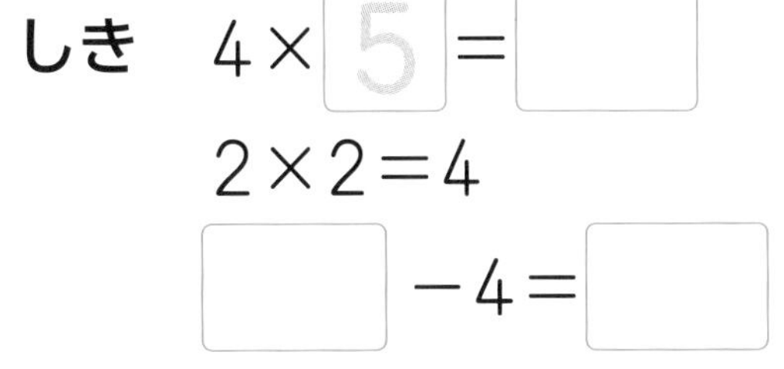
しき　4×5＝□
2×2＝4
□−4＝□

③

あゆみ

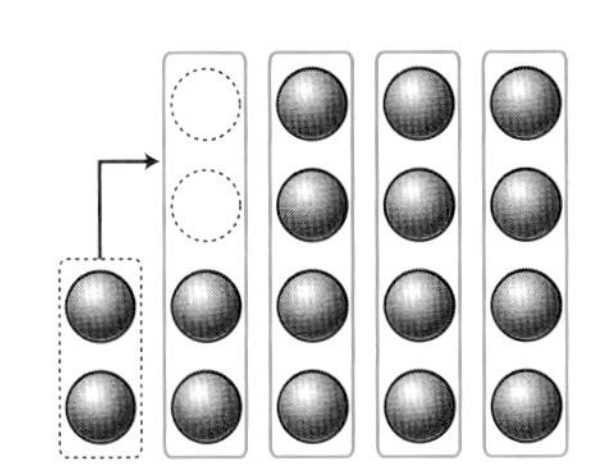

しき　4×4＝□

答え（　　　）

1 ① 6×9＝54に　6を　3回　たします。
⑤ 11を　3回　たします。

⑮ かけ算の　きまり

教科書 202～210 ページ　答え 28 ページ

知識・技能 ／62点

1 よく出る かけ算九九の　ひょうを　見て　答えましょう。 1だい5点(20点)

① 3のだんでは、かける数が　1　ふえると、答えは　いくつ　ふえますか。

(　　　　　)

② 4×7と　答えが　同じに　なる　九九は　何ですか。

(　　　　　)

③ 2のだんと　6のだんの　答えを　たすと、何の　だんの　答えに　なりますか。

(　　　　　)

かける数

かけられる数	1	2	3	4	5	6	7	8	9
1	1	2	3	4	5	6	7	8	9
2	2	4	6	8	10	12	14	16	18
3	3	6	9	12	15	18	21	24	27
4	4	8	12	16	20	24	28	32	36
5	5	10	15	20	25	30	35	40	45
6	6	12	18	24	30	36	42	48	54
7	7	14	21	28	35	42	49	56	63
8	8	16	24	32	40	48	56	64	72
9	9	18	27	36	45	54	63	72	81

できたらスゴイ!

④ 九九の　ひょうに　1回しか　出て　こない　数を　ぜんぶ　書きましょう。

(　　　　　)

2 よく出る 答えが　つぎの　数に　なる　九九を　ぜんぶ　書きましょう。 1だい6点(18点)

① 4 (　　　　　)

② 18 (　　　　　)

③ 24 (　　　　　)

3 □に　あてはまる　数を　書きましょう。　1だい4点(24点)

① 5×4＝4×□　② 9×4＝□×9

③ 3×□＝7×□　④ □×1＝□×8

⑤ 9×5の　答えは、9×4の　答えよりも　□　大きいです。

⑥ 4×10の　答えは、4×9の　答えに　□を　たして　もとめられます。

思考・判断・表現　／38点

4 はこの　中の　おかしは、ぜんぶで　何こ　ありますか。かけ算を　つかって、くふうして　もとめましょう。　しき・答え　1つ5点(20点)

①

しき

答え（　　　　）

②

しき

答え（　　　　）

できたらスゴイ!

5 かけ算九九の　答えの　一のくらいの　数字(すうじ)が　つぎのように　なって　いるのは、何の　だんの　九九ですか。　1つ6点(18点)

① 5、0、5、0と　くりかえして　いる。　……□のだん

② 1、2、3、……と　9まで　じゅんに　ならんで　いる。　……□のだん

③ 9、8、7、……と　1まで　じゅんに　ならんで　いる。　……□のだん

ふりかえり　1が　わからない　ときは、94ページの　1に　もどって　かくにんして　みよう。

① 分数

教科書 212～217ページ 答え 28ページ

つぎの □ に あてはまる 数や きごうを 書きましょう。

ねらい 分数のあらわし方をしろう。 れんしゅう ①②③→

分数

同じ 大きさに 2つに 分けた 1つ分の 大きさを、もとの 大きさの **二分の一**と いい、$\frac{1}{2}$と 書きます。$\frac{1}{2}$や $\frac{1}{4}$のような 数を、**分数**と いいます。

$\frac{1}{2}$ ③ ① ②

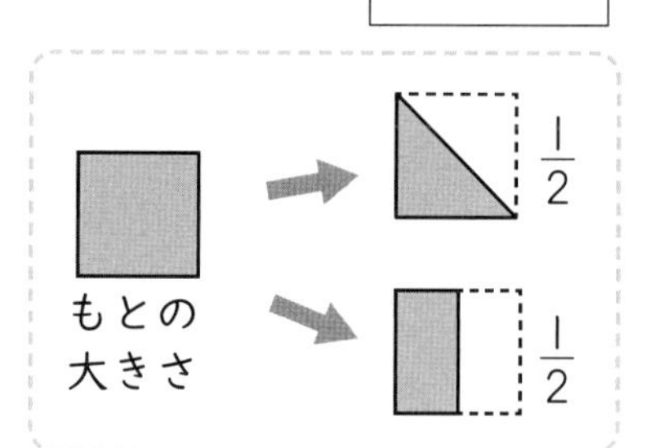

1 色を ぬった ぶぶんは、もとの 大きさの 何分の一と いえば よいでしょうか。

とき方 同じ 大きさに □ つに 分けた 1つ分の 大きさなので、□ です。

線の 上と 下に 書く 数字を まちがえないように しよう！

2 下の あ、い、うで、もとの 大きさの $\frac{1}{3}$は どれですか。

あ 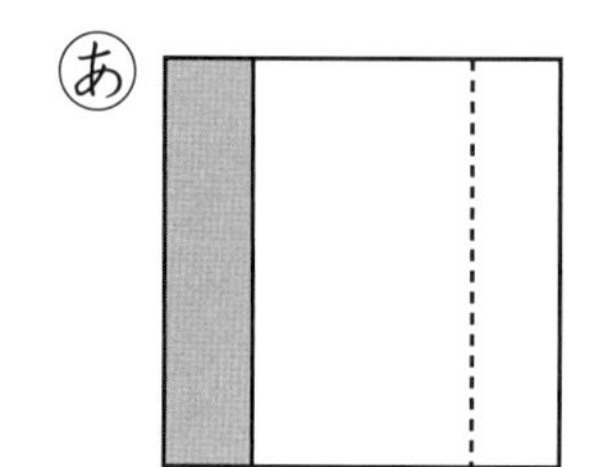

い 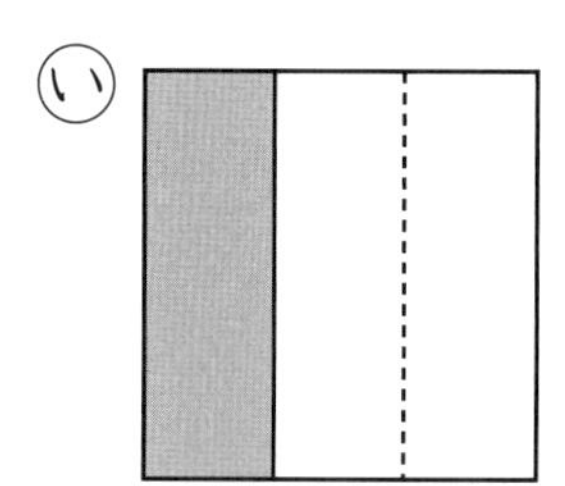

う 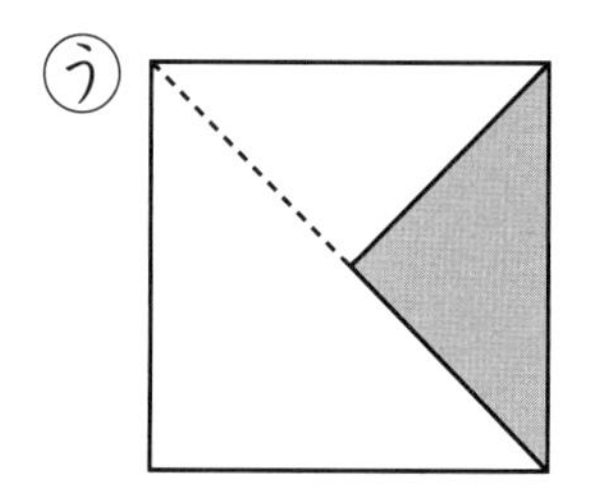

とき方 同じ 大きさに 3つに 分けた 1つ分の 大きさが □ です。あと うは、同じ 大きさに 分けて いないので ちがいます。答えは □ です。

$\frac{1}{3}$の 3つ分で もとの 大きさに なるね。

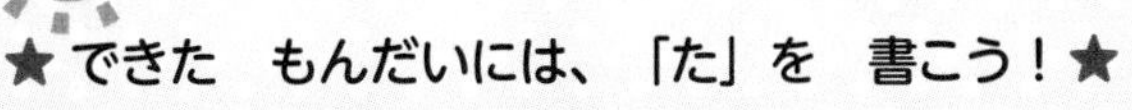

がくしゅうび　月　日

★できた　もんだいには、「た」を　書こう！★

できた ❶　できた ❷　できた ❸

教科書 212〜217ページ　答え 28ページ

1 色を　ぬった　ぶぶんは、もとの　大きさの
何分の一と　いえば　よいでしょうか。

教科書 215ページ 2

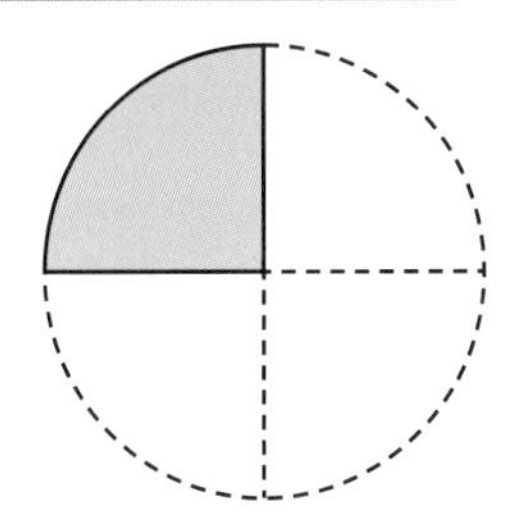

(　　　)

2 もとの　大きさの $\frac{1}{8}$ だけ　色を　ぬりましょう。 教科書 215ページ 2

①

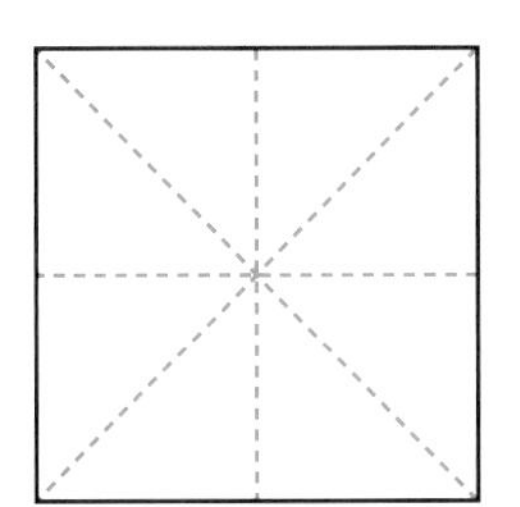

②

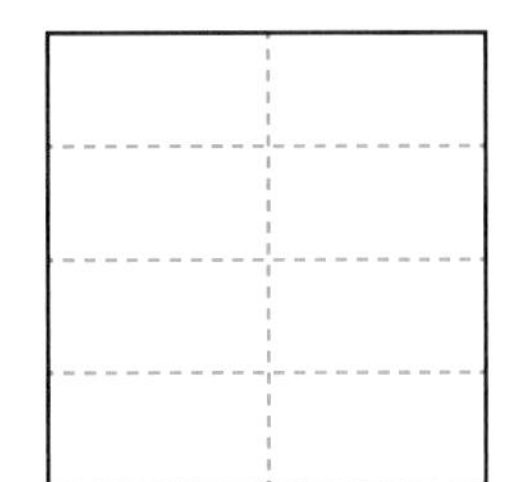

黒い　線で　かこまれた　ところが　もとの　大きさだよ。

③

3 12まいの　クッキーを　同じ　数ずつ
分けます。 教科書 217ページ 3

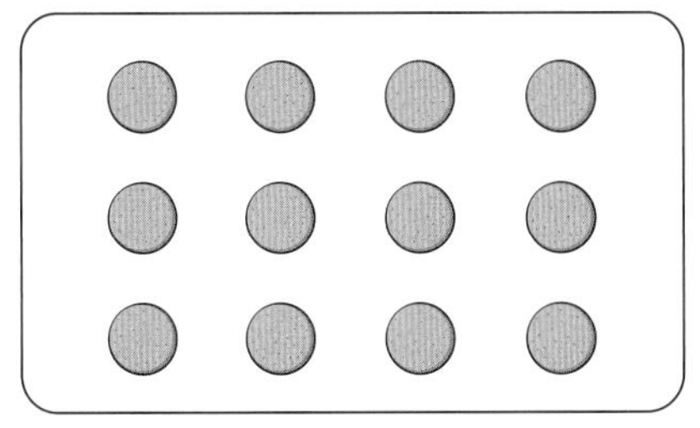

① 1人分の　数は、もとの　数の
何分の一と　いえば　よいでしょうか。

㋐ 2人で　分ける。

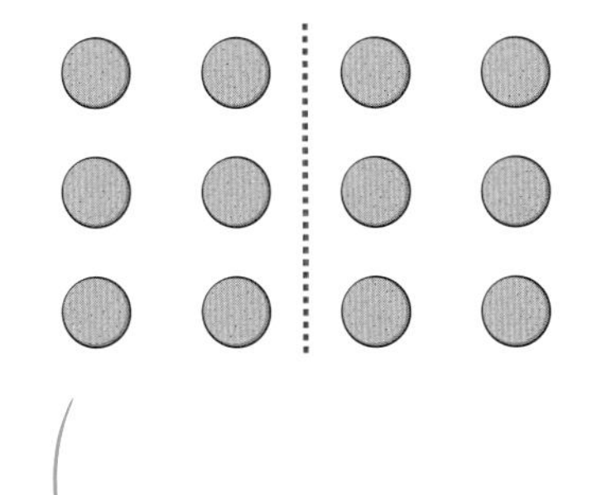

(　　　)

㋑ 3人で　分ける。

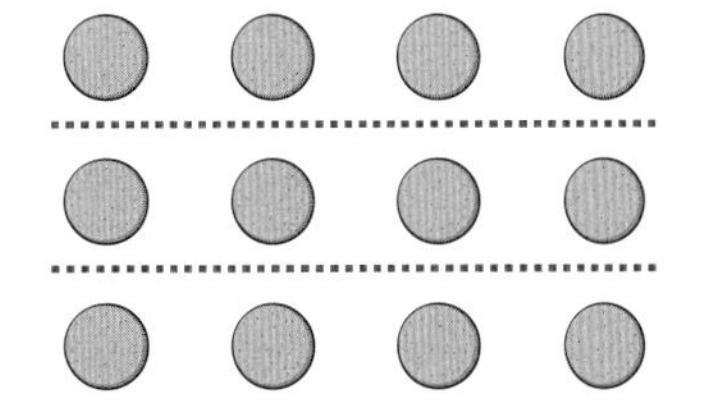

(　　　)

② 4人で　分けると、1人分の　数は　もとの　数の　何分の一に
なりますか。

(　　　)

ヒント ❷ 何こ分が　もとの　大きさに　なるかを　考えて　みましょう。

⑯ 分数

教科書 212～218 ページ　答え 29 ページ

知識・技能　／90点

1 よく出る 色（いろ）を　ぬった　ぶぶんは、もとの　大きさの　何分（なんぶん）の一と　いえば　よいでしょうか。　1つ5点(20点)

①

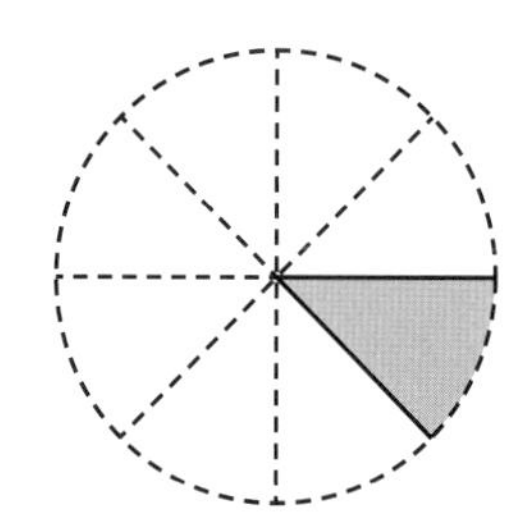

（　　　　）

②

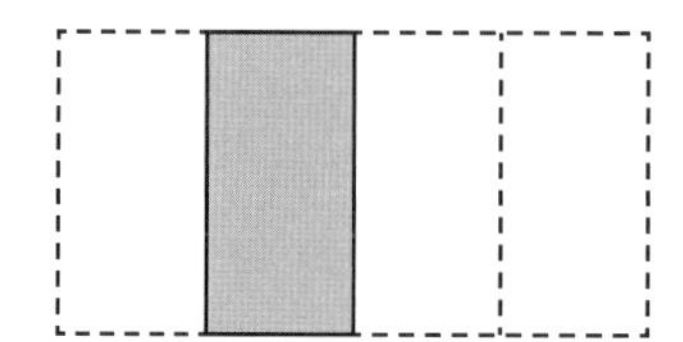

（　　　　）

③

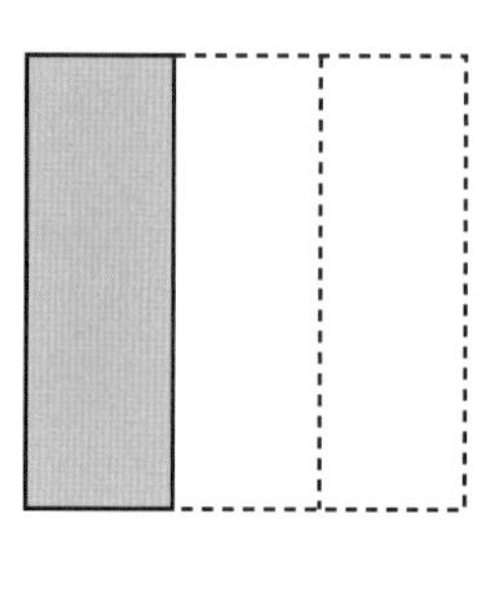

（　　　　）

④

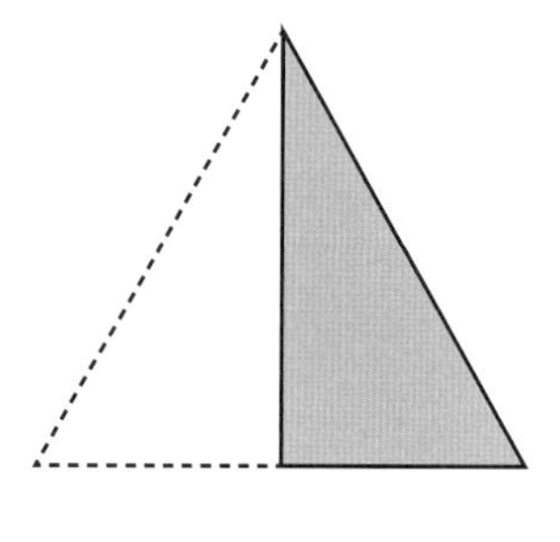

（　　　　）

2 もとの　大きさの　$\frac{1}{4}$だけ　色を　ぬりましょう。　1つ10点(20点)

①

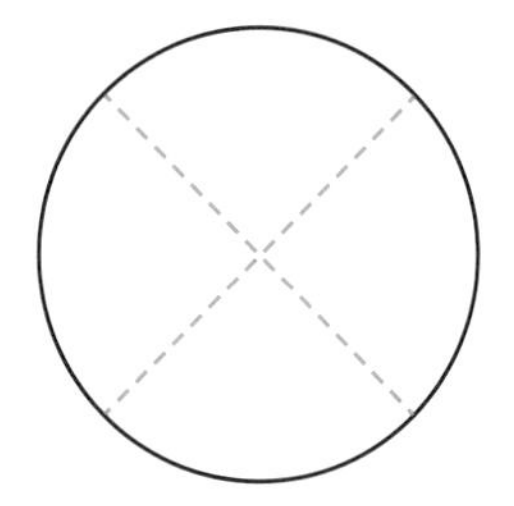

②

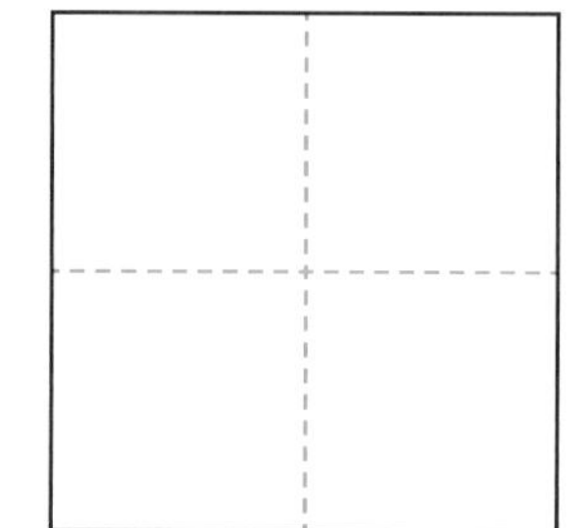

3 もとの　大きさの　$\frac{1}{8}$だけ　色を　ぬりましょう。　1つ10点(20点)

①

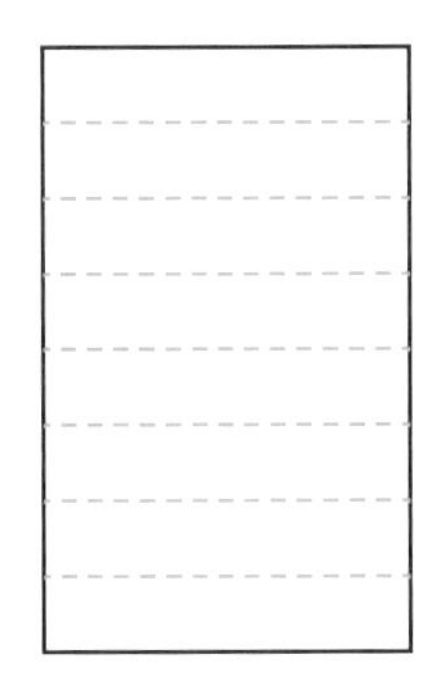

②

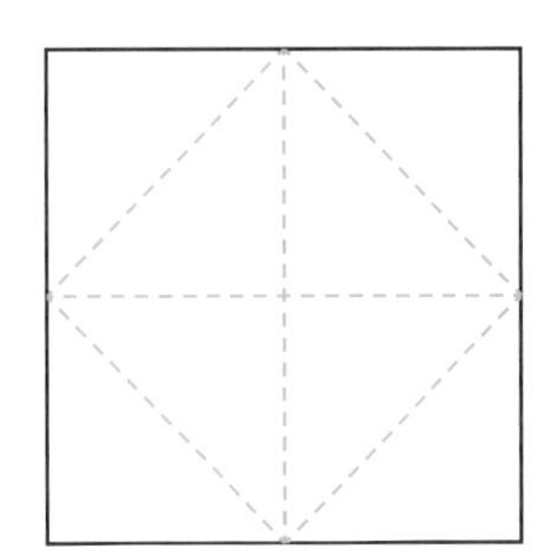

4 もとの　大きさの　$\frac{1}{3}$だけ　色を　ぬりましょう。　1つ10点(20点)

①

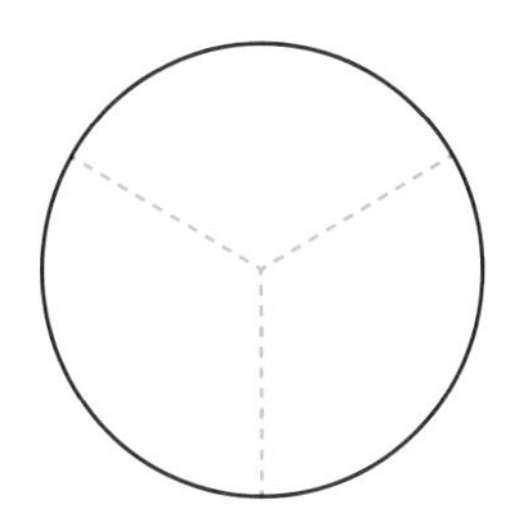

②

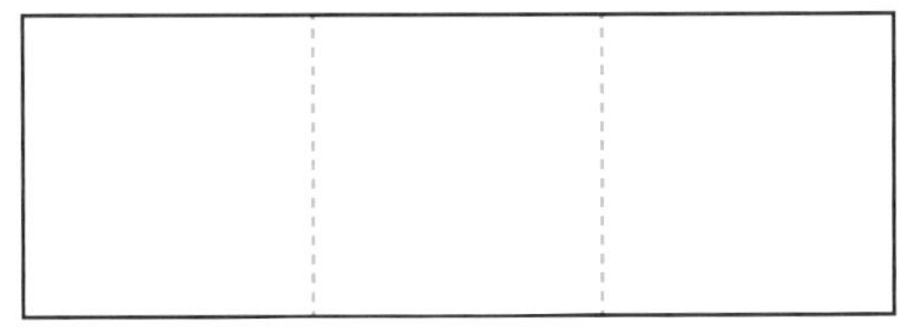

5 10この　おはじきを　同(おな)じ　数(かず)ずつ　2つに　分(わ)けます。1つ分(ぶん)の　数は、もとの　数の　何分の一と　いえば　よいでしょうか。　(10点)

10こ

(　　　)

思考・判断・表現　／10点

6 よく出る　下の　あ、い、うで、もとの　大きさの　$\frac{1}{4}$は　どれですか。　(10点)

あ

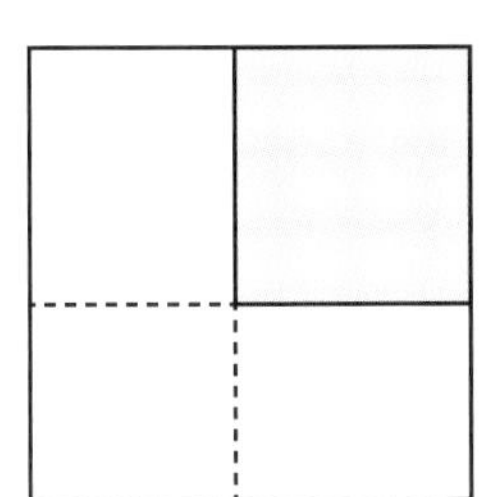

い

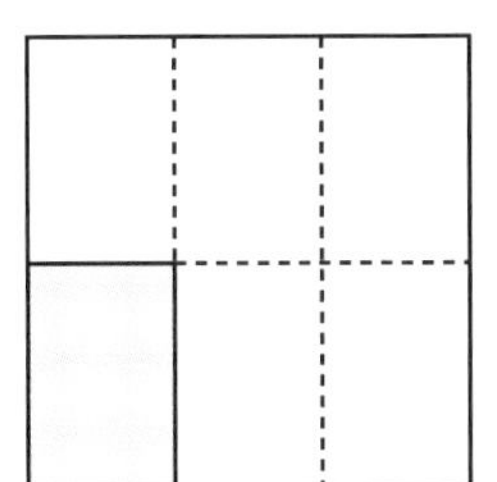

う

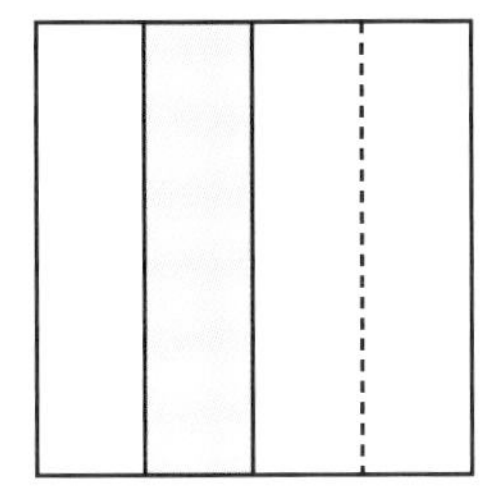

(　　　)

ふりかえり　1が　わからない　ときは、100ページの　1 2に　もどって　かくにんして　みよう。

17 はこの　形

① はこの　形

教科書 219〜222ページ　答え 29ページ

つぎの □ に　あてはまる　数や　ことばを　書きましょう。

ねらい　はこの面、へん、ちょう点の数がしらべられるようにしよう。 れんしゅう ❶❷→

面・へん・ちょう点

右のような　はこの　形で、㋐や　㋑を　**面**、㋒を　**へん**、㋓を　**ちょう点**と　いいます。

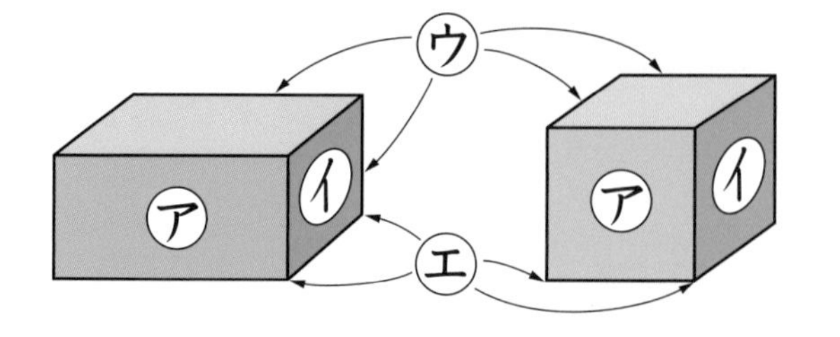

1 右の　はこの　形に　ついて　答えましょう。

(1)

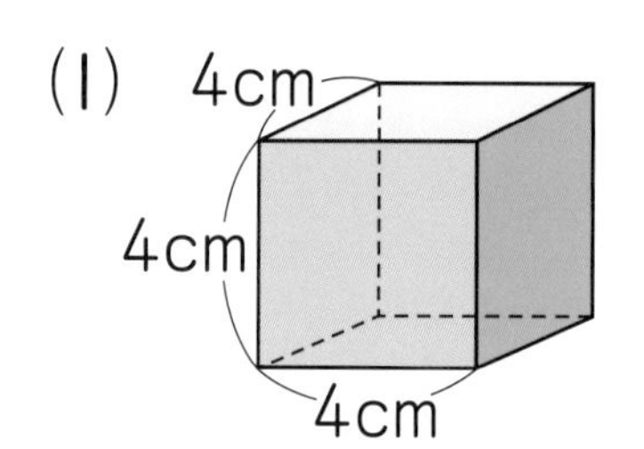

(2)

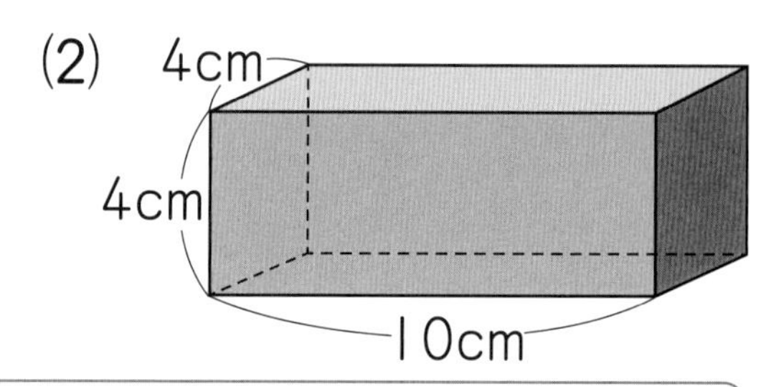

とき方 (1) 4cm 4cm □□□□□□

・面の　数は、ぜんぶで ① □ つです。面の　形は　すべて ② □ です。

・へんの　数は、ぜんぶで ③ □ です。どの　へんの　長さも ④ □ cm です。

・ちょう点は、ぜんぶで ⑤ □ つ　あります。

(2)

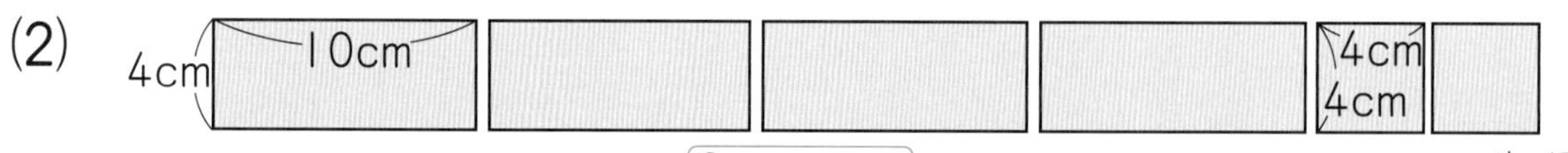

・面の　数は、ぜんぶで ① □ つです。面の　形は、正方形の　面が ② □ つ、③ □ の　面が　4つ　あります。

・へんは、長さが　10cm の　へんが ④ □ つ、長さが　4cm の　へんが ⑤ □ つ　あります。

・ちょう点は、ぜんぶで ⑥ □ つ　あります。

ぴったり2 れんしゅう

がくしゅうび　月　日

★できた　もんだいには、「た」を　書こう！★

① でき　② でき

教科書 219〜222ページ　答え 29ページ

1 ㋐、㋑の　はこの　形に　ついて　答えましょう。

教科書 219ページ1、222ページ3

① ㋐、㋑には、それぞれ　面が　いくつ　ありますか。

㋐（　　　）

㋑（　　　）

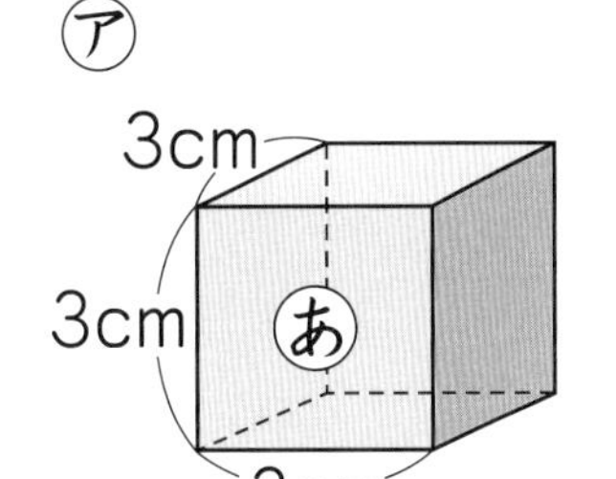

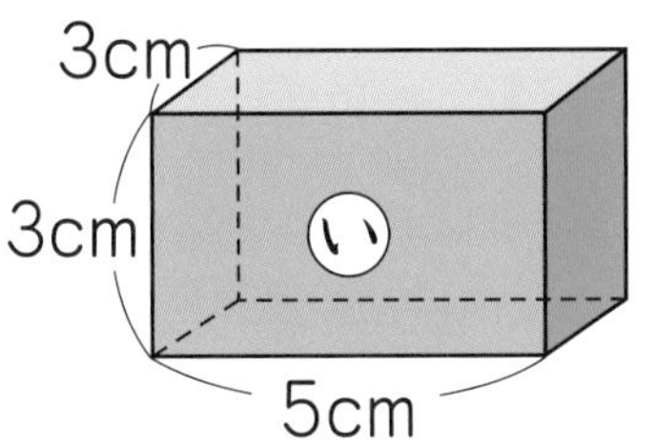

② あ、いの　面は、それぞれ　どのような　形ですか。

あ（　　　）　い（　　　）

③ ㋐、㋑には、それぞれ　へんが　いくつ　ありますか。

㋐（　　　）　㋑（　　　）

④ ㋐、㋑には、それぞれ　ちょう点が　いくつ　ありますか。

㋐（　　　）　㋑（　　　）

よくよんで

⑤ あの　面と　同じ　大きさで　同じ　形の　面が、㋑には　いくつ　ありますか。

（　　　）

2 ひごと　ねんど玉を　つかって、下の　㋐、㋑のような　はこの　形を　作りました。

教科書 222ページ3

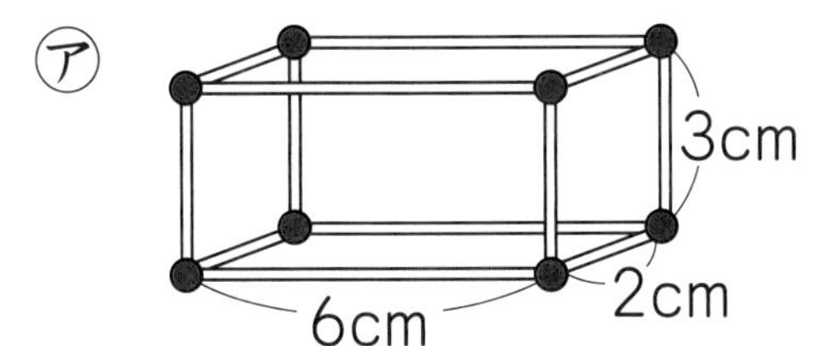

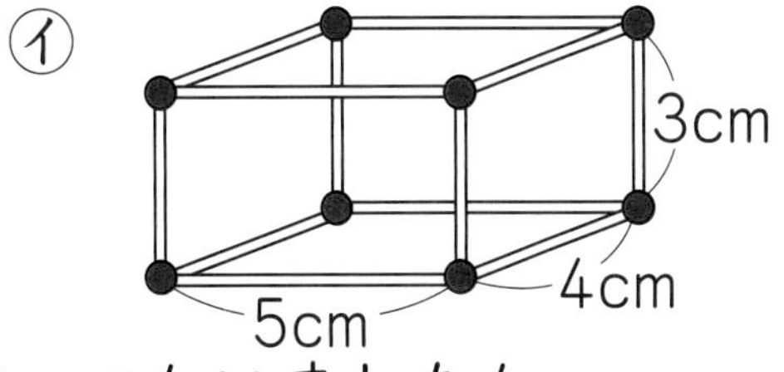

① つぎの　長さの　ひごを、何本　つかいましたか。

㋐　2cm（　　　）　3cm（　　　）　6cm（　　　）

㋑　3cm（　　　）　4cm（　　　）　5cm（　　　）

② ねんど玉は、それぞれ　何こ　つかいましたか。

㋐（　　　）　㋑（　　　）

ヒント　1 ㋐は、さいころの　形に　なって　いますね。

17 はこの 形

教科書 219～223ページ　答え 30ページ

知識・技能 /90点

1 よく出る 右の はこの 形に ついて 答えましょう。 1つ5点(55点)

ア
イ
ウ
2cm
3cm
4cm

① 下の ほうがんに かかれた あは、アの 面を うつしとった 形です。イの 面と ウの 面を うつしとった 形を ほうがんに かきましょう。

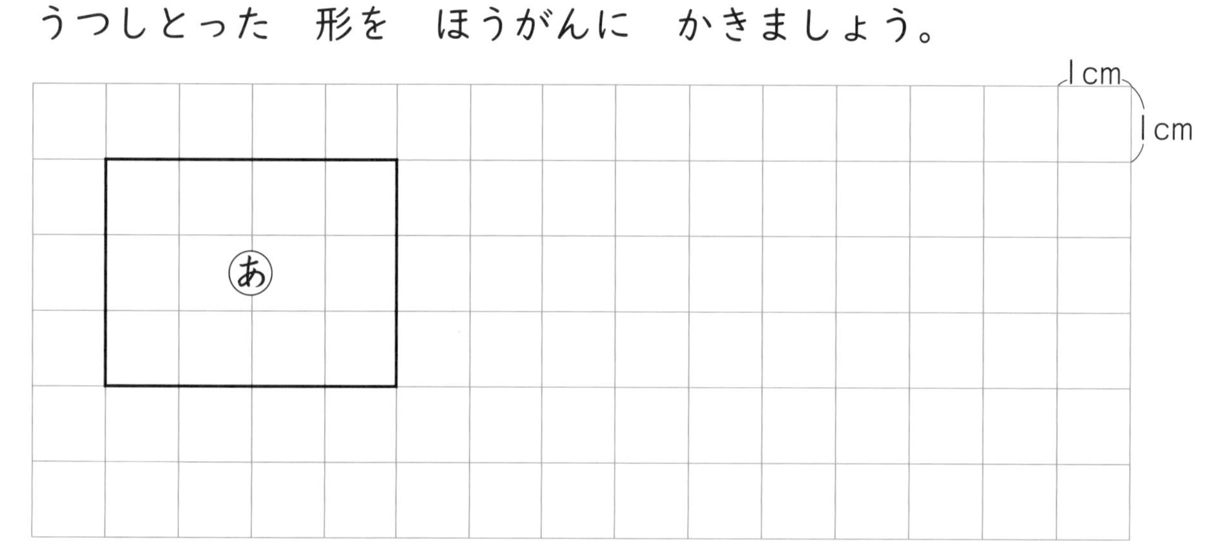

② ア、イ、ウの 面は それぞれ どのような 形ですか。

ア(　　　　) イ(　　　　) ウ(　　　　)

③ この はこの 形に、面は ぜんぶで いくつ ありますか。

(　　　　)

④ 2つの へんの 長さが 2cmと 4cmに なって いる 長方形の 面は いくつ ありますか。

(　　　　)

⑤ つぎの 長さの へんは いくつ ありますか。

4cm(　　　　) 3cm(　　　　) 2cm(　　　　)

⑥ ちょう点は いくつ ありますか。 (　　　　)

2 10cmの　ひごを　何本(なん)かと　ねんどを　つかって、下のような　はこの　形を　作(つく)りました。　①1つ5点、②③1つ10点(35点)

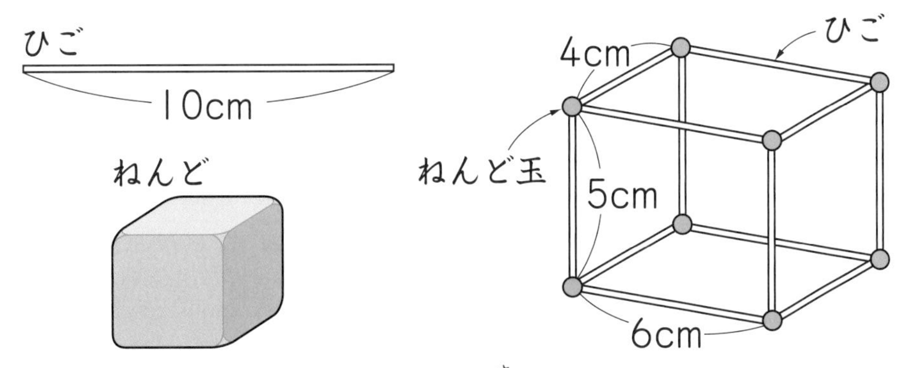

① 10cmの　ひごを　切(き)って、4cm、5cm、6cmの　ひごを、それぞれ　何本　作れば　よいでしょうか。

4cm（　　　）　5cm（　　　）　6cm（　　　）

② ねんど玉は、ぜんぶで　何こ　作れば　よいでしょうか。

（　　　）

できたらスゴイ!

③ 10cmの　ひごは、ぜんぶで　何本　いりますか。

（　　　）

思考・判断・表現　／10点

3 ひごと　ねんど玉を　つかって、はこの　形を　作ります。はこの　形が　できるのは、下の　あ、い、うの　どれですか。　(10点)

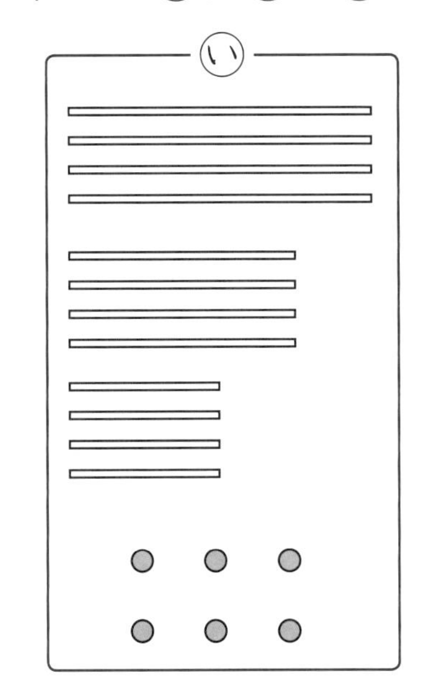

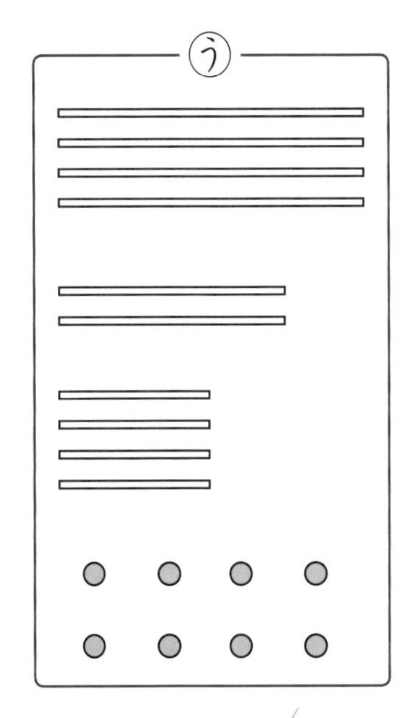

（　　　）

ふりかえり　1が　わからない　ときは、104ページの　1に　もどって　かくにんして　みよう。

この　本の　おわりに　ある「春の　チャレンジテスト」を　やって　みよう！

読みとる力を　のばそう

見えない　数(かず)は　いくつかな

教科書 224～225ページ　答え 30ページ

さいころには、下のような　きまりが　あります。

さいころの　はんたいがわの　面(めん)どうしの
数(かず)を　たすと　7に　なる。

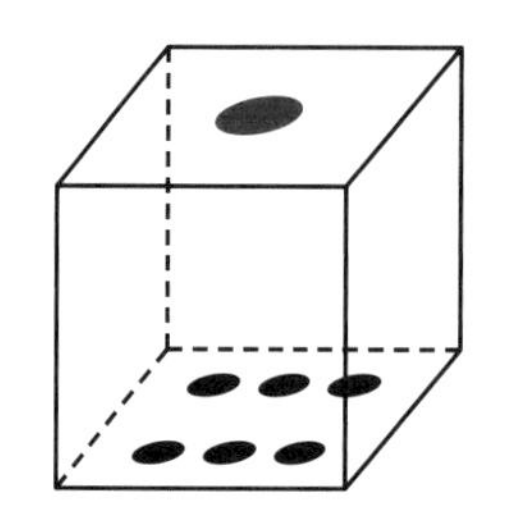

1 たすと　7に　なる　組(く)み合(あ)わせを　3つ　書(か)きましょう。

1 と □　　□ と □　　□ と □

2 しゅんさんは、下の　さいころを　見て、つぎのように　いって
います。□に　あてはまる　目の　数を　書きましょう。

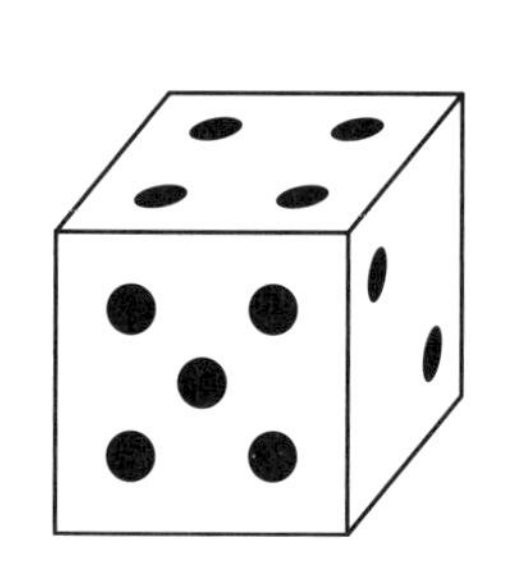

上の　さいころの　きまりに　あって
いない　ところが　あるよ。
□か　□の　どちらかが
おかしいと　思(おも)うよ。

はんたいがわの　面どうしの　数を
たすと　7に　なると　いう　ことは…

7に　なる　組み合わせは
となりどうしには　ならないよ。

3 ももかさんは、右のように　さいころを　2つ　かさねました。そして、つぎのような　クイズを　だしました。□に　あてはまる　数を　書きましょう。

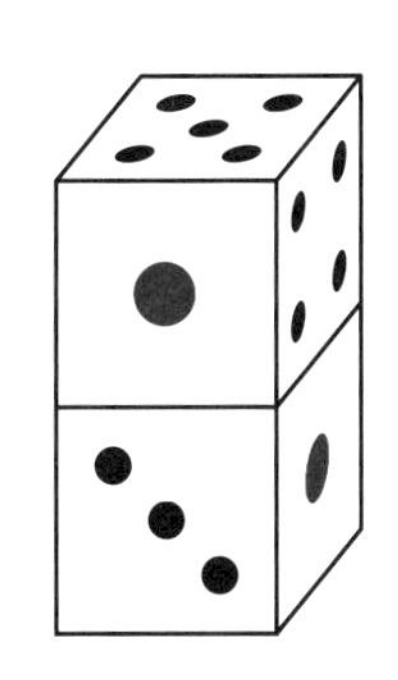

ももか

右の　図で　色の　ついた、まわりから　見えない　3つの　ところの　数を　合わせると　いくつに　なるでしょう。

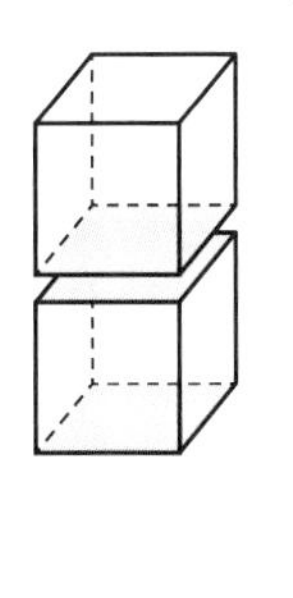

見えない　面の　目の　数は、はんたいがわの　面の　目の　数と　合わせると　①□　に　なります。上の　さいころの　5の　目は　見えて　いるので、その　はんたいがわの　見えない　ところの　数は　②□　と　わかります。見えない　3つの　面の　目の　数を　合わせると　③□＋④□　で　⑤□　に　なります。

4 右のように　さいころを　4つ　かさねて、一番上の　面に　紙を　おきました。まわりから　見えない　ところの　数を　合わせると　いくつに　なりますか。

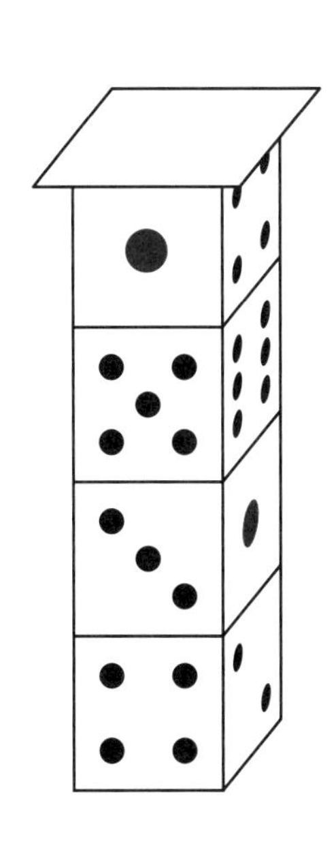

(　　　　　)

ぜんぶ　しらべるのは
たいへんだな…。

もとめ方を　せつめい
できるかな。

がくしゅうび　　月　　日

2年の　ふくしゅう①

教科書　226～228ページ　答え　31ページ

1 下の　4まいの　カードを　ぜんぶ　ならべて、つぎの　数を　つくりましょう。 1つ10点(20点)

① 一番　大きい　数
(　　　　)

② 一番　小さい　数
(　　　　)

2 計算を　しましょう。 1つ5点(40点)

① $\begin{array}{r} 25 \\ +61 \\ \hline \end{array}$　② $\begin{array}{r} 77 \\ +39 \\ \hline \end{array}$

③ $\begin{array}{r} 236 \\ +\ 48 \\ \hline \end{array}$　④ $\begin{array}{r} 52 \\ -17 \\ \hline \end{array}$

⑤ $\begin{array}{r} 101 \\ -\ 62 \\ \hline \end{array}$　⑥ $\begin{array}{r} 493 \\ -\ 74 \\ \hline \end{array}$

⑦ 3×5

⑧ 7×4

3 池に　こいが　25ひき　います。そこへ　何びきか　入れたので、ぜんぶで　32ひきに　なりました。あとから　何びき　入れましたか。 しき・答え　1つ10点(20点)

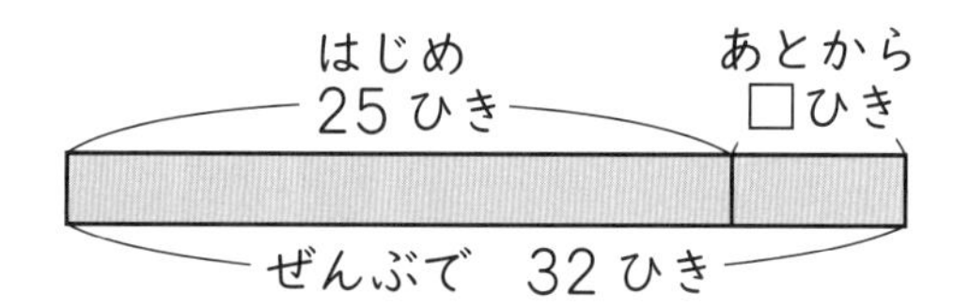

しき

答え (　　　　)

4 トランプの　数を、かけ算を　つかって、くふうして　もとめましょう。 しき・答え　1つ10点(20点)

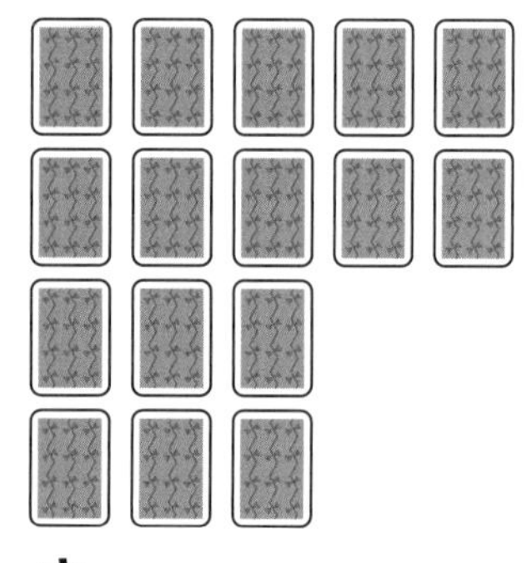

しき

答え (　　　　)

がくしゅうび　月　日

2年の　ふくしゅう②

教科書　228ページ　答え　31ページ

1 □に　あてはまる　数を　書きましょう。　1つ5点(20点)

① 1cm＝□mm

② 1m＝□cm

③ 1L＝□mL

④ 1dL＝□mL

2 50cmと　90cmの　リボンを　つなぎました。つなぎ目は　10cmです。つないだ　リボンの　長さは　何m何cmに　なりますか。　しき・答え　1つ10点(20点)

しき

答え（　　　　）

3 おり紙が　何まいか　ありました。15まい　つかったので、のこりが　25まいに　なりました。はじめに　何まい　ありましたか。　しき・答え　1つ10点(20点)

しき

答え（　　　　）

4 水の　かさは　どれだけですか。　(10点)

（　　　　）

5 右の　はこの　形で、長さが　5cmの　へんは　いくつ　ありますか。　(10点)

4cm
5cm
5cm

（　　　　）

6 下の　長方形で、あと　いの　長さは　何cmですか。　1つ10点(20点)

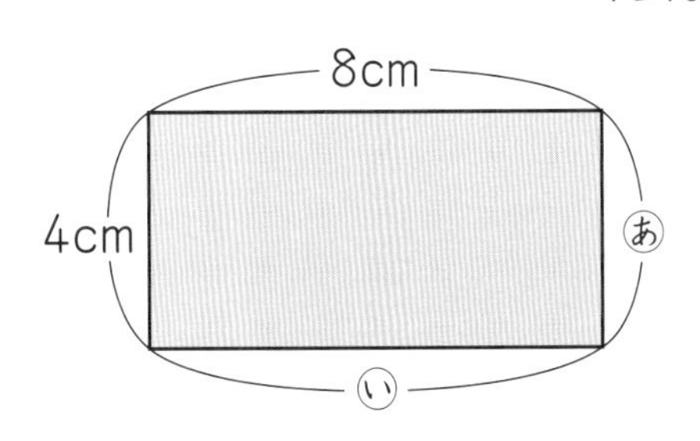

あ（　　　　）

い（　　　　）

がくしゅうび　月　日

2年の　ふくしゅう③

時間 20 分　／100　ごうかく 80 点

教科書 229ページ　答え 32ページ

1 くだものの　数を　しらべて、ひょうと　グラフに　あらわしましょう。

ひょう・グラフ・もんだい　1だい20点(60点)

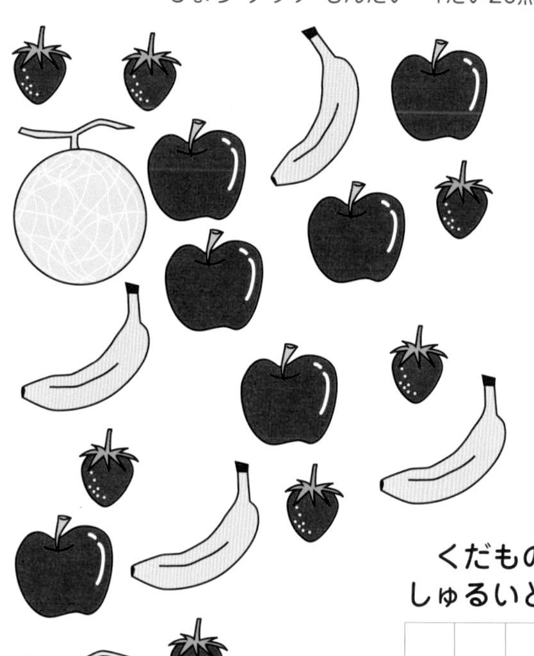

くだものの　しゅるいと　数

くだもの	バナナ	メロン	イチゴ	リンゴ
数(こ)				

くだものの　しゅるいと　数

バナナ	メロン	イチゴ	リンゴ

▶ 数が　一番　少ない　くだものは　何ですか。（　　　）

2 □に　あてはまる　数を　書きましょう。　1つ5点(20点)

① 1時間＝□分

② 1日＝□時間

③ 午前は□時間、午後は□時間　あります。

3 時計の　みじかい　はりは　1日に　何回　まわりますか。　(5点)

（　　　）

4 つぎの　時こくを　もとめましょう。　1つ5点(15点)

① 午前10時から　45分　たった　時こく

（　　　）

② 午前10時の　20分前の　時こく

（　　　）

③ 午前10時から　4時間　たった　時こく

（　　　）

7 どうぶつの　数を、ひょうと　グラフに　書きましょう。

ひょう・グラフ　1だい4点・もんだい　3点(11点)

どうぶつの　しゅるいと　数

どうぶつ	パンダ	りす	うさぎ	ぞう
数(ひき)				

どうぶつの　しゅるいと　数

パンダ	りす	うさぎ	ぞう

▶ 数が　同(おな)じ　どうぶつは　何と　何ですか。

(　　　　)と(　　　　)

思考・判断・表現　／32点

8 入れものに、1Lますで　3ばい　水を　入れても　いっぱいに　ならなかったので、1dLますで　8ぱい　水を　つぎたしたら、ちょうど　いっぱいに　なりました。
　この　入れものに　入る　水の　かさは、何L何dLですか。

しき・答え　1つ4点(8点)

しき

答え(　　　　)

9 学校で　さくひんてんが　ありました。

しき・答え　1つ4点(16点)

① 今日(きょう)は、おとなが　37人、子どもが　53人　来(き)ました。
　合わせて　何人　来ましたか。

しき

答え(　　　　)

② きのう　来た　人は、今日より　23人　少(すく)なかったそうです。きのう　来た　人は　何人ですか。

しき

答え(　　　　)

10 つぎの　①、②は、どのくらいの　長さだと　考(かんが)えられますか。(　)から　えらんで、○で　かこみましょう。

1つ4点(8点)

① あさがおの　たねの　長さ

(　8mm　　8cm　　80cm　)

② ふでばこの　長さ

(　25mm　　25cm　　52cm　)

夏のチャレンジテスト

教科書 16～105ページ　◎用意する もの…ものさし

月　日

名前

時間 40分

ごうかく80点　／100

答え 33～34ページ

知識・技能　／68点

1 つぎの　数を　書きましょう。　1つ3点(6点)

① 100を　5こと、1を　9こ　合わせた　数　(　　)

② 10を　63こ　あつめた　数　(　　)

2 □に　あてはまる　数を　書きましょう。　1だい3点(6点)

① 3cm=□mm

② 78mm=□cm□mm

3 下の　時計を　見て、もんだいに　答えましょう。　1つ3点(9点)

〈午前〉

① 時こくを　書きましょう。　(　　)

② 30分　たった　時こくは、何時何分ですか。　(　　)

③ 15分前の　時こくは、何時何分ですか。　(　　)

4 つぎの　水の　かさは、どれだけですか。　1つ3点(6点)

① 1L 1L　(　　)

② 1L 1L　(　　)

5 長さを　はかりましょう。　1つ3点(6点)

①　(　　)

②　(　　)

6 計算を　しましょう。　1つ4点(24点)

① 51+34　② 48+47

③ 23+59　④ 64−31

⑤ 92−56　⑥ 76−38

うらにも　もんだいが　あります。

5 計算を　しましょう。 1つ3点(6点)

① 45cm+90cm

② 1m30cm−70cm

6 下の　点を　むすんで、正方形、長方形、直角三角形を　それぞれ　1つずつ　かきましょう。 1つ3点(9点)

思考・判断・表現 ／25点

7 リレーの　チームが　6チーム　あります。1チームは　4人です。みんなで　何人ですか。 しき・答え　1つ3点(6点)

しき

答え（　　　）

8 150円で　買える　ほうに、○を　つけましょう。 (3点)

㋐ お茶と　あんぱん　95円　70円

㋑ ジュースと　ゼリー　80円　65円

（　　　）　（　　　）

9 48円の　ガムと　85円の　チョコレートが　あります。 しき・答え　1つ3点(12点)

① ガムと　チョコレートを　買うと、だい金は　何円ですか。

しき

答え（　　　）

② のぞみさんは　100円　もっています。チョコレートを　買うと、何円　のこりますか。

しき

答え（　　　）

10 つぎの　中で、かけ算を　つかって　もとめられるのは　どれですか。㋐、㋑、㋒で　答えましょう。 (4点)

㋐ みかんが　7こ　あります。りんごは　みかんより　8こ　多いそうです。りんごは　何こ　ありますか。

㋑ 5mの　ひもが　あります。3ばいの　長さは　何mですか。

㋒ えんぴつが　20本　あります。9本　つかうと、何本　のこりますか。

（　　　）

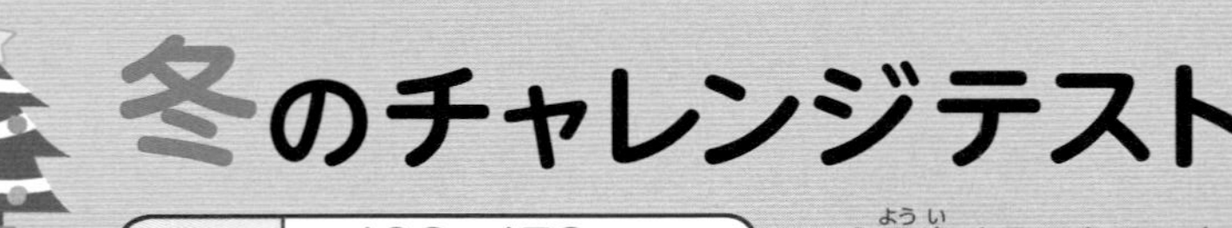

冬のチャレンジテスト

教科書 106〜176ページ　◎用意する もの…ものさし、三角じょうぎ

月　日
名前

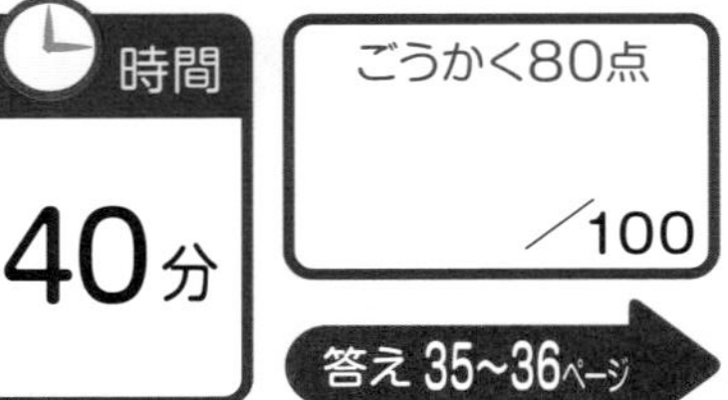

ごうかく80点　／100

答え 35〜36ページ

知識・技能　／75点

1 □に　あてはまる　数を　書きましょう。　1だい2点(6点)

① 9のだんでは、かける数が　1　ふえると、答えは □ ふえます。

② 8×8の　答えは、8×7の　答えより □ ふえます。

③ 5×6と　同じ　答えの　九九は □×□ です。

2 下の　形を　見て、もんだいに　答えましょう。　1つ2点(6点)

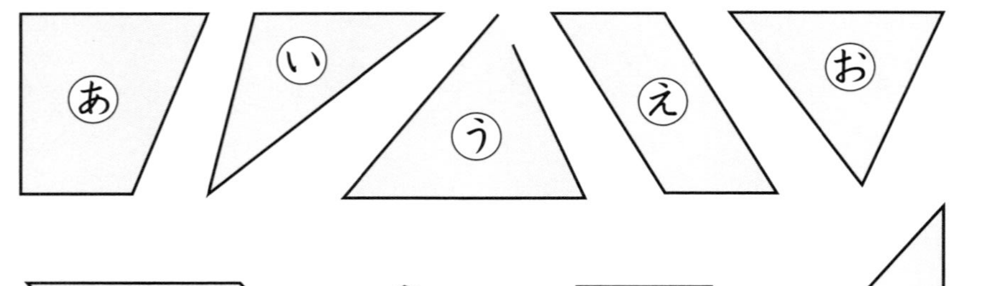

① 三角形は　どれですか。
(　　　)

② 四角形は　どれですか。
(　　　)

③ 正方形は　どれですか。
(　　　)

3 □に　あてはまる　数を　書きましょう。　1だい2点(6点)

① 1m= □ cm

② 408cm= □ m □ cm

③ 3m50cm= □ cm

4 計算を　しましょう。　1つ3点(42点)

① 51+76　② 65+56

③ 4+96　④ 137−43

⑤ 135−49　⑥ 108−29

⑦ 233+39　⑧ 491−15

⑨ 4×7　⑩ 9×3

⑪ 8×6　⑫ 6×7

⑬ 7×8　⑭ 9×8

うらにも　もんだいが　あります。

／40点

6 キャラメルが　36こ　ありました。何こか　食(た)べたので、のこりは　17こに　なりました。何こ　食べましたか。

しき・答え 1つ4点(16点)

① もんだいに　合(あ)うように、□に数を　書きましょう。

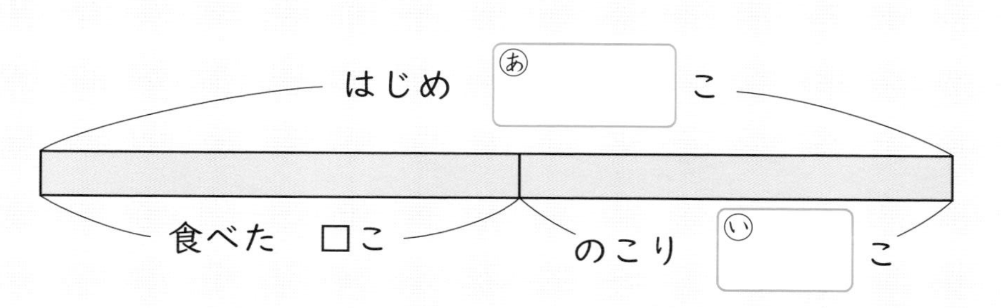

② しきと　答えを　書きましょう。

しき

答え（　　　）

7 下の　4まいの　カードを　ぜんぶならべて、つぎの　数を　つくりましょう。

1つ4点(8点)

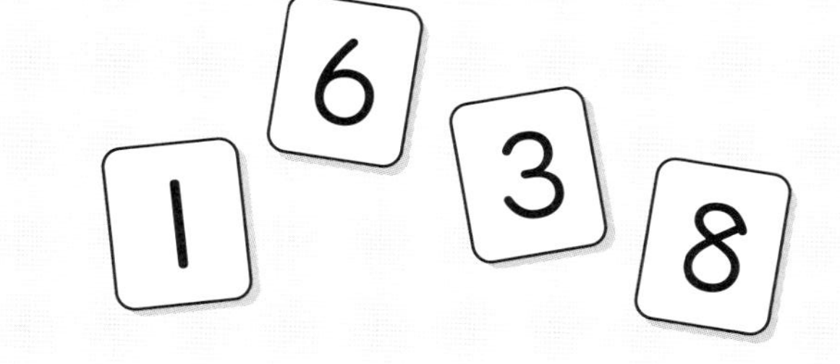

① 一番(いちばん)　大きい　数

（　　　）

② 3000に　一番　近(ちか)い　数

（　　　）

8 下の　●の　数を　もとめるのに、しんごさんは　九九(くく)を　つかって、つぎのように　考(かんが)えました。

$2 \times 3 = 6$
$3 \times 6 = 18$
$6 + 18 = 24$

下の　あ、い、うで、しんごさんの　考え方(かた)を　あらわして　いる　図(ず)は　どれですか。

(6点)

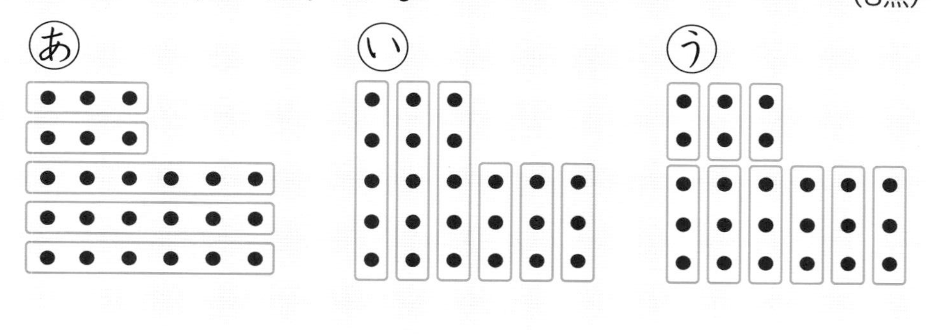

（　　　）

9 右の　はこを　作(つく)る　ために、つぎの　4つの　面を　かきましたが、まだ　たりません。

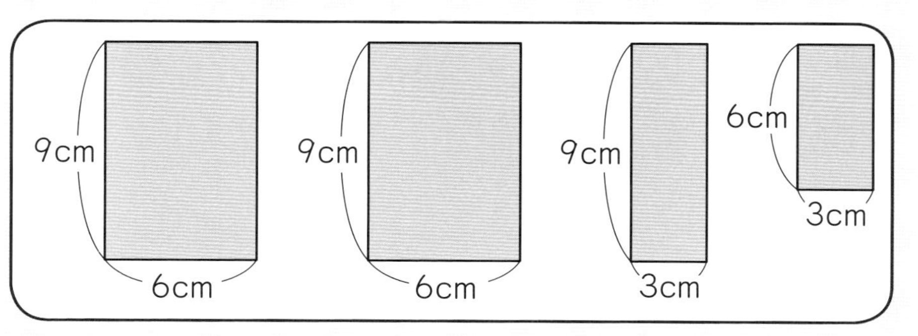

下の　あ～おの　中から、たりない面を　2つ　えらびましょう。1つ5点(10点)

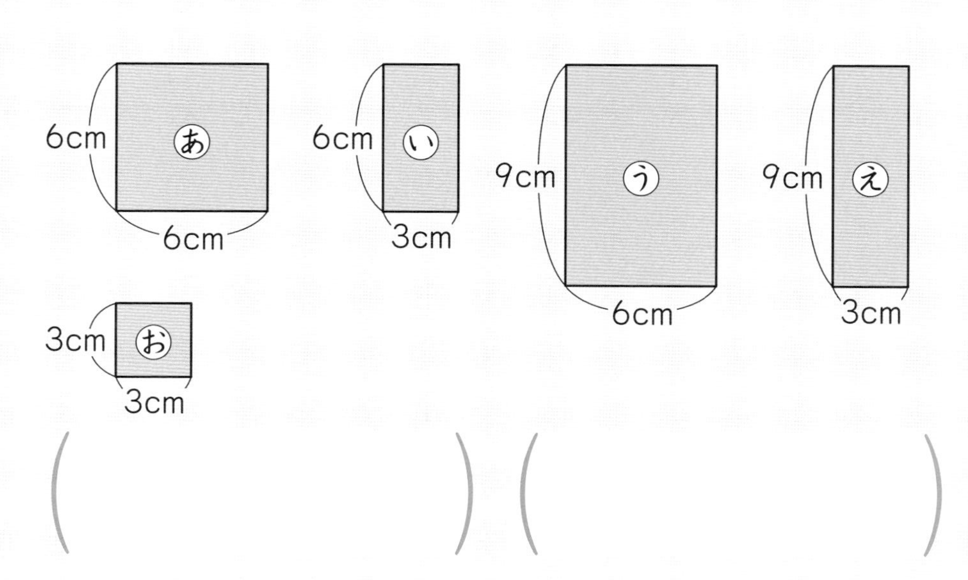

（　　　）（　　　）

春のチャレンジテスト

教科書 180〜223ページ

名前　　　月　　日

時間 40分　ごうかく80点　／100

答え 37〜38ページ

知識・技能　／60点

1 右の　はこの　形に　ついて　答えましょう。　1つ4点(12点)

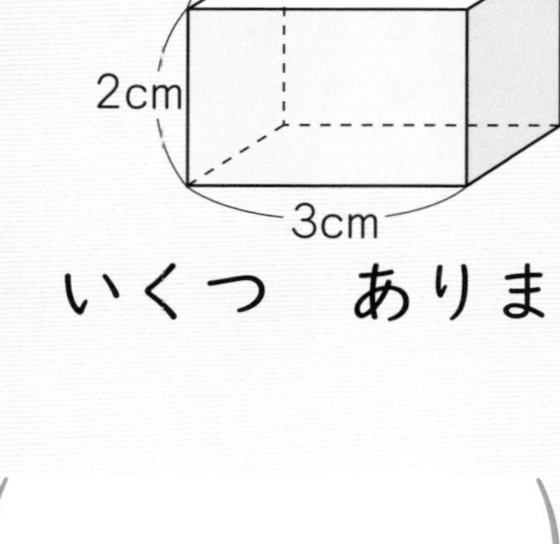
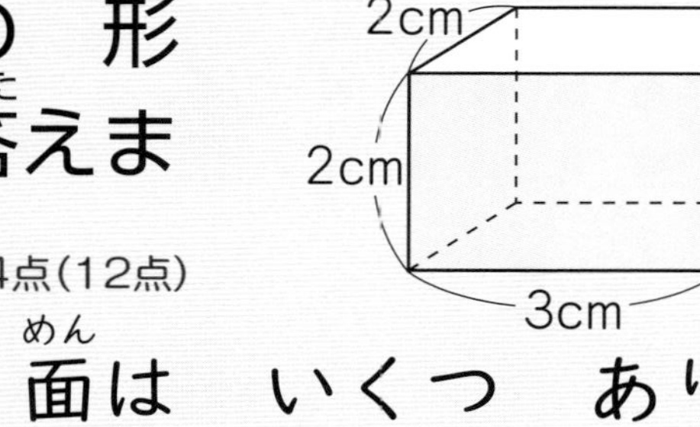

① 正方形の　面は　いくつ　ありますか。

(　　　　)

② ちょう点は　いくつ　ありますか。

(　　　　)

③ 長さが　2cmの　へんは　いくつ　ありますか。

(　　　　)

2 つぎの　数の線で、①から　④に　あてはまる　数を　書きましょう。　1つ3点(12点)

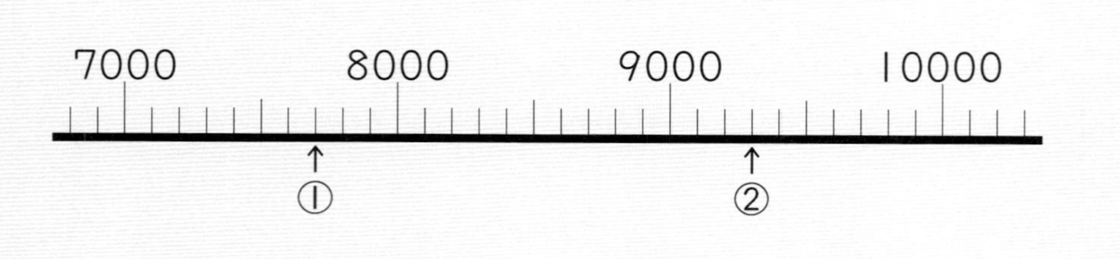

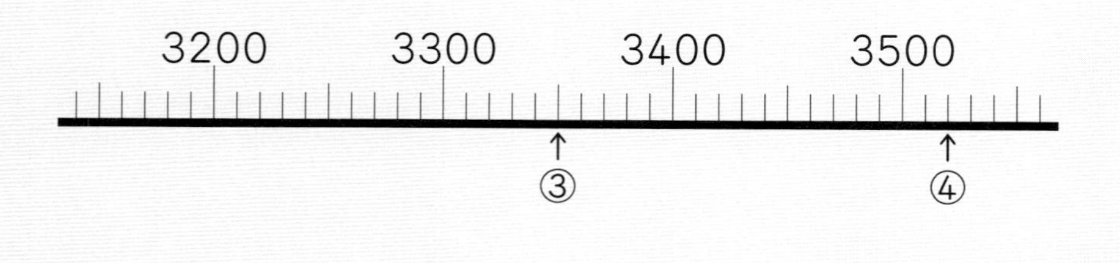

①(　　　　)　②(　　　　)

③(　　　　)　④(　　　　)

3 □に　あてはまる　数を　書きましょう。　1だい4点(12点)

① 6×4の　答えは、6×3より　□　大きい。

② 5×8=5×7+□

③ 7×□=8×□

4 色を　ぬった　ぶぶんは、もとの　大きさの　何分の一と　いえば　よいでしょうか。　1つ4点(8点)

①　(　　　　)

②　(　　　　)

5 計算を　しましょう。　1つ4点(16点)

① 200+600

② 1000−300

③ 12×3

④ 8×11

うらにも　もんだいが　あります。

9 つぎの　三角形（さんかくけい）や　四角形（しかくけい）の　名前（なまえ）を　書（か）きましょう。　1つ3点(9点)

① (　　　　　　)

② (　　　　　　)

③ (　　　　　　)

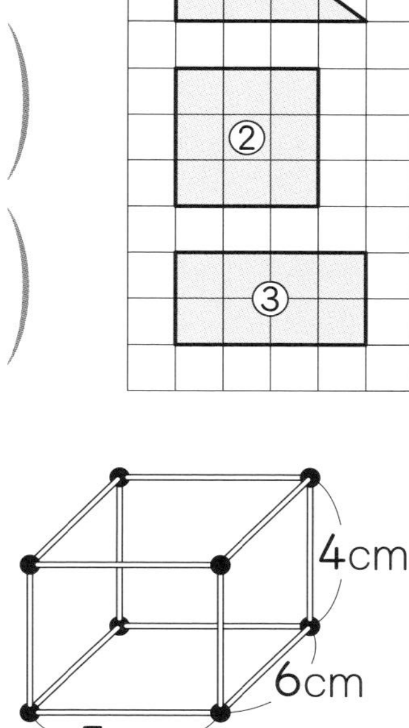

10 ひごと　ねん土玉を　つかって、右のような　はこの　形（かたち）を　つくります。　1つ3点(6点)

① ねん土玉は　何（なん）こ　いりますか。

(　　　　　　)

② 6 cmの　ひごは　何本　いりますか。

(　　　　　　)

11 すきな　くだものしらべを　しました。　1つ4点(8点)

すきな　くだものしらべ

すきなくだもの	りんご	みかん	いちご	スイカ
人数（にんずう）(人)	3	1	5	2

すきな くだものしらべ

		○	
		○	
		○	
		○	○
	○	○	○
りんご	みかん	いちご	スイカ

① りんごが　すきな　人の　人数を、○を　つかって、右の　グラフに　あらわしましょう。

② すきな　人が　いちばん　多（おお）い　くだものと、いちばん　少（すく）ない　くだものの　人数の　ちがいは　何人ですか。

(　　　　　　)

活用力をみる

12 さいころを　右のように　して、かさなりあった　面（めん）の　目の　数（かず）を　たすと　9に　なるように　つみかさねます。

さいころは　むかいあった　面の　目の　数を　たすと、7に　なって　います。図（ず）の　あ～うに　あてはまる　目の　数を　書きましょう。　1つ4点(12点)

あ…□　　い…□　　う…□

13 ゆうまさんは、まとあてゲームを　しました。3回（かい）　ボールを　なげて、点数（てんすう）を　出します。　①しき・答え　1つ3点、②1つ3点(12点)

① ゆうまさんは　あと　5点で　30点でした。ゆうまさんの　点数は　何点でしたか。

しき

答（こた）え (　　　　　　)

② ゆうまさんの　まとは　下の　あ、いの　どちらですか。その　わけも　書きましょう。

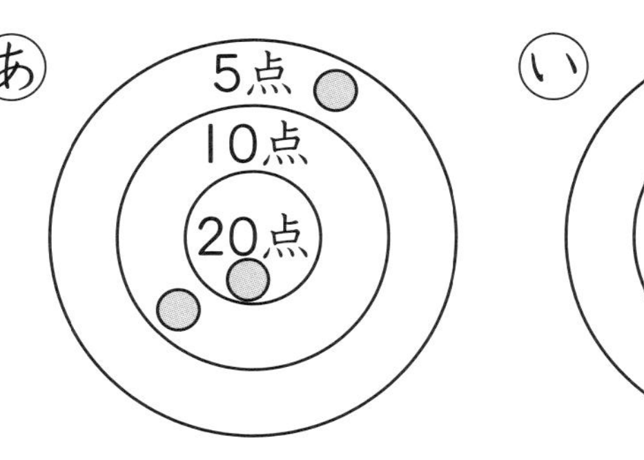

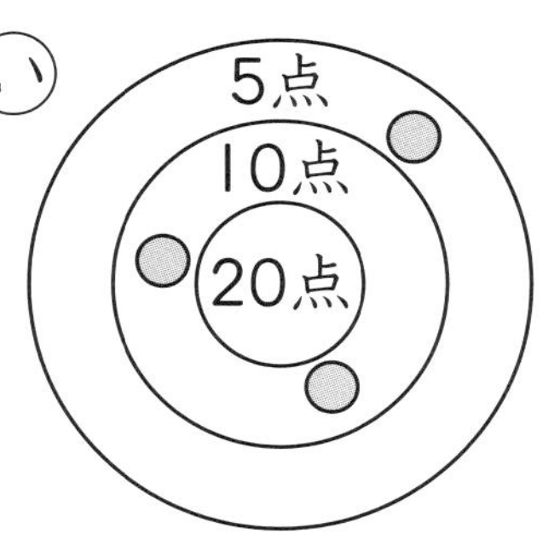

ゆうまさんの　まとは　□　です。

わけ (　　　　　　)

2年 算数のまとめ 学力しんだんテスト

名前　　　月　　日

時間 40分　　ごうかく80点　　／100

答え 39ページ

1 つぎの　数を　書きましょう。　1つ3点(6点)

① 100を　3こ、1を　6こ　あわせた数　(　　　)

② 1000を　10こ　あつめた　数　(　　　)

2 色を　ぬった　ところは　もとの　大きさの　何分の一ですか。　1つ3点(6点)

①　②

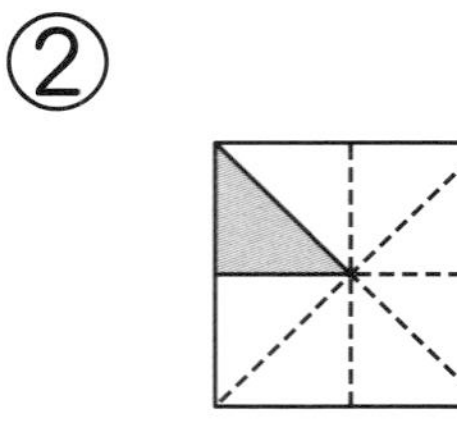

①(　　　)　②(　　　)

3 計算を　しましょう。　1つ3点(12点)

① $214 + 57$　② $546 - 27$

③ 4×8　④ 7×6

4 あめを　3こずつ　6つの　ふくろに　入れると、2こ　のこりました。
あめは　ぜんぶで　何こ　ありましたか。　しき・答え　1つ3点(6点)

しき

答え(　　　)

5 すずめが　14わ　いました。そこへ　9わ　とんで　きました。また　11わ　とんで　きました。すずめは　何わに　なりましたか。とんで　きた　すずめを　まとめて　たす　考え方で　1つの　しきに　書いて　もとめましょう。　しき・答え　1つ3点(6点)

しき

答え(　　　)

6 □に　＞か、＜か、＝を　書きましょう。　(2点)

25 dL □ 2L

7 □に　あてはまる　長さの　たんいを　書きましょう。　1つ3点(9点)

① ノートの　あつさ…5□

② プールの　たての　長さ…25□

③ テレビの　よこの　長さ…95□

8 右の　時計を　みて　つぎの　時こくを　書きましょう。　1つ3点(6点)

① 1時間あと(　　　)

② 30分前(　　　)

うらにも　もんだいが　あります。

とりはずしてお使いください。

教科書ぴったりトレーニング

丸つけラクラクかいとう

大日本図書版
算数２年

「丸つけラクラクかいとう」では もんだいと 同じ ところに 赤字で 答えを 書いて います。
①もんだいが とけたら、まずは 答え合わせを しましょう。
②まちがえた もんだいは、てびきを 読んで、もういちど 見直し しましょう。

見やすい答え

おうちのかたへ

くわしいてびき

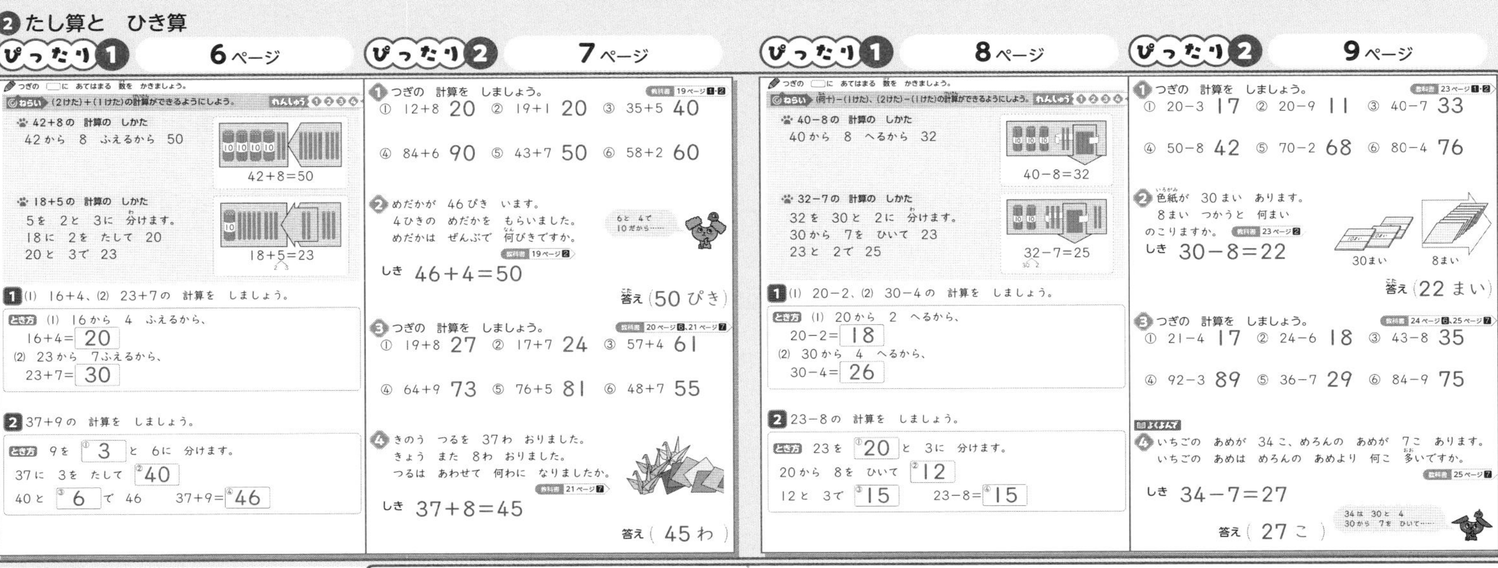

❷たし算と ひき算

ぴったり１ 6ページ

1 (1) 16＋4、(2) 23＋7の 計算を しましょう。
(1) 16から 4 ふえるから、16＋4＝20
(2) 23から 7ふえるから、23＋7＝30

2 37＋9の 計算を しましょう。
9を 3 と 6に 分けます。37に 3を たして 40　40と 6 で 46　37＋9＝46

ぴったり２ 7ページ

1 つぎの 計算を しましょう。
① 12＋8 20 ② 19＋1 20 ③ 35＋5 40
④ 84＋6 90 ⑤ 43＋7 50 ⑥ 58＋2 60

2 めだかが 46ぴき います。4ひきの めだかを もらいました。めだかは ぜんぶで 何びきですか。
しき 46＋4＝50　答え 50ぴき

3 つぎの 計算を しましょう。
① 19＋8 27 ② 17＋7 24 ③ 57＋4 61
④ 64＋9 73 ⑤ 76＋5 81 ⑥ 48＋7 55

4 きのう つるを 37わ おりました。きょう また 8わ おりました。つるは あわせて 何わに なりましたか。
しき 37＋8＝45　答え 45わ

ぴったり１ 8ページ

1 (1) 20−2、(2) 30−4の 計算を しましょう。
(1) 20から 2 へるから、20−2＝18
(2) 30から 4 へるから、30−4＝26

2 23−8の 計算を しましょう。
23を 20 と 3に 分けます。20から 8を ひいて 12　12と 3で 15　23−8＝15

ぴったり２ 9ページ

1 つぎの 計算を しましょう。
① 20−3 17 ② 20−9 11 ③ 40−7 33
④ 50−8 42 ⑤ 70−2 68 ⑥ 80−4 76

2 色紙が 30まい あります。8まい つかうと のこりは 何まいですか。
しき 30−8＝22　答え 22まい

3 つぎの 計算を しましょう。
① 21−4 17 ② 24−6 18 ③ 43−8 35
④ 92−3 89 ⑤ 36−7 29 ⑥ 84−9 75

4 いちごの あめが 34こ、めろんの あめが 7こ あります。いちごの あめは めろんの あめより 何こ 多いですか。
しき 34−7＝27　答え 27こ

ぴったり１

おうちのかたへ
１と９、２と８、…のように、あわせて１０になる数をすぐに言えるように練習しましょう。

ぴったり２

❶ ①12から 8 ふえるから、
12＋8＝20
④84から 6 ふえるから、
84＋6＝90

❷ 4ひき もらったから、たし算に なります。46から 4 ふえるから、46＋4＝50です。

❸ ①8を 1と 7に 分けます。
19に 1を たして 20
20と 7で 27
④9を 6と 3に 分けます。
64に 6を たして 70
70と 3で 73

❹ あわせた 数を もとめるから、たし算です。しきは、37＋8＝45です。

ぴったり２

❶ ①20から 3 へるから、
20−3＝17
③40から 7 へるから、
40−7＝33
⑤70から 2 へるから、
70−2＝68
③43を 40と 3に 分けます。
40から 8を ひいて 32
32と 3で 35
⑤36を 30と 6に 分けます。
30から 7を ひいて 23
23と 6で 29

❷ 8まい へるから、ひき算に なります。しきは、30−8＝22です。

❸ ①21を 20と 1に 分ける。
20から 4を ひいて 16
16と 1で 17

❹ ちがいを もとめるので、ひき算に なります。しきは、34−7＝27です。

3

おうちのかたへ では、次のようなものを示しています。
・学習のねらいやポイント
・他の学年や他の単元の学習内容とのつながり
・まちがいやすいことやつまずきやすいところ
お子様への説明や、学習内容の把握などにご活用ください。

※紙面はイメージです。

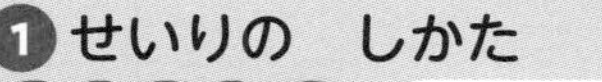

1 せいりの しかた

ぴったり1 2ページ

つぎの □に あてはまる 数や きごうを 書きましょう。

ねらい ものの数をしらべて、ひょうにあらわせるようにしよう。 れんしゅう 1

同じ しゅるいの ものの 数を しらべて、しゅるいごとに ひょうに あらわします。

1 どんな おかしが いくつ あるか しらべて、ひょうに あらわしましょう。

とき方 同じ しゅるいの おかしの 数を 数えて、ひょうに 書き入れます。

おかしの しゅるいと 数

おかし	あめ	ケーキ	チョコレート	ビスケット
数(こ)	7	4	6	10

ねらい ひょうの数を、グラフにあらわせるようにしよう。 れんしゅう 1

ひょうの 数を、しゅるいごとに ○を つかって グラフに あらわします。

2 1の ひょうを グラフに あらわしましょう。

とき方 ひょうの 数だけ、下から ○を 書いて いきます。
グラフの ○の 数と ひょうの 数は、同じに なります。

○は、下から 書いて いこう。

おかしの しゅるいと 数

あめ	ケーキ	チョコレート	ビスケット
○○○○○○○	○○○○	○○○○○○	○○○○○○○○○○

ぴったり2 3ページ

1 天気しらべを しました。 教科書 16ページ1、20ページ2

日	1	2	3	4	5	6	7	8	9	10
天気	晴れ	晴れ	くもり	雨	晴れ	晴れ	晴れ	くもり	くもり	雨
日	11	12	13	14	15	16	17	18	19	20
天気	くもり	雨	雨	晴れ	晴れ	くもり	雨	くもり	晴れ	晴れ

☀晴れ ○くもり ☂雨

まちがいちゅうい

① 晴れ、くもり、雨に 分けて、ひょうに 書きましょう。

天気しらべ

天気	晴れ	くもり	雨
日数(日)	9	6	5

数える ときに、見おとしや かさなりが ないように ちゅういしよう。

② ○を つかって、①の ひょうを グラフに あらわしましょう。

天気しらべ

晴れ	くもり	雨
○○○○○○○○○	○○○○○○	○○○○○

③ 日数が 一番 多い 天気は 何ですか。 （ 晴れ ）

④ 日数が 一番 少ない 天気は 何ですか。 （ 雨 ）

⑤ 晴れと くもりの 日数の ちがいは、何日ですか。 （ 3日 ）

ぴったり3 4〜5ページ

知識・技能 ／100点

1 よくでる どんな くだものが 何こ あるか しらべましょう。 1だい10点(60点)

① くだものの 数を しらべて、ひょうに あらわしましょう。

くだものの しゅるいと 数

くだもの	りんご	みかん	さくらんぼ	バナナ
数(こ)	5	7	10	6

② ○を つかって、①の ひょうを グラフに あらわしましょう。

くだものの しゅるいと 数

りんご	みかん	さくらんぼ	バナナ
○○○○○	○○○○○○○	○○○○○○○○○○	○○○○○○

③ 数が 一番 多い くだものは 何ですか。 （さくらんぼ）

④ りんごと みかんの 数の ちがいは、何こですか。 （ 2こ ）

⑤ さくらんぼは バナナより 何こ 多いですか。 （ 4こ ）

できたらスゴイ！

⑥ くだものの 数を ぜんぶ 合わせると、何こに なりますか。 （ 28こ ）

2 どんな どうぶつが 何びき いるか しらべましょう。 1だい10点(40点)

① どうぶつの 数を しらべて、ひょうに あらわしましょう。

どうぶつの しゅるいと 数

どうぶつ	りす	きりん	さる	ぞう	かば
数(ひき)	9	3	7	4	5

② ○を つかって、①の ひょうを グラフに あらわしましょう。

どうぶつの しゅるいと 数

りす	きりん	さる	ぞう	かば
○○○○○○○○○	○○○	○○○○○○○	○○○○	○○○○○

③ 2番目に 数が 少ないのは、どの どうぶつですか。 （ ぞう ）

④ 数が 一番 多い どうぶつと、数が 一番 少ない どうぶつの 数の ちがいは、何びきですか。 （ 6ぴき ）

ぴったり2

1 ①しらべた ものに しるしを つけると、数えまちがいが 少なく なります。

②ひょうに 書いた 数だけ、グラフに ○を 書きましょう。

③グラフの ○の 数が 一番 多い 天気を 見つけます。グラフの 高さが 一番 高い 天気が、一番 日数が 多いです。

④グラフの ○の 数が 一番 少ない 天気を 見つけます。

⑤グラフから、○の 数の ちがいを 数えましょう。

おうちのかたへ

表やグラフに整理すると、数が比べやすくなったり、数の多少が一目でわかったりするよさがあることを実感させてください。

ぴったり3

1 ①数えまちがいが ないように、数えた 絵に しるしを つけましょう。

③グラフの ○の 数で くらべます。

⑤○の 数の ちがいを 考えましょう。

⑥ぜんぶの 数を もとめる しきは、 5＋7＋10＋6＝28 と なります。

2 ①数えまちがいが ないように、数えた 絵に しるしを つけましょう。

③グラフの ○の 数で くらべます。

④一番 数が 多いのは 「りす」で、一番 数が 少ないのは 「きりん」です。
ちがいは、9−3＝6(ぴき)です。

❷ 2けたの　たし算

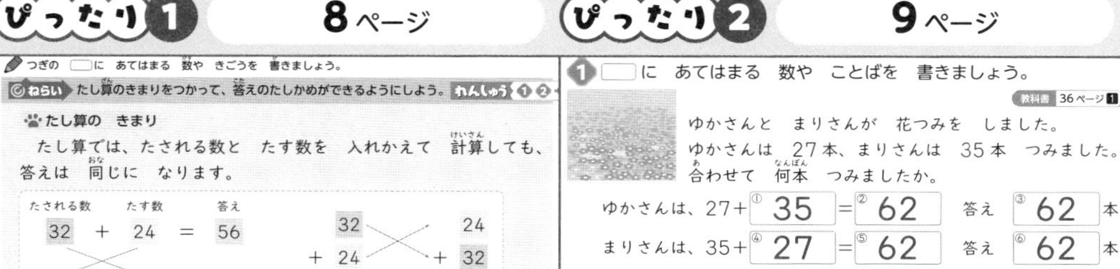

ぴったり1　6ページ

つぎの □に あてはまる 数や きごうを 書きましょう。

ねらい たし算の ひっ算が できるようにしよう。　れんしゅう ❶❷

たし算の ひっ算の しかた

くらいを たてに そろえて 計算する しかたを **ひっ算**と いい、一のくらいから じゅんに 計算します。

42+25：くらいを たてに そろえて 書く。→ 一のくらいの 計算を する。2+5=7 → 十のくらいの 計算を する。4+2=6　67

1 つぎの 計算を ひっ算で しましょう。
(1) 35+13　(2) 27+60　(3) 82+6

とき方 くらいを たてに そろえて 計算します。
(1) 35+13=48　(2) 27+60=87　(3) 82+6=88

ねらい くり上がりの ある、たし算の ひっ算が できるようにしよう。　れんしゅう ❸❹

くり上がりの ある たし算の ひっ算の しかた

10の まとまりを 上の くらいに うつす ことを **くり上げる**と いいます。

47+18：一のくらいは 7+8=15 十のくらいに 1 くり上げる。→ 十のくらいは 1+4+1=6　65

2 つぎの 計算を ひっ算で しましょう。
(1) 38+26　(2) 53+37　(3) 74+8

とき方 十のくらいに 1 くり上げます。
(1) 38+26=64　(2) 53+37=90　(3) 74+8=82

ぴったり2　7ページ

❶ 計算を しましょう。　教科書 24ページ❶
① 15+80 (95)　② 37+50 (87)　③ 20+76 (96)

❷ つぎの 計算を ひっ算で しましょう。　教科書 25ページ❷、31ページ❸、❹
① 23+21=44　② 35+40=75　③ 50+43=93
④ 71+8=79　⑤ 4+64=68

❸ 計算を しましょう。　教科書 33ページ❺
① 45+39=84　② 26+57=83　③ 68+13=81
④ 77+15=92　⑤ 19+46=65

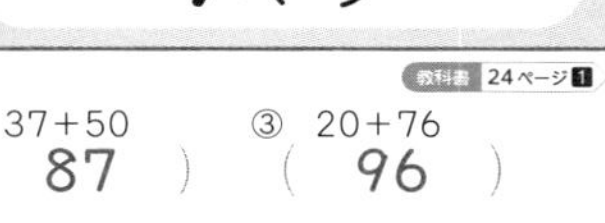

❹ つぎの 計算を ひっ算で しましょう。　教科書 35ページ❻
① 26+34=60　② 58+7=65　③ 2+69=71

ぴったり1　8ページ

つぎの □に あてはまる 数や きごうを 書きましょう。

ねらい たし算の きまりを つかって、答えの たしかめが できるようにしよう。　れんしゅう ❶❷

たし算の きまり

たし算では、たされる数と たす数を 入れかえて 計算しても、答えは 同じに なります。

たされる数		たす数		答え
32	+	24	=	56
24	+	32	=	56

32+24=56　24+32=56

1 計算を しましょう。また、たされる数と たす数を 入れかえて 計算して、答えが 同じに なる ことを たしかめましょう。

とき方 たされる数と たす数を 入れかえて たしかめを します。
(1) 30+51=81　［たしかめ］51+30=81
(2) 8+33=41　［たしかめ］33+8=41
(3) 42+28=70　［たしかめ］28+42=70

ぴったり2　9ページ

❶ □に あてはまる 数や ことばを 書きましょう。　教科書 36ページ❶

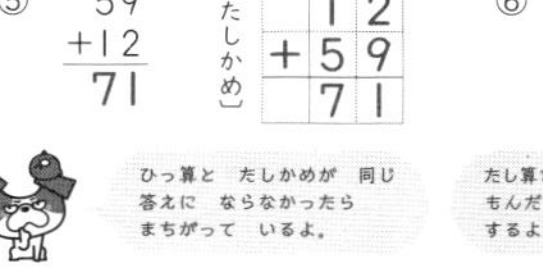

ゆかさんと まりさんが 花つみを しました。ゆかさんは 27本、まりさんは 35本 つみました。合わせて 何本 つみましたか。

ゆかさんは、27+ ①35 = ②62　答え ③62 本
まりさんは、35+ ④27 = ⑤62　答え ⑥62 本
と 計算しました。
ゆかさんと まりさんの 答えは ⑦同じ に なります。

❷ 計算を しましょう。また、たされる数と たす数を 入れかえて 計算して、答えが 同じに なる ことを たしかめましょう。　教科書 36ページ❶
① 56+30=86　［たしかめ］30+56=86
② 23+35=58　［たしかめ］35+23=58
③ 48+9=57　［たしかめ］9+48=57
④ 6+17=23　［たしかめ］17+6=23
⑤ 59+12=71　［たしかめ］12+59=71
⑥ 25+49=74　［たしかめ］49+25=74

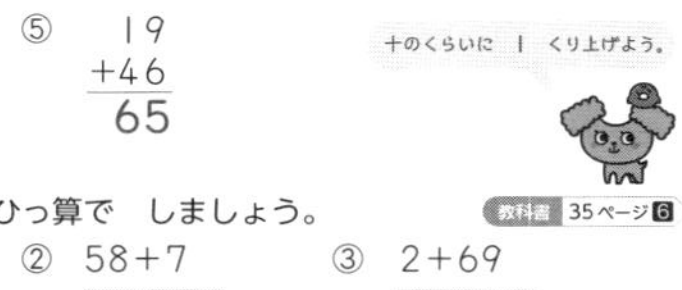

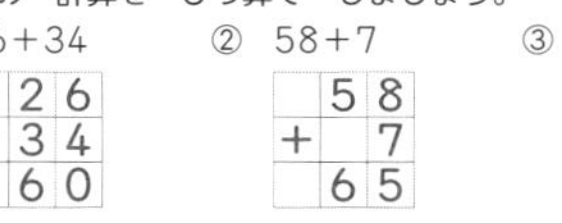

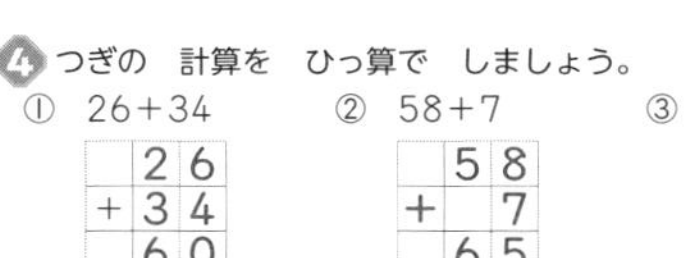
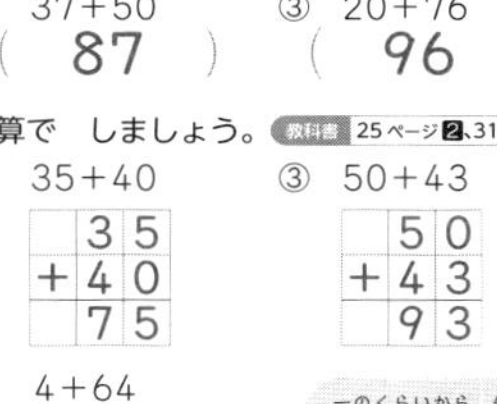

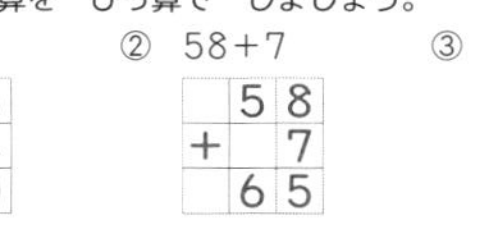

ぴったり2（7ページ）

❶ ③76を 70と 6に 分けて 考えます。

20+76 → 20+70=90 → 90+6=96

❷ ひっ算の 計算では、まず、くらいを たてに きちんと そろえて 書く ことが たいせつです。

❸ 十のくらいを 計算する ときに、くり上げた 1も たす ことを わすれないように しましょう。

① 45+39=84（くり上がり 1）　② 26+57=83（くり上がり 1）

❹ ①一のくらいは 6+4=10なので、0になります。十のくらいに 1 くり上げて、十のくらいは、1+2+3=6です。

ぴったり2（9ページ）

❶ くらいを そろえて、ひっ算で 計算します。

ゆかさん　27+35=62（くり上がり 1）
まりさん　35+27=62（くり上がり 1）

たされる数と たす数を 入れかえて 計算しても、答えは 同じに なる ことが わかります。

❷ たされる数と たす数を 入れかえて 計算して、答えが 同じに なる ことで、たし算の 答えの たしかめを します。
たしかめを して 答えが 合わなかったら、ひっ算の 計算から もういちど して みましょう。

ぴったり3 10〜11ページ

知識・技能 ／60点

1 計算を　しましょう。 1つ3点(9点)

① 50+17 67　② 40+36 76　③ 70+25 95

2 よく出る つぎの　計算を　ひっ算で　しましょう。 1つ3点(27点)

① 52+17 → 52+17=69
② 74+19 → 74+19=93
③ 47+35 → 47+35=82
④ 39+54 → 39+54=93
⑤ 38+32 → 38+32=70
⑥ 51+29 → 51+29=80
⑦ 85+8 → 85+8=93
⑧ 6+57 → 6+57=63
⑨ 74+6 → 74+6=80

3 答えが　同じに　なる　カードを　計算しないで　見つけて、きごうを　書きましょう。 1つ4点(12点)

あ 41+27　い 36+58　う 27+41
え 84+9　お 58+36　か 9+84

（あとう）（いとお）（えとか）

4 よく出る 計算の　まちがいを　見つけて、正しく　計算しましょう。 1つ4点(12点)

① 29+45　29+45=64 → 29+45=74
② 37+43　37+43=710 → 37+43=80
③ 3+68　3+68=98 → 3+68=71

思考・判断・表現 ／40点

5 50円の　ガムと　28円の　あめを　買いました。合わせて　何円ですか。 しき・答え 1つ5点(10点)

しき　50+28=78　　答え（78円）

6 池に、かもが　56わ　いました。そこへ　7わ　とんで　来ました。ぜんぶで　何ばに　なりましたか。 しき・ひっ算・答え 1つ5点(15点)

ひっ算　56+7=63

しき　56+7=63　　答え（63わ）

てきたらスゴイ！

7 まゆさんは　シールを　48まい　もって　います。りかさんは　まゆさんより　14まい　多く　もって　います。りかさんは　シールを　何まい　もって　いますか。 しき・ひっ算・答え 1つ5点(15点)

ひっ算　48+14=62

しき　48+14=62　　答え（62まい）

ぴったり3

1 何十と　一のくらいの　数に　分けて　考えます。

①50+17　17を10と7に分けて
50+10=60
60+7=67

⑦〜⑨2けたと　1けたの　たし算では、1けたの　数と　2けたの　数の　一のくらいを　たてに　そろえて　書きます。1けたの　数を　十のくらいに　たさないように　しましょう。

2 ②からは、十のくらいに　1　くり上がる　計算です。くり上げた　1を　たしわすれないように　しましょう。

⑤一のくらいは、8+2=10なので0、十のくらいは　1　くり上がって、1+3+3=7です。

3 たされる数と　たす数を　入れかえて　計算しても　答えは　同じに　なる　ことから、カードを　計算しなくても　わかります。じゅんばんは　ちがっても　かまいません。

4 ①十のくらいに　1　くり上げた　ことを　わすれた　まちがいです。

②くり上げた　1を、十のくらいに　そのまま　書いて　しまった　まちがいです。

③一のくらいの　数を　十のくらいに　書いて　しまい、くらいを　そろえずに　計算して　しまった　まちがいです。

5 十円玉で　考えると、十円玉が　5こと　2こで　7こです。これに、一円玉　8こを　たします。

6 「ぜんぶで」なので、たし算を　します。1けたの　数を　たす　ときは、2けたの　数の　一のくらいに　そろえて　1けたの　数を　書きます。

7 まゆさんの　もって　いる　48まいより、りかさんは　14まい　多いので、りかさんの　もって　いるまい数は　48+14で　もとめられます。

③ 2けたの　ひき算

ぴったり1　12ページ

つぎの □に あてはまる 数や きごうを 書きましょう。

ねらい　ひき算のひっ算ができるようにしよう。　れんしゅう ①②

ひき算の　ひっ算の　しかた
たし算の　ひっ算と　同じように、くらいを　たてに　そろえて、一のくらいから　じゅんに　計算します。

57−23（くらいを たてに そろえて 書く。）→ 57−23＝…4（一のくらいの 計算を する。7−3=4）→ 57−23＝34（十のくらいの 計算を する。5−2=3）

1 つぎの　計算を　ひっ算で　しましょう。
(1) 68−17　(2) 49−20　(3) 35−5

とき方　くらいを　たてに　そろえて　計算します。
(1) 68−17=51　(2) 49−20=29　(3) 35−5=30

ねらい　くり下がりのある、ひき算のひっ算ができるようにしよう。　れんしゅう ③④

くり下がりの　ある　ひき算の　ひっ算の　しかた
上の　くらいの　1を　下の　くらいに　うつして　10に　する　ことを　**くり下げる**と　いいます。
53−36（一のくらいは 十のくらいから 1 くり下げて 13−6=7）→ 53−36=17（十のくらいは 1 くり下げたので 4−3=1）

2 つぎの　計算を　ひっ算で　しましょう。
(1) 42−28　(2) 70−19　(3) 55−7

とき方　十のくらいから　1　くり下げます。
(1) 42−28=14　(2) 70−19=51　(3) 55−7=48

ぴったり2　13ページ

1 計算を　しましょう。　教科書 40ページ1
① 53−30（23）　② 64−40（24）　③ 72−70（2）

2 つぎの　計算を　ひっ算で　しましょう。　教科書 41ページ2、44ページ3
① 36−15=21　② 49−27=22　③ 86−56=30
④ 57−50=7　⑤ 70−30=40

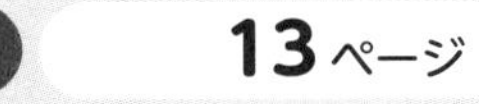

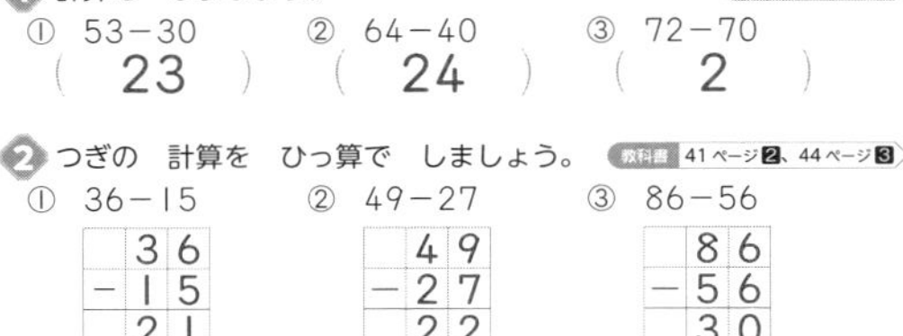

ひき算でも、
一のくらいから
計算するよ。

3 計算を　しましょう。　教科書 45ページ5、47ページ6、49ページ7
① 63−27=36　② 71−34=37　③ 90−24=66
④ 54−48=6　⑤ 80−6=74

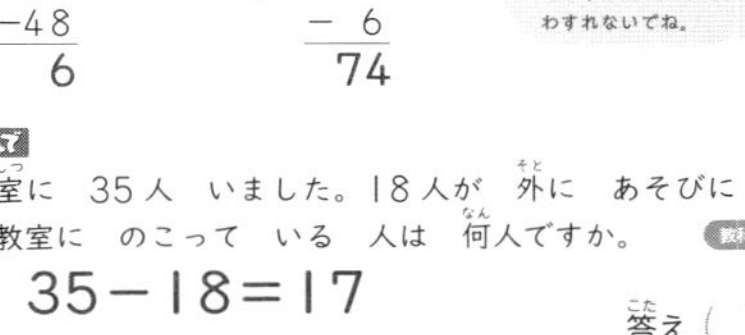

よくよんで
4 教室に　35人　いました。18人が　外に　あそびに　行きました。教室に　のこって　いる　人は　何人ですか。　教科書 45ページ5
しき　35−18=17　　答え（17人）

ぴったり1　14ページ

つぎの □に あてはまる 数や きごうを 書きましょう。

ねらい　ひき算の答えのたしかめができるようにしよう。　れんしゅう ①②

たし算と　ひき算の　かんけい
ひき算の　答えに　ひく数を　たすと、ひかれる数に　なります。

ひかれる数 23 − ひく数 8 ＝ 答え 15
15 + 8 = 23

1 計算を　して、答えの　たしかめも　しましょう。
(1) 43−30　(2) 50−4　(3) 32−18

とき方　ひき算の　答えに　ひく数を　たして、答えを　たしかめる　ことが　できます。
(1) 43−30=13　［たしかめ］13+30=43
(2) 50−4=46　［たしかめ］46+4=50
(3) 32−18=14　［たしかめ］14+18=32

43−30の　しきで、43を　ひかれる数、30を　ひく数と　いうよ。

ぴったり2　15ページ

1 □に　あてはまる　数を　書きましょう。　教科書 50ページ1
岩の　上に　かめが　16ぴき　いました。9ひきが　池の　中に　入りました。岩の　上に　のこって　いる　かめは　何びきですか。
16−①9=②7　　答え ③7ひき
岩の　上に　のこって　いる　かめと、池の　中の　かめを　合わせると　何びきに　なりますか。
④7+⑤9=⑥16　　答え ⑦16ぴき

④は、のこって いる かめの 数だよ。

2 計算を　して、答えの　たしかめも　しましょう。　教科書 50ページ1
① 63−40=23　［たしかめ］23+40=63
② 75−32=43　［たしかめ］43+32=75
③ 29−7=22　［たしかめ］22+7=29
④ 81−6=75　［たしかめ］75+6=81
⑤ 53−37=16　［たしかめ］16+37=53
⑥ 70−63=7　［たしかめ］7+63=70

たしかめの　答えが　ひかれる数に　ならなかったら　まちがって　いるね。

ぴったり2

❶ ①53を　50と　3に　分けて　考えます。

53 −30 → 50−30=20
50　3 → 20+3=23

① 63−27=36　（13−7=6、5−2=3）
② 71−34=37　（11−4=7、6−3=3）

❷ ひき算の　ひっ算も、一のくらい→十のくらいの　じゅんに　計算します。

❸ 十のくらいから　1　くり下げる　計算です。
十のくらいの　計算の　とき、くり下げた　1を　ひく　ことを　わすれないように　しましょう。

❹ ひっ算は、右のように　なります。くらいを　たてに　そろえて、くり下げた　ことを　わすれないように　しましょう。
35−18=17

ぴったり2

❶ 16ぴきの　かめの　うち、9ひきが　池の　中に　入って　いなくなったので、のこりの　かめの　数は　ひき算で　もとめます。
また、ひき算の　答えに　ひく数を　たすと、ひかれる数に　なります。
2つ目の　しきは、のこって　いる　かめの　数に、池の　中に　入った　かめの　数を　合わせると、さいしょの　かめの　数に　なることを　たしかめる　しきです。

❷ ひき算の　答えに　ひく数を　たした　答えが　ひかれる数に　なるかどうかで、答えの　たしかめを　します。

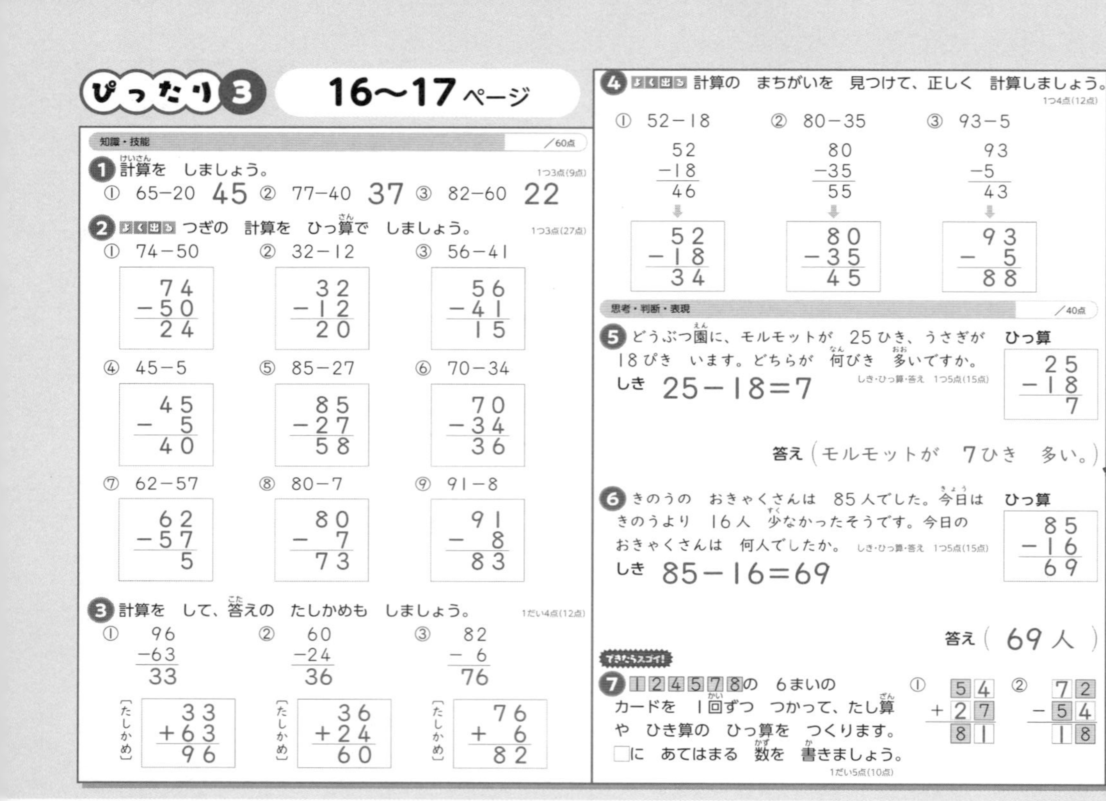

ぴったり3 16〜17ページ

知識・技能 ／60点

1 計算を しましょう。 1つ3点(9点)

① 65−20 45 ② 77−40 37 ③ 82−60 22

2 つぎの 計算を ひっ算で しましょう。 1つ3点(27点)

① 74−50 = 24　② 32−12 = 20　③ 56−41 = 15

④ 45−5 = 40　⑤ 85−27 = 58　⑥ 70−34 = 36

⑦ 62−57 = 5　⑧ 80−7 = 73　⑨ 91−8 = 83

3 計算を して、答えの たしかめも しましょう。 1だい4点(12点)

① 96−63 = 33　〔たしかめ〕 33+63 = 96

② 60−24 = 36　〔たしかめ〕 36+24 = 60

③ 82−6 = 76　〔たしかめ〕 76+6 = 82

4 計算の まちがいを 見つけて、正しく 計算しましょう。 1つ4点(12点)

① 52−18 ② 80−35 ③ 93−5

52−18=46 → 52−18=34

80−35=55 → 80−35=45

93−5=43 → 93−5=88

思考・判断・表現 ／40点

5 どうぶつ園に、モルモットが 25ひき、うさぎが 18ぴき います。どちらが 何びき 多いですか。 しき・ひっ算・答え 1つ5点(15点)

しき 25−18=7　ひっ算 25−18=7

答え（モルモットが 7ひき 多い。）

6 きのうの おきゃくさんは 85人でした。今日は きのうより 16人 少なかったそうです。今日の おきゃくさんは 何人でしたか。 しき・ひっ算・答え 1つ5点(15点)

しき 85−16=69　ひっ算 85−16=69

答え（69人）

7 1 2 4 5 7 8の 6まいの カードを 1回ずつ つかって、たし算や ひき算の ひっ算を つくります。□に あてはまる 数を 書きましょう。 1だい5点(10点)

① 54+27=81　② 72−54=18

ぴったり3

1 何十と 一のくらいの 数に 分けて 考えます。

① 65 −20 → 60−20=40
60 5 → 40+5=45

2 くらいを そろえて 書き、ひっ算で 計算します。⑤からは、一のくらいの 数が ひけないので、十のくらいから 1 くり下げて 計算します。

3 答えに ひく数を たすと、ひかれる数に なるかで たしかめます。

4 ①一のくらいが ひけないので、ひく数(8)から ひかれる数(2)を ひいて しまった まちがいです。

②十のくらいから 一のくらいに 1 くり下げた ことを わすれて、十のくらいの 計算を して しまった まちがいです。

③十のくらいの 数(9)から 一のくらいの 数(5)を ひいて しまった まちがいです。

5 「どちらが 何びき 多い」と きかれて いるので、「モルモットが 7ひき 多い」と 答えます。

6 図に あらわすと、つぎのように なります。

きのう 85人
今日 □人　16人 少ない

7 ①のこって いる カードは、1 2 4です。

十のくらいの 答えが 8に なる ことと、一のくらいから くり上がりが ある ことを 考えると、1+5+□=8で、たす数の 十のくらいの □は 2に なります。

あとは、一のくらいの 計算が くり上がるように、4と 1の カードを 書きます。

②のこって いる カードは、1 4 7です。

一のくらいの 答えが 8に なる ことと、十のくらいから くり下がりが ある ことを 考えると、12−□=8で、ひく数の 一のくらいの □は 4に なります。

あとは、□−1−5=□と なるように、7と 1の カードを 書きます。

長さの　たんい

ぴったり1　18ページ

つぎの □に あてはまる 数を 書きましょう。

ねらい cm(センチメートル)という長さのたんいをりかいしよう。　れんしゅう ①

cm(センチメートル)

長さの たんいに cm(センチメートル)が あります。長さは 1cmの いくつ分で あらわします。　1cm

1 テープの 長さは 何cmですか。

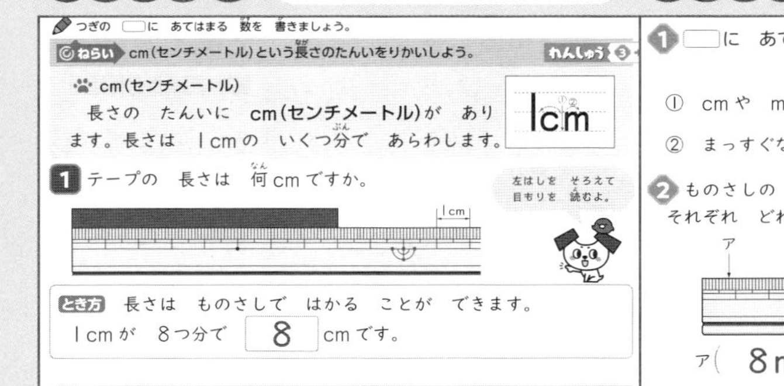

左はしを そろえて 目もりを 読むよ。

とき方　長さは ものさしで はかる ことが できます。
1cmが 8つ分で [8] cmです。

ねらい mm(ミリメートル)という長さのたんいをりかいしよう。　れんしゅう ①②④⑤

mm(ミリメートル)

1cmを 同じ 長さに 10こに 分けた 1つ分の 長さは、1mm(1ミリメートル)です。　1cm＝10mm　　1mm

2 テープの 長さは どれだけですか。

みじかい 長さは、小さい たんい mmを つかって あらわすよ。

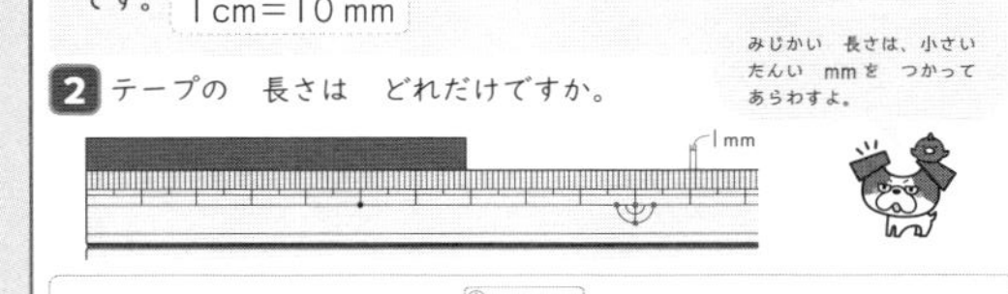

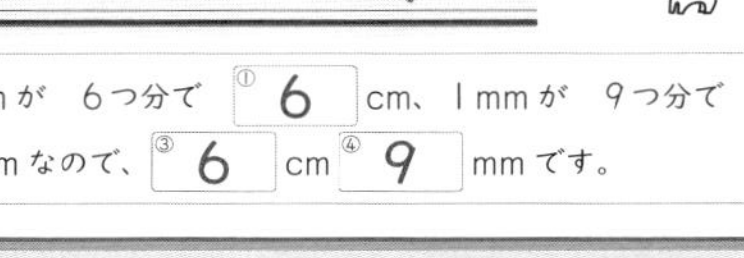

とき方　1cmが 6つ分で ①[6] cm、1mmが 9つ分で ②[9] mmなので、③[6] cm ④[9] mmです。

ぴったり2　19ページ

1 □に あてはまる ことばを 書きましょう。　教科書 57ページ3、61ページ6

① cmや mmは 長さの [たんい]です。

② まっすぐな 線を [直線] と いいます。

2 ものさしの 左の はしから ア、イ、ウの ↓までの 長さは、それぞれ どれだけですか。　教科書 59ページ4

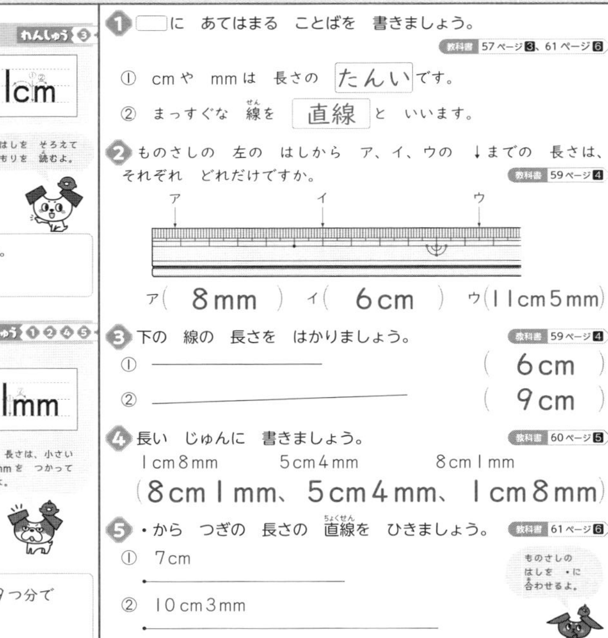

ア(8mm)　イ(6cm)　ウ(11cm5mm)

3 下の 線の 長さを はかりましょう。　教科書 59ページ4

① (6cm)

② (9cm)

4 長い じゅんに 書きましょう。　教科書 60ページ5

1cm8mm　　5cm4mm　　8cm1mm

(8cm1mm、5cm4mm、1cm8mm)

5 ・から つぎの 長さの 直線を ひきましょう。　教科書 61ページ6

① 7cm

② 10cm3mm

ものさしの はしを ・に 合わせるよ。

ぴったり1　20ページ

つぎの □に あてはまる 数を 書きましょう。

ねらい 長さの計算ができるようにしよう。　れんしゅう ①②③

長さの 計算

cmと mmが 入った 長さの 計算は、同じ たんいの 数どうしを 計算します。

2cm 4mm ＋ 5cm 1mm ＝ 7cm 5mm

ひき算も 同じように できるよ。

1 あの テープは 4cm5mm、いの テープは 3cmの 長さです。2本の テープを 合わせた 長さは どれだけですか。

とき方　合わせた 長さを もとめるので、たし算の しきに なります。

[4] cm [5] mm＋[3] cm＝[7] cm [5] mm

長さも 計算が できるよ。

2 1の テープの 長さの ちがいは どれだけですか。

とき方　長さの ちがいを もとめるので、ひき算の しきに なります。

[4] cm [5] mm－[3] cm＝[1] cm [5] mm

同じ たんいの 数どうしを 計算するよ。長いほうから みじかい ほうを ひくよ。

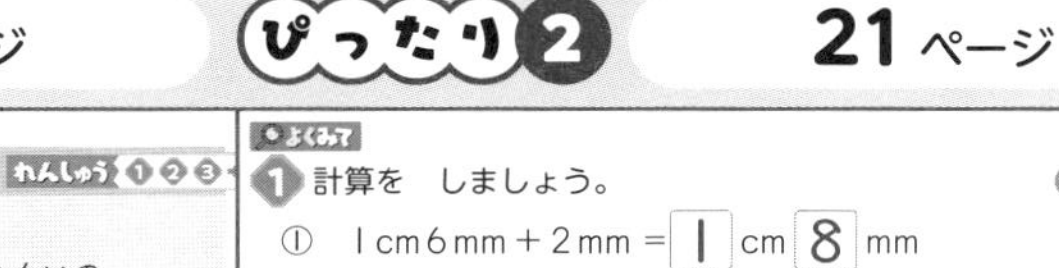

ぴったり2　21ページ

よくみて

1 計算を しましょう。　教科書 63ページ1

① 1cm6mm＋2mm＝[1] cm [8] mm

② 4cm＋3cm6mm＝[7] cm [6] mm

③ 6cm3mm＋2cm4mm＝[8] cm [7] mm

④ 5cm5mm＋9cm3mm＝[14] cm [8] mm

⑤ 2cm7mm－6mm＝[2] cm [1] mm

⑥ 8cm3mm－2cm＝[6] cm [3] mm

⑦ 7cm9mm－4cm7mm＝[3] cm [2] mm

⑧ 3cm6mm－2cm5mm＝[1] cm [1] mm

たんいを よく 見て 計算しよう。

2 6cmの リボンと 4cmの リボンが あります。合わせると 何cmに なりますか。　教科書 63ページ1

しき [6] cm＋[4] cm＝[10] cm

答え [10] cm

3 はがきの たての 長さは 14cm8mm、よこの 長さは 10cmです。たてと よこの 長さの ちがいは 何cm何mmですか。　教科書 63ページ1

しき [14] cm [8] mm－[10] cm＝[4] cm [8] mm

答え [4] cm [8] mm

ぴったり2

❶ たんいを つかうと、だれでも 同じように 長さを 数で あらわす ことが できます。

❷ 1目もりは 1mmを あらわして いて、左はしが 0です。やじるしの さす 目もりを、正しく 読みとりましょう。

❸ ものさしの 左はしを 線の 左はしに 合わせて、正しく はかりましょう。

❹ cmの 数が 大きい ほうが 長い ことに なります。cmが 同じ ときは mmの 数の 大きさで くらべます。

❺ ものさしを つかって、正しい 長さの 直線を ひきましょう。

ぴったり2

❶

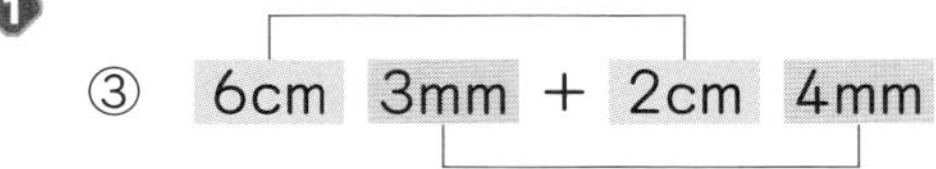

③ 6cm 3mm ＋ 2cm 4mm

cmと mmが 入った 長さの 計算は、同じ たんいの 数どうしを 計算します。

②⑤⑥ とくに、同じ たんいの 数どうしで 計算する ことを いしきしましょう。

❸ ちがいを しらべるので、ひき算を します。同じ たんいの 数どうしを 計算します。長いほう(たての 長さ)から、みじかいほう(よこの 長さ)を ひきます。

ぴったり3 22~23ページ

知識・技能 /100点

❶ ( )に あてはまる たんいを 書きましょう。 1つ4点(12点)

① 教科書の あつさ……9 (mm)
② えんぴつキャップの 長さ……3 (cm)
③ つくえの よこの 長さ……68 (cm)

❷ よく出る ものさしの 左の はしから ア、イ、ウ、エの ↓までの 長さは、それぞれ どれだけですか。 1つ5点(20点)

ア(3mm) イ(3cm6mm)
ウ(8cm1mm) エ(10cm7mm)

❸ よく出る つぎの 直線の 長さを はかりましょう。 1つ4点(12点)

① (4cm)
② (9cm5mm)
③ (11cm3mm)

❹ 長い じゅんに 書きましょう。 1だい7点(14点)

① 5cm 48mm 53mm 4cm7mm
(53mm、5cm、48mm、4cm7mm)

② 2cm8mm 32mm 8cm2mm 50mm
(8cm2mm、50mm、32mm、2cm8mm)

❺ よく出る □に あてはまる 数を 書きましょう。 1だい4点(16点)

① 3cm=30 mm
② 7cm4mm=74 mm
③ 67mm=6 cm 7 mm
④ 102mm=10 cm 2 mm

❻ よく出る つぎの 長さの 直線を ひきましょう。 1つ5点(10点)

① 6cm
② 11cm2mm

❼ よく出る 計算を しましょう。 1つ4点(16点)

① 2cm5mm+7cm 9cm5mm
② 3cm4mm+8cm2mm 11cm6mm
③ 9cm6mm−3mm 9cm3mm
④ 6cm7mm−1cm1mm 5cm6mm

ぴったり3

❶ どれくらいの 長さかを 考えて、ちょうど よい たんいを 答えます。

❷ 1目もりは 1mmです。

❸ ものさしを つかって、きちんと はかります。1、2mmの ちがいは かまいません。

❹ 長さを くらべる ときは、cmか mmの どちらかの たんいに 合わせてから くらべます。cmを mmに する ときは、1cm=10mmを もとにして 考えましょう。

①cmにそろえると、左から、5cm、4cm8mm、5cm3mm、4cm7mmです。mmで そろえると、左から、50mm、48mm、53mm、47mmと なります。

②cmにそろえると、左から、2cm8mm、3cm2mm、8cm2mm、5cmです。mmで そろえると、左から、28mm、32mm、82mm、50mmと なります。

❺ 1cm=10mmです。

③67mm=60mm+7mmと 考えます。
60mm=6cmなので、
67mm=6cm7mm

④102mmを 100mmと 2mmに 分けます。
100mmは 10mm(=1cm)の 10こ分なので、
100mm=10cmです。

❻ ものさしを つかって 直線を ひく ときは、ものさしを しっかりと おさえ、とちゅうで ずれないように しましょう。

❼ cmと mmが 入った 長さの 計算は、同じ たんいの 数どうしを 計算します。

おうちのかたへ

長さの単位を使って、いくつ分で長さを表すことが理解できているでしょうか。同じ考えで、今後はかさの単位も学習します。つまずいたところをしっかり確かめておきましょう。

ぴったり1 24ページ

つぎの □に あてはまる 数を 書きましょう。

ねらい 100より大きい数を数字であらわせるようにしよう。 れんしゅう 1～4

100より 大きい 数の あらわし方

100を 2こ あつめた 数を 200と 書いて、二百と 読みます。

200と 30と 7を 合わせた 数を 237と 書いて、二百三十七と 読みます。

1 おり紙の 数を 数字で 書きましょう。

(1) (2)

とき方 100や 10や 1が、いくつ あるかを 考えます。

(1) 100が 1こ、10が 2こ、1が 3こで 123(まい)

(2) 100が 2こ、10が 1こ、1が 4こで 214(まい)

2 つぎの 数を 数字で 書きましょう。

(1) 四百七　(2) 五百四十六

とき方 (1) 400と 7を 合わせた 数は、407です。

(2) 500と 40と 6を 合わせた 数は、546です。

3 380は、10を いくつ あつめた 数ですか。

とき方 100は、10を 10こ あつめた 数です。

380 ─ 300は 10が ①30こ ─ 10が ③38こ
　　 ─ 80は 10が ②8こ

ぴったり2 25ページ

❶ つぎの 数を 読んで、かん字で 書きましょう。 教科書 70ページ2

① 132　② 560　③ 906

(百三十二)　(五百六十)　(九百六)

❷ つぎの 数を 数字で 書きましょう。 教科書 70ページ2

① 百四十五　② 八百九十　③ 七百四

(145)　(890)　(704)

❸ つぎの 数を 数字で 書きましょう。 教科書 70ページ2

① 100を 3こ、10を 4こ、1を 8こ 合わせた 数 (348)

② 100を 6こと、10を 5こ 合わせた 数 (650)

まちがいちゅうい

③ 百のくらいの 数字が 7で、十のくらいの 数字が 0で、一のくらいの 数字が 9の 数 (709)

よくよんで

❹ □に あてはまる 数を 書きましょう。 教科書 70ページ2、72ページ3、73ページ4

① 572は 100を 5こ、10を 7こ、1を 2こ 合わせた 数です。

② 10を 54こ あつめた 数は 540です。

③ 820は 10を 82こ あつめた 数です。

④ 600は 10を 60こ あつめた 数です。

10を 10こ あつめると 100だね。

ぴったり1 26ページ

つぎの □に あてはまる 数や きごうを 書きましょう。

ねらい 1000までの数の大小をくらべることができるようにしよう。 れんしゅう 1 2 3

数の 大小

>、<を つかって、数の 大小を あらわします。

534>462　534<551

大 > 小　小 < 大

1 359と 371の 大きさを くらべて、>か <を 書きましょう。

とき方 百のくらいの 数字は どちらも 3で 同じです。十のくらいの 数字は 5と 7だから、359 < 371

3	5	9
3	7	1

ねらい 1000という数や、1000までの数のならび方がわかるようにしよう。 れんしゅう 4

千

100を 10こ あつめた 数を 1000と 書いて、千と 読みます。

0 100 200 300 400 500 600 700 800 900 1000

2 つぎの 数を 数字で 書きましょう。

(1) 1000より 200 小さい 数

(2) 700より 300 大きい 数

1000は 10を いくつ あつめた 数かな。

とき方 数の線で 考えます。

0 100 200 300 400 500 600 700 800 900 1000

(1) 200 小さい　(2) 300 大きい

1目もりが 100なので、

(1)は 800、(2)は 1000です。

ぴったり2 27ページ

❶ 下の 数の線で、270を あらわす 目もりに ↑を 書きましょう。 教科書 74ページ5

0 100 200 300 400 500 600

❷ 2つの 数の 大きさを くらべて、□に >か <を 書きましょう。 教科書 75ページ6

① 701 > 699

② 528 < 533

③ 342 > 324

数の 大きさを くらべる ときは、上の くらいの 数字から じゅんに くらべよう。

❸ 420を いろいろな 見方で あらわしました。□に あてはまる 数を 書きましょう。 教科書 76ページ7

① 420は 100を 4こと、10を 2こ 合わせた 数です。

② 420は 10を 42こ あつめた 数です。

③ 420は 400より 20 大きい 数です。

④ 420は 500より 80 小さい 数です。

しきで 420=400+20と あらわす ことも できるよ。

❹ □に あてはまる 数を 書きましょう。 教科書 77ページ1

① 100を 10こ あつめた 数は 1000です。

② 10を 100こ あつめると 1000に なります。

ぴったり2（24・25ページ）

❶ ②一のくらいは 0なので 読みません。

③十のくらいは 0なので 読みません。

❷ ③七百四を 7004と 書いて しまう まちがいが みられます。数字が 0に なるのは 十のくらいだけです。まちがえないように しましょう。

❸ ①100が 3こで 300、10が 4こで 40です。それに 1を 8こ 合わせた 数です。

❹ ②10を 50こ あつめた 数は 500、10を 4こ あつめた 数は 40です。

③800は 10を 80こ、20は 10を 2こ あつめた 数です。

ぴったり2（26・27ページ）

❶ 数の線の 1目もりの 大きさが 10に なって います。

❷ ①は 百のくらいを くらべて、7>6

②は 十のくらいを くらべて、2<3

③は 十のくらいを くらべて、4>2

❸ ②一のくらいが 0の 数は、10の いくつ分と 見ることが できます。

❹ 数の線を 見て、1000に ついて しらべて みましょう。

しあげの5分レッスン

数の 大きさを くらべる ときは、上の くらいから じゅんに くらべよう。

ぴったり1　28ページ

つぎの □に あてはまる 数を 書きましょう。

ねらい (何十)+(何十)の計算ができるようにしよう。

70+40の 計算の しかた
10の いくつ分で 考えます。
70 + 40 = 110

1 計算を しましょう。
(1) 50+80　(2) 90+30

とき方 10が 何こに なるかで 計算します。
(1) 10が 5こと 10が 8こを たして、130
(2) 10が 9こと 10が 3こを たして、120

ねらい (百何十)−(何十)の計算ができるようにしよう。

120−50の 計算の しかた
たし算と 同じように、10の いくつ分で 考えます。
120 − 50 = 70

2 計算を しましょう。
(1) 110−60　(2) 140−90

とき方 10が 何こに なるかで 計算します。
(1) 10が 11こから 10が 6こを ひいて、50
(2) 10が 14こから 10が 9こを ひいて、50

ぴったり2　29ページ

1 計算を しましょう。
① 50+60 110　② 90+70 160
③ 80+40 120　④ 30+80 110
⑤ 20+90 110　⑥ 60+70 130
⑦ 120−40 80　⑧ 150−80 70
⑨ 160−70 90　⑩ 110−40 70
⑪ 130−50 80　⑫ 180−90 90

2 80円の ジュースと 90円の パンを 買います。合わせて 何円に なりますか。
しき 80+90=170
答え（170円）

3 150円 もって います。文ぼうぐやで 70円の シールを 買うと、のこりは 何円ですか。
しき 150−70=80
答え（80円）

ぴったり3　30〜31ページ

知識・技能

1 おり紙の 数を 数字で 書きましょう。
① 423まい
② 604まい

2 つぎの 数を 数字で 書きましょう。
① 三百二十五（325）② 七百四十（740）③ 九百二（902）
④ 100を 9こ、10を 2こ、1を 8こ 合わせた 数（928）
⑤ 100を 5こと、1を 7こ 合わせた 数（507）
⑥ 10を 63こ あつめた 数（630）
⑦ 600より 400 大きい 数（1000）
⑧ 1000より 100 小さい 数（900）

3 つぎの 数は 10を いくつ あつめた 数ですか。
① 180（18）② 600（60）③ 1000（100）

4 下の 数の線で、つぎの ア、イ、ウを あらわす 目もりに ↑を 書きましょう。
(れい)993　ア 991　イ 995　ウ 999

5 計算を しましょう。
① 80+60 140　② 50+70 120　③ 90+40 130
④ 110−30 80　⑤ 150−70 80　⑥ 170−80 90

6 340を いろいろな 見方で あらわします。□に あてはまる 数を 書きましょう。
① 340は 10を 34こ あつめた 数です。
② 340は 300より 40 大きい 数です。
③ 340は 400より 60 小さい 数です。

7 2つの 数を くらべて、□に ＞か ＜を 書きましょう。
① 352 < 369　② 428 > 426　③ 389 < 398

思考・判断・表現

8 左の カードの 数の ほうが 大きく なるように します。0から 9までの 中で、□に あてはまる 数字を ぜんぶ 書きましょう。
① 264 ＞ 2□3（0、1、2、3、4、5、6）
② 738 ＞ □42（1、2、3、4、5、6）

ぴったり2

1 (何十)+(何十)や (百何十)−(何十)のような 計算は、これまでの 計算が つかえるように、10の いくつ分で 考えます。

2 「合わせて」なので、たし算を します。

3 「のこり」を もとめるので、ひき算を します。

しあげの5分レッスン
あたらしい 計算も、これまでの 計算を つかって とけないかを 考える ことが たいせつだね。

ぴったり3

1 ②100の たばが 6つで 600まい、ばらが 4まい あります。10の たばが ない ことに ちゅういしましょう。

2 ③十のくらいの 読みが ないので、十のくらいは 0を 書きます。

4 990から 1000の 間が 10に 分かれているので、1目もりの 大きさは 1です。

5 ①10が 8こと 6こで 合わせて 14こなので、140です。

7 ①③は 十のくらい、②は 一のくらいを くらべます。

8 ①一のくらいの 数字は 左の カードの ほうが 大きいので、6か 6より 小さい 数字に なるように します。
②十のくらいの 数字は 右の カードの ほうが 大きいので、百のくらいの 数字は 7より 小さく なるように します。ただし、0は 百のくらいの 数字には なりません。

活用 読みとる力を のばそう　友だちの 家は どこかな

32～33ページ

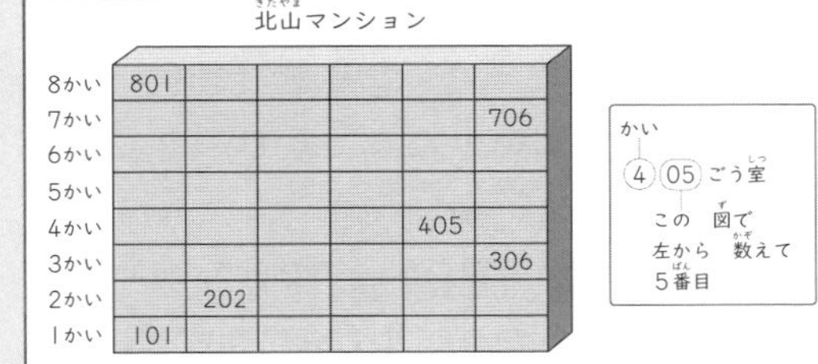

北山マンション
8かい 7かい 6かい 5かい 4かい 3かい 2かい 1かい
801
706
405
306
202
101
かい
4 05 ごう室
この 図で
左から 数えて
5番目

ゆうたさんの 家は、405ごう室で、4かいの 左から 5番目に あります。
さやかさんの 家は、5かいの 左から 2番目に あります。
しゅんさんの 家は、306ごう室の ま下に あります。
みきさんの 家の となりは、606ごう室です。
りょうたさんの 家は、さやかさんの 家の 3かい 下で、1つ 左の へやです。

❶ さやかさんの 家は、 502 ごう室です。

❷ しゅんさんの 家は、 2 かいの 左から 6 番目なので 206 ごう室です。

606ごう室は 右はしなので…

❸ みきさんの 家は、 605 ごう室です。

よくよんで
❹ りょうたさんの 家は、さやかさんの 家の 3かい 下なので 2 かいで、1つ 左の へやなので 201 ごう室です。

文ぼうぐ入れ

11	12			15
21		23		
51				55

上から 数えて 2番目
2 3
左から 数えて 3番目

番ごうの ついた 文ぼうぐ入れが あります。

❺ えんぴつは、上から 2番目の 左から 4番目に 入って います。番ごうは いくつですか。
(24)

❻ けしゴムは、24番の ま上に 入って います。番ごうは いくつですか。
(14)

よくよんで
❼ ノートは、12番の 2つ 下で、1つ 左に 入って います。番ごうは いくつですか。
(31)

❽ クレヨンの となりは、45番です。クレヨンの 番ごうは いくつですか。
(44)

45番は 右はしだから…

プログラミングにちょうせん！

34～35ページ

❶ つぎの めいれいカードを 組み合わせて、 車を すすめます。

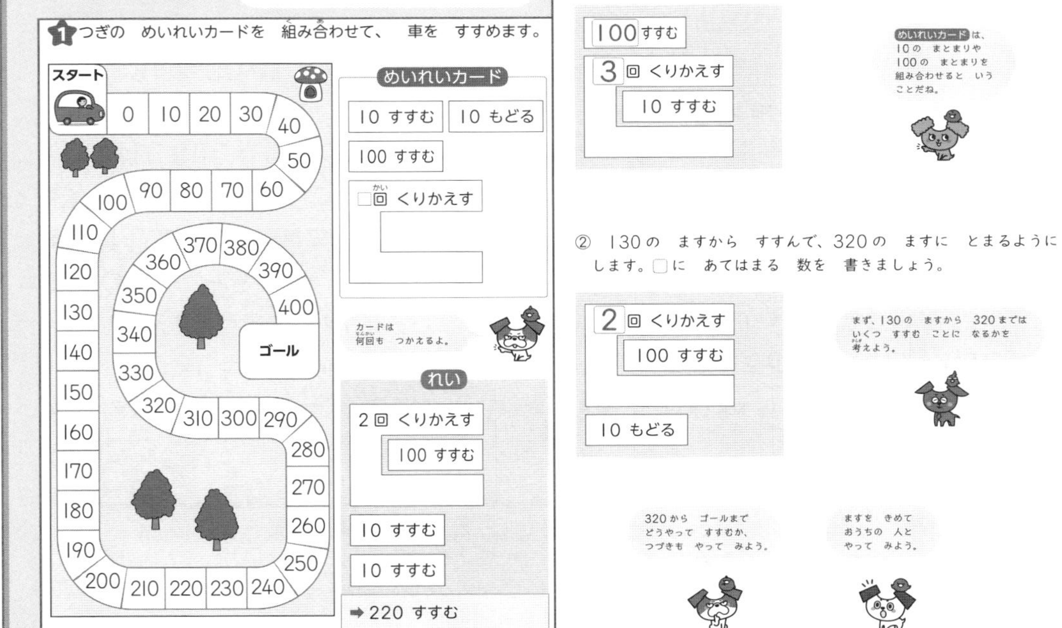

スタート
0 10 20 30 40 50 60 70 80 90 100 110 120 130 140 150 160 170 180 190 200 210 220 230 240 250 260 270 280 290 300 310 320 330 340 350 360 370 380 390 400
ゴール
めいれいカード
10 すすむ
10 もどる
100 すすむ
□回 くりかえす
カードは 何回も つかえるよ。
れい
2回 くりかえす
100 すすむ
10 すすむ
10 すすむ
➡220 すすむ
① スタートから 130の ますに とまるように します。□に あてはまる 数を 書きましょう。
100 すすむ
3 回 くりかえす
10 すすむ
めいれいカードは、10の まとまりや 100の まとまりを 組み合わせると いうことだね。
② 130の ますから すすんで、320の ますに とまるように します。□に あてはまる 数を 書きましょう。
2 回 くりかえす
100 すすむ
10 もどる
まず、130の ますから 320までは いくつ すすむ ことに なるかを 考えよう。
320から ゴールまで どうやって すすむか、つづきも やって みよう。
ますを きめて おうちの 人と やって みよう。

❷ 306ごう室は 3かいの 左から 6番目です。しゅんさんの 家は、その ま下なので、2かいの 左から 6番目に なります。

❸ となりは ふつう 右どなり、左どなりの 2つが ありますが、606ごう室は 右はしなので、となりの 家は 605ごう室だけです。

❹ さやかさんの 家は、❶から 502ごう室です。 その 3かい 下は 202ごう室で、その 1つ 左は 201ごう室です。

❺ 上から 2番目なので 十のくらいは 2、左から 4番目なので 一のくらいは 4です。

❻ 1つ 上は、十のくらいが 1 へって 1、一のくらいは そのまま 4なので、14です。

❼ 2つ 下なので 十のくらいは 2 ふえて 1+2=3、1つ 左なので 一のくらいは 1 へって 2−1=1 なので、31と なります。

❽ 45番は 一番 右なので、となりは 44番しか ありません。

❶ めいれいカードを 組み合わせると、何十や 何百を つくる ことが できる しくみに なって います。

①カードを しきに すると、
100+10+10+10=130 と なります。

②130の ますから 320の ますまでは、320−130=190で、190 すすむように 考えます。
カードを しきに すると、
100+100−10=190 と なります。

しあげの5分レッスン
どの ますに とまるか、べつの もんだいも つくって やって みよう。

ぴったり1　36ページ

つぎの □に あてはまる 数を 書きましょう。

ねらい かさのたんい dL(デシリットル)をおぼえよう。　れんしゅう 1～4

dL(デシリットル)
かさの　たんいには　デシリットルが　あり、dLと　書きます。　1dL

1 水とうに　入る　水の　かさは、何dLですか。(1)　(2)
かさも、たんいの いくつ分で 考えよう。

とき方 (1)　1dLますの　4つ分なので、4 dLです。
(2)　1dLますの　7 つ分なので、7 dLです。

ねらい かさのたんい L(リットル)と mL(ミリリットル)をおぼえよう。　れんしゅう 2 3 4

L(リットル)
大きな　かさの　たんいには　リットルが　あり、Lと　書きます。　1L
1L=10dL
1Lますの 1目もりは 1dLだね。

mL(ミリリットル)
dLより　小さい　たんいには　ミリリットルが　あり、mLと　書きます。　1mL
1L=1000mL　1dL=100mL

2 バケツに　入る　水の　かさは、何Lですか。また、何mLですか。

とき方 1Lますの　5つ分なので、5 Lです。
また、1L= 1000 mLなので、5000mLです。

ぴったり2　37ページ

1 水の　かさは　何dLですか。　教科書 85ページ 1
①（3dL）　②（6dL）　③（9dL）

よくよんで
2 水の　かさは　どれだけですか。あと　いの　あらわし方で　答えましょう。　教科書 85ページ 1、88ページ 2
①　あ 1 L 6 dL　い 16 dL
②　あ 2 L 3 dL　い 23 dL

まちがいちゅうい
3 □に　あてはまる　>か　<を　書きましょう。　教科書 88ページ 2、91ページ 4
① 15dL > 1L3dL　② 12dL < 2L
③ 1L > 900mL　④ 200mL < 7dL

よくよんで
4 水が、大きな　入れものには　2L8dL、小さな　入れものには　7dL　入ります。大きな　入れものには、小さな　入れものより　水が　どれだけ　多く　入りますか。　教科書 92ページ 5
しき　2L8dL−7dL=2L1dL　答え（2L1dL）

ぴったり3　38〜39ページ

知識・技能　／70点

1（　）に　あてはまる　たんいを　書きましょう。　1つ4点(12点)
① やかんに　入る　水の　かさ　2（L）
② コップに　入る　水の　かさ　3（dL）
③ ジュースの　かんに　入る　水の　かさ　350（mL）

2 よく出る 2つの　水とうに　入る　水の　かさを、1dLますで　はかりました。　1つ4点(20点)
①　それぞれ　何dLの　水が　入りますか。　あ（5dL）　い（7dL）
②　それぞれの　水とうの　水を　合わせると、何dLに　なりますか。また、それは　何L何dLですか。（12dL）（1L2dL）
③　2つの　水とうに　入る　水の　かさの　ちがいは、何dLですか。（2dL）

3 よく出る つぎの　かさだけ　色を　ぬりましょう。　1つ4点(8点)
① 5dL　② 1L8dL

4 よく出る □に　あてはまる　>か　<を　書きましょう。　1つ5点(10点)
① 1L8dL < 2L　② 3L > 3dL

5 計算を　しましょう。　1つ5点(20点)
① 2L+9L　11L　② 1L9dL+2L　3L9dL
③ 16dL−7dL　9dL　④ 3L6dL−6dL　3L

思考・判断・表現　／30点

6 ジュースを、ゆみさんが　6dL、ゆうたさんが　7dL　のみました。ちがいは　何dLですか。　しき・答え 1つ5点(10点)
しき　7dL−6dL=1dL　答え（1dL）

7 大きな　花びんには　1L5dLの　水が　入り、小さな　花びんには　4dLの　水が　入ります。　しき・答え 1つ5点(20点)
①　合わせて　水が　何L何dL　入りますか。
しき　1L5dL+4dL=1L9dL　答え（1L9dL）
②　大きな　花びんには、小さな　花びんより　水が　どれだけ　多く　入りますか。
しき　1L5dL−4dL=1L1dL　答え（1L1dL）

ぴったり2

1 1dLますの　いくつ分かを　考えます。

2 1L=10dLを　つかって、2つの　あらわし方で　かさを　あらわします。

3 ①15dL=1L5dL　または　1L3dL=13dLで　考えましょう。>、<の　きごうは　大きいほうに　ひらいて　いるように　書きます。
③1L=1000mLで　考えましょう。
④7dL=700mLで　考えましょう。

4 ちがいを　しらべるので、ひき算を　します。同じ　たんいどうしを　計算します。

しあげの5分レッスン
かさの　ことを　「体せき」とも　いうよ。おぼえて　おこう。

ぴったり3

2 ②5dL+7dL=12dL
10dL=1Lなので、
12dL=1L2dL
③7dL−5dL=2dL

3 1Lますの　1目もりは　1dLです。

4 たんいを　そろえて　くらべましょう。
①1L8dL=18dL　2L=20dLです。
②3L=30dLです。

5 同じ　たんいどうしを　計算します。

6 ちがいを　しらべるので、ひき算を　します。6dL−7dL=1dLと　書かないように　気を　つけましょう。

7 ②かさが　多い　ほうから　少ない　ほうを　ひきます。

しあげの5分レッスン
1L=10dL、1L=1000mLだから、1dL=100mLと　いう　ことも　おぼえて　おこう。

⑦時こくと 時間

ぴったり1 40ページ

つぎの □に あてはまる 数や ことばを 書きましょう。

ねらい 時間のもとめ方がわかるようにしよう。 れんしゅう ①②③

時間の もとめ方

○9時や 9時30分は、時こくです。

○時こくと 時こくの 間の 長さが、時間です。

○長い はりが 1まわりする 時間は、

1時間＝60分

1 9時から 9時40分までの 時間は、何分ですか。

とき方 右の 図のように、長い はりが 12から 8 まで うごく 時間なので、40 分です。

ねらい 1日の時こくと時間のあらわし方がわかるようにしよう。 れんしゅう ①④

1日の 時こくと 時間

○昼の 12時を 正午と いいます。

○夜の 12時から 正午までを 午前、正午から 夜の 12時までを 午後と いいます。 1日＝24時間

2 下の 時計が あらわす 時こくを、午前、午後を つかって 書きましょう。

とき方 朝は 午前です。

おきた 時こくは、午前6時10分

夜 ねた 時こくは、午後8時45分

ぴったり2 41ページ

1 □に あてはまる 数を 書きましょう。 教科書 97ページ2、98ページ3

① 1日＝ 24 時間　② 1時間＝ 60 分

③ 午前は 12 時間、午後は 12 時間 あります。

2 6時20分から 7時までの 時間は、何分ですか。 教科書 96ページ1、97ページ2

（40分）

3 下の 時計は、たくとさんが 家を 出た 時こくと、公園に ついた 時こくを あらわして います。 教科書 96ページ1、97ページ2

① 家を 出たのは、何時何分ですか。 （2時20分）

② 公園に ついたのは、何時何分ですか。 （2時40分）

③ 家を 出てから 公園に つくまでの 時間は 何分ですか。 （20分）

4 朝 家を 出た 時こくと、夜 おふろに 入った 時こくは、それぞれ 何時何分ですか。午前、午後を つかって 書きましょう。 教科書 98ページ3

①（午前7時30分）

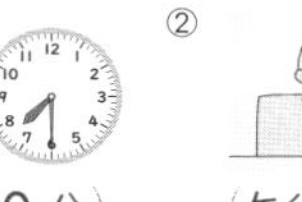

②（午後8時30分）

ぴったり1 42ページ

つぎの □に あてはまる 数を 書きましょう。

ねらい 長い時間がもとめられるようにしよう。 れんしゅう ①

時間の もとめ方

午前9時から 午後2時までの 時間は、午前9時から 正午までが 3時間、正午から 午後2時までが 2時間なので、3+2=5で、5時間です

1 午後8時から 午前5時までの 時間を もとめましょう。

とき方 午後8時から 午前0時までの 時間は 4 時間、午前0時から 午前5時までの 時間は 5 時間なので、合わせて 9 時間です。

午前0時までの 時間と 午前0時からの 時間に 分けて 考えよう。

ねらい 時こくがもとめられるようにしよう。 れんしゅう ②③

時こくの もとめ方

午前9時40分から 15分 たった 時こくは、時計の 長い はりを 15分 すすめると 午前9時55分 です。

午前、午後を わすれないでね。

2 午後3時50分の 30分前の 時こくを もとめましょう。

とき方 午後3時50分の 30分前は、午後 3 時 20 分です。

ぴったり2 43ページ

1 ゆりあさんは、ゆう園地に あそびに 行きました。ゆう園地には、午前10時から 午後3時まで いました。ゆう園地に いた 時間は、何時間ですか。 教科書 98ページ3

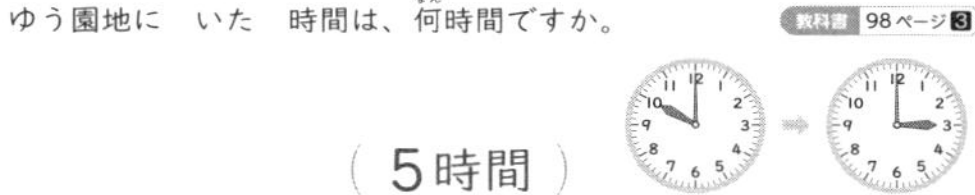

（5時間）

2 ちかさんは、どうぶつ園に 行くために 午前8時に 家を 出ました。 教科書 100ページ4

よくよんで

① 家を 出る 50分前に 朝ごはんを 食べはじめました。食べはじめた 時こくは、午前何時何分ですか。 （午前7時10分）

② 家を 出る 15分前に はを みがきおわりました。はを みがきおわった 時こくは、午前何時何分ですか。 （午前7時45分）

③ 家を 出て 20分後に バスに のりました。バスに のった 時こくは、午前何時何分ですか。 （午前8時20分）

3 けんとさんは 午前11時に プールに 出かけて、2時間後に 帰って きました。帰って きた 時こくは 何時ですか。 教科書 100ページ5

（午後1時）

ぴったり2

❶ ①③ 午前は 12時間、午後は 12時間で、1日は 午前と 午後を 合わせた 24時間です。

❷ 長い はりが 40目もり すすむ ので、40分です。

❸ 時計の 長い はりが 1目もり すすむ 時間は 1分です。
③長い はりが 4から 8まで、20目もり すすんで いるので、20分です。

❹ ①朝の 7時30分は、午前7時30分です。
②夜の 8時30分は、午後8時30分です。

しあげの5分レッスン
ふだんの 生活の 中で、ごはんを 食べて いた 時間や、家に 帰って きた 時こくを ふりかえって みよう。

ぴったり2

❶ 午前10時から 正午までの 時間と、正午から 午後3時までの 時間に 分けて 考えて、さいごに りょう方の 時間を たします。
午前10時から 正午までは 2時間、正午から 午後3時までは 3時間なので、合わせて 5時間です。

❷ ①長い はりが 50目もり もどるので、午前7時10分です。
②長い はりが 15目もり もどるので、午前7時45分です。

❸ 午前11時から 2時間後は、午前11時から 正午までが 1時間で、正午から 1時間後の 午後1時です。

しあげの5分レッスン
午前何時から 午後何時までの 時間は、正午までの 時間と 正午からの 時間 を たそう。

ぴったり3　44～45ページ

知識・技能　／76点

1 （　）に　あてはまる　ことばを　書きましょう。　1つ5点(15点)

① へやの　そうじを　して　いた　時間…………25（ 分 ）

② はを　みがく　時間……………………3（ 分 ）

③ 1日に　ねる　時間……………………9（ 時間 ）

2 （　）に　あてはまる　数を　書きましょう。　1つ5点(25点)

① 1時間は（ 60 ）分です。

② 1日は（ 24 ）時間です。

③ 午前は（ 12 ）時間、午後は（ 12 ）時間　あります。

④ 時計の　みじかい　はりは、1日に（ 2 ）回　まわります。

3 よくでる　□に　あてはまる　数を　書きましょう。　1だい6点(18点)

① 1時間15分＝[75]分　② 1時間50分＝[110]分

③ 80分＝[1]時間[20]分

4 よくでる　時間や　時こくを　答えましょう。　1つ6点(18点)

① 右の　時こくから、午後3時50分までの　時間　＜午後＞

（ 50分 ）

② 右の　時こくから　35分たった　時こく

（午後3時35分）

③ 右の　時こくの　4時間前の　時こく

（ 午前11時 ）

思考・判断・表現　／24点

5 かすみさんは、午前11時から　午後3時まで　おかあさんと　出かけて　いました。出かけて　いた　時間は、何時間ですか。(6点)

（ 4時間 ）

6 しゅうへいさんは、午後2時15分から30分　サッカーの　れんしゅうを　しました。サッカーの　れんしゅうが　おわった時こくは、午後何時何分ですか。(6点)

（午後2時45分）

できたらスゴイ！

7 たくやさんが　にわの　草むしりを　はじめました。40分　したら、ちょうど　正午になりました。たくやさんが　草むしりを　はじめた時こくは、午前何時何分ですか。(6点)

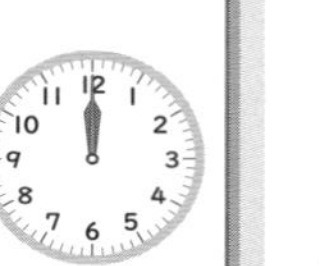

（午前11時20分）

できたらスゴイ！

8 さくらさんは、サイクリングを　2時間20分　して、家に午後4時30分に　帰って　きました。サイクリングに　出かけた時こくは、何時何分ですか。午前、午後を　つかって　答えましょう。(6点)

（午後2時10分）

ぴったり3

2 ④みじかい　はりは、12時間で　1回　まわります。

3 1時間＝60分で　考えます。
①1時間15分＝115分と　しないように　気を　つけましょう。

4 時計は　午後3時を　さして　います。
③時計の　みじかい　はりを　左まわりに　4時間　もどして　いくと、みじかい　はりは　11の　ところに　きます。だから、午前11時です。午前、午後を　まちがえない　ように　しましょう。

5 午前11時から　正午までの　時間と、正午から　午後3時までの　時間に　分けて　考えて、さいごにりょう方の　時間を　たします。午前11時から　正午までは　1時間、正午から　午後3時までは　3時間なので、合わせて　4時間です。

6 午後2時15分から　30分後の時こくなので、長い　はりを　30分　すすめると、午後2時45分です。

7 正午から　40分前の　時こくを　もとめます。正午から　時計の　長いはりを　40分　もどすと、長い　はりは　4の　ところに　きます。だから、午前11時20分です。

8 サイクリングを　はじめたのは、午後4時30分より　2時間20分前という　ことです。午後4時30分の　2時間20分前の　時こくは、午後2時10分です。

おうちのかたへ

時刻や時間がわかるようになることは、生活の中でとても大切です。手伝いをするときなど、時刻や時間を取り入れて会話をしてみてください。

しあげの5分レッスン

自分の　1日の　生活を、時こくや　時間を　つかって　いって　みよう。

ぴったり1　46ページ

つぎの □に あてはまる 数や きごうを 書きましょう。

ねらい 百のくらいにくり上がる、たし算のひっ算ができるようにしよう。 れんしゅう 1～4

百のくらいに　くり上がる　たし算の　ひっ算

十のくらいの　計算が　10いくつに　なった　ときは、百のくらいに　1　くり上げ　ます。

65 + 52 = 117（5+2=7、6+5=11 百のくらいに 1 くり上げる。）

1 つぎの　計算を　ひっ算で　しましょう。

(1) 94+43　(2) 53+55　(3) 83+50　(4) 97+11

とき方　百のくらいに　1　くり上げて　計算します。

(1) 94+43=137　(2) 53+55=108　(3) 83+50=133　(4) 97+11=108

2 つぎの　計算を　ひっ算で　しましょう。

(1) 69+73　(2) 29+76　(3) 48+52　(4) 99+5

とき方　十のくらいと　百のくらいに　1　くり上げて　計算します。

(1) 69+73=142　(2) 29+76=105　(3) 48+52=100　(4) 99+5=104

今までの ひっ算と どこが ちがうかな。

ぴったり2　47ページ

1 計算を　しましょう。（教科書 106ページ1）

① 54+62=116　② 36+81=117　③ 69+90=159　④ 45+74=119　⑤ 94+15=109　⑥ 70+36=106

2 つぎの　計算を　ひっ算で　しましょう。（教科書 109ページ2、111ページ3）

① 67+55=122　② 74+49=123　③ 35+96=131　④ 43+58=101　⑤ 24+76=100　⑥ 8+92=100

よくよんで

3 りかさんは、95円の　ポテトチップスと　34円の　グミを　買います。合わせて　何円ですか。（教科書 106ページ1）

しき　95+34=129

答え（129円）

4 ゆきさんは　本を　きのうは　64ページ、今日は　39ページ　読みました。2日間で　合わせて　何ページ　読みましたか。（教科書 111ページ3）

しき　64+39=103

答え（103ページ）

ぴったり1　48ページ

つぎの □に あてはまる 数を 書きましょう。

ねらい たし算のきまりをりかいして、3つの数のたし算をくふうして計算しよう。 れんしゅう 1 2 3

たし算の　きまり

たし算では、たす　じゅんじょを　かえても　答えは　同じに　なります。

(28+45)+15=88
28+(45+15)=88

（ ）は　ひとまとまりを　あらわし、先に　計算します。

じゅんじょを かえると 計算しやすく なる ことが あるね。

1 29+36+14の　計算を　くふうして　しましょう。

とき方　36+14を　先に　たすと　計算しやすく　なります。

29+(36+14)=29+50=79

（ ）の 中は 先に 計算するよ。

2 くふうして　計算しましょう。

(1) 37+29+23　(2) 58+36+22

とき方　どれと　どれを　先に　たすと　計算しやすく　なるかを　考えます。

(1) 37+29+23=60+29=89
(2) 58+36+22=80+36=116

計算が かんたんに なると、まちがいが 少なくなるのが いいね。

ぴったり2　49ページ

1 くふうして　計算しましょう。（教科書 112ページ1）

① 18+37+23　78　② 61+48+32　141
③ 49+25+5　79　④ 33+59+21　113
⑤ 13+68+7　88　⑥ 27+45+23　95
⑦ 36+28+44　108　⑧ 69+37+11　117

よくよんで

2 おり紙が　3色あります。ぜんぶで　何まい　ありますか。（教科書 112ページ1）

赤	青	黄
27まい	34まい	46まい

しき　27+34+46
=107

答え（107まい）

まちがいちゅうい

3 リサイクルの　ために　3日間で　あつめた　アルミかんは　ぜんぶで　何こですか。（教科書 112ページ1）

おととい	きのう	今日
25こ	38こ	15こ

しき　25+38+15
=78

答え（78こ）

ぴったり2

1 十のくらいの　計算が　10いくつに　なった　ときは、百のくらいに　1　くり上げます。⑤⑥は、十のくらいが　0に　なるので　ちゅういしましょう。

2 ひっ算は、くらいを　たてに　そろえて　計算します。一のくらいも　十のくらいも　くり上がる　計算なので、くり上げた　1を　たしわすれないように　しましょう。

3 ひっ算は、右のように　なります。合わせる　たし算なので、しきは、34+95=129でも　かまいません。

$$\begin{array}{r} 95 \\ +34 \\ \hline 129 \end{array}$$

4 ひっ算は、右のように　なります。合わせる　たし算なので、しきは、39+64=103でも　かまいません。

$$\begin{array}{r} 64 \\ +39 \\ \hline 103 \end{array}$$

しあげの5分レッスン
くり上がりが　ある　ときは、くり上げた　1を　小さく　書いて　おこう。

ぴったり2

1 ①18+(37+23)=18+60=78
じゅんじょを　かえると、計算しやすく　なります。3つの　数の　うち、たすと　何十に　なる　組み合わせを　見つけましょう。

2 27+(34+46)=27+80=107
じゅんじょを　かえて、計算を　かんたんに　する　ことが　できます。

3 じゅんじょを　かえて、25+15を　先に　すると、計算が　かんたんに　なります。

しあげの5分レッスン
計算を　かんたんに　する　くふうを　いつも　考えるように　しよう。

ぴったり1　50ページ

つぎの □に あてはまる 数や きごうを 書きましょう。

ねらい　百のくらいの1をくり下げる、ひき算のひっ算ができるようにしよう。　れんしゅう ①～④

百のくらいの 1を くり下げる ひき算の ひっ算

十のくらいが ひけない ときは 百のくらいから 1 くり下げて 計算します。

149 − 72 → 149 − 72 = 77

1 計算を しましょう。 (1) 126−35　(2) 115−85　(3) 103−92

とき方　百のくらいの 1を くり下げて 計算します。

(1) 126 − 35 = 91　(2) 115 − 85 = 30　(3) 103 − 92 = 11

2 計算を しましょう。(1) 156−68　(2) 106−37

とき方　(1) 十のくらいと 百のくらいから 1 くり下げます。

156 − 68：①8 ②16−8=③8 → 156 − 68 = ④88、⑤14−6=⑥8

(2) 十のくらいが 0で くり下げられない ときは、百のくらいの 1を くり下げて 計算します。

106 − 37：⑦9 ⑧16−7=⑨9 → 106 − 37 = ⑩69、⑪9−3=⑫6

ぴったり2　51ページ

1 計算を しましょう。

① 157 − 75 = 82　② 173 − 90 = 83　③ 125 − 94 = 31

④ 148 − 78 = 70　⑤ 107 − 96 = 11　⑥ 103 − 81 = 22

2 つぎの 計算を ひっ算で しましょう。

① 132−83 = 49　② 185−97 = 88　③ 140−54 = 86

④ 104−75 = 29　⑤ 102−5 = 97　⑥ 100−18 = 82

3 あきかんを 先月は 98こ、今月は 120こ あつめました。今月は 先月より 何こ 多く あつめましたか。

しき　120−98=22　　答え（22こ）

4 牛が 86頭、ひつじが 102頭 います。牛と ひつじの 数の ちがいは 何頭ですか。

しき　102−86=16　　答え（16頭）

ぴったり1　52ページ

つぎの □に あてはまる 数や きごうを 書きましょう。

ねらい　大きな数のたし算のひっ算ができるようにしよう。　れんしゅう ①②③

大きな 数の たし算

大きな 数の たし算も くらいを たてに そろえて、一のくらいから じゅんに 計算します。

324 + 37 → 1 → 61 → 361

1 つぎの 計算を ひっ算で しましょう。 (1) 504+59　(2) 43+618　(3) 367+4

とき方　一のくらいから じゅんに 計算します。

(1) 504 + 59 = 563　(2) 43 + 618 = 661　(3) 367 + 4 = 371

ねらい　大きな数のひき算のひっ算ができるようにしよう。　れんしゅう ①②④

大きな 数の ひき算

大きな 数の ひき算も くらいを たてに そろえて、一のくらいから じゅんに 計算します。

482 − 25 → 7 → 57 → 457

2 つぎの 計算を ひっ算で しましょう。 (1) 456−37　(2) 332−27　(3) 694−7

とき方　(1) 456 − 37 = 419　(2) 332 − 27 = 305　(3) 694 − 7 = 687

ぴったり2　53ページ

1 計算を しましょう。

① 318 + 56 = 374　② 38 + 254 = 292　③ 7 + 619 = 626

④ 874 − 26 = 848　⑤ 473 − 58 = 415　⑥ 291 − 6 = 285

2 つぎの 計算を ひっ算で しましょう。

① 645+29 = 674　② 46+527 = 573　③ 819+9 = 828

④ 698−79 = 619　⑤ 543−39 = 504　⑥ 812−5 = 807

3 シールが 318まい あります。54まい もらいました。合わせて 何まい ありますか。

しき　318+54=372　　答え（372まい）

4 クッキーを 345こ 売って います。38こ 売れました。のこりは 何こですか。

しき　345−38=307　　答え（307こ）

ぴったり2（50・51ページ）

❶ くり下がりが 1回 ある ひき算です。

④一のくらいの 計算は 8−8=0なので、0を 書きます。

❷ くり下がりが 2回 ある 計算です。

④～⑥ひかれる数の 十のくらいが 0なので、はじめに 百のくらいの 1を くり下げて、つぎに 十のくらいから 1 くり下げて、一のくらいの 計算を します。

❸ もんだい文に 出て きた じゅんに、しきを 98−120=22と しないように ちゅういしましょう。

$$\begin{array}{r}120\\-\ 98\\\hline 22\end{array}$$

❹ 数の ちがいは ひき算で もとめます。ひっ算は、右のように なります。

$$\begin{array}{r}102\\-\ 86\\\hline 16\end{array}$$

しあげの5分レッスン

くり下がりが ある ひき算は、くり下げたあとの 数を 小さく 書いて おくと わすれないよ。

ぴったり2（52・53ページ）

❶ ①～③くり上がりの 1を たしわすれないように しましょう。

④～⑥十のくらいから 1 くり下げて 計算します。くり下げたあと、十のくらいの 数は 1 へって いる ことを わすれずに 計算しましょう。

❷ ①～③一のくらいが 10いくつになったら 十のくらいに 1 くり上げます。

④～⑥一のくらいは、十のくらいから 1 くり下げて 計算します。

❸ 「合わせて」は、たし算です。ふえた 数を もとめるので、318+54に なります。

❹ 「のこりは」は、ひき算です。

しあげの5分レッスン

大きな 数の たし算や ひき算も、ひっ算では くらいを そろえて 一のくらいから 計算しよう。

ぴったり3　54～55ページ

知識・技能　／64点

1 よくでる つぎの 計算を ひっ算で しましょう。　1つ4点(24点)

① 44+75　$44+75=119$
② 93+76　$93+76=169$
③ 87+49　$87+49=136$
④ 54+76　$54+76=130$
⑤ 71+29　$71+29=100$
⑥ 4+96　$4+96=100$

2 よくでる つぎの 計算を ひっ算で しましょう。　1つ4点(24点)

① 176−85　$176-85=91$
② 145−87　$145-87=58$
③ 105−62　$105-62=43$
④ 160−93　$160-93=67$
⑤ 106−28　$106-28=78$
⑥ 100−7　$100-7=93$

3 計算の まちがいを 見つけて、正しく 計算しましょう。　1つ4点(8点)

① 47+635　（47+635=672）→ $47+635=682$
② 452−49　（452−49=417）→ $452-49=403$

4 くふうして 計算しましょう。　1つ4点(8点)

① 19+26+24　69　② 25+57+43　125

思考・判断・表現　／36点

5 西小学校の 2年生は 95人です。東小学校の 2年生は、それより 13人 多いそうです。東小学校の 2年生は 何人ですか。　しき・ひっ算・答え 1つ4点(12点)

しき　95+13=108　ひっ算　$95+13=108$

答え（108人）

6 よくでる れんさんは シールを 97まい もって います。りかさんは 105まい もって います。どちらが 何まい 多く もって いますか。　しき・ひっ算・答え 1つ4点(12点)

しき　105−97=8　ひっ算　$105-97=8$

答え（りかさんが 8まい 多く もって いる。）

7 328円 もって います。19円の ガムを 買うと、何円 のこりますか。　しき・ひっ算・答え 1つ4点(12点)

しき　328−19=309　ひっ算　$328-19=309$

答え（309円）

9 三角形と 四角形

ぴったり1　56ページ

つぎの □に あてはまる 数や きごうを 書きましょう。

ねらい 三角形を見分けられるようにしよう。　れんしゅう 1 2 3

三角形
3本の 直線で かこまれた 形を、三角形と いいます。

1 三角形を 見つけて、あ、い、う、えで 答えましょう。

とき方 [3]本の 直線で かこまれた 形が 三角形です。
三角形は、[い]と[え]です。

まっすぐで ない 線が ある 形や、線が くっついて いない 形は、三角形では ないよ。

ねらい 四角形を見分けられるようにしよう。　れんしゅう 1 2 3

四角形
4本の 直線で かこまれた 形を、四角形と いいます。
三角形や 四角形の まわりの 直線を へん、かどの 点を ちょう点と いいます。

ちょう点　へん

2 四角形を 見つけて、あ、い、う、えで 答えましょう。

とき方 [4]本の 直線で かこまれた 形が 四角形です。
四角形は、[あ]と[う]です。

ぴったり2　57ページ

1 （ ）に あてはまる ことばや 数を 書きましょう。　教科書 125ページ 1

① まっすぐな 線を（直線）と いいます。
② 3本の 直線で かこまれた 形を、（三角形）と いいます。
③ 4本の 直線で かこまれた 形を、（四角形）と いいます。
④ 三角形には へんが（3）つ、ちょう点が（3）つ あります。

よくみて
2 三角形や 四角形を 見つけて、きごうで 答えましょう。　教科書 128ページ 2

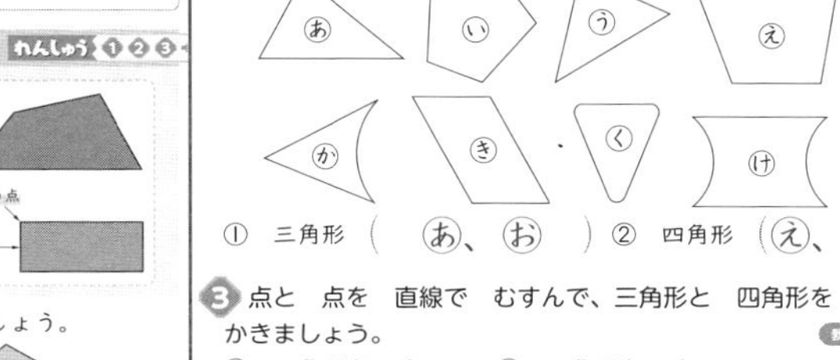

① 三角形（あ、お）② 四角形（え、き、こ）

3 点と 点を 直線で むすんで、三角形と 四角形を かきましょう。　教科書 125ページ 1

① 三角形(れい)　② 四角形(れい)

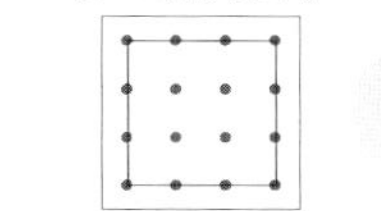

直線を ひく ときは、ものさしを つかおう。

ぴったり3

1 くり上がりが ある とき、くり上げた 1を たしわすれないように しましょう。

2 くらいを きちんと そろえて 書き、計算しましょう。くり下げた あとの 数を 小さく 書いて おきましょう。

3 ①十のくらいに くり上げた 1を、たしわすれた まちがいです。
②一のくらいの 計算で、ひく数から ひかれる数を ひいて しまった まちがいです。

4 ①19+(26+24)と 考えます。( )の 中は、50に なるので、計算が しやすく なります。
②25+(57+43)と 考えます。( )の 中は、100に なります。

6 ちがいを もとめる 計算なので、ひき算を します。このとき、多い ほうから 少ない ほうを ひきましょう。答えは、もんだい文で 聞かれて いる とおりに、「○○さんが ○まい 多く もって いる。」と 答えます。

ぴったり2

2 いは 5本の 直線で かこまれた 形、うは くっついて いない ところが あります。
かくけは 直線では ない 線が あります。

3 ①は 3本の 直線、②は 4本の 直線で かこまれた 形で あれば、正かいです。

しあげの5分レッスン
三角形と 四角形は、直線で かこまれた 形で、直線の 数や ちょう点の 数で 形の なまえが きまって いるよ。

ぴったり1　58ページ

ぴったり2　59ページ

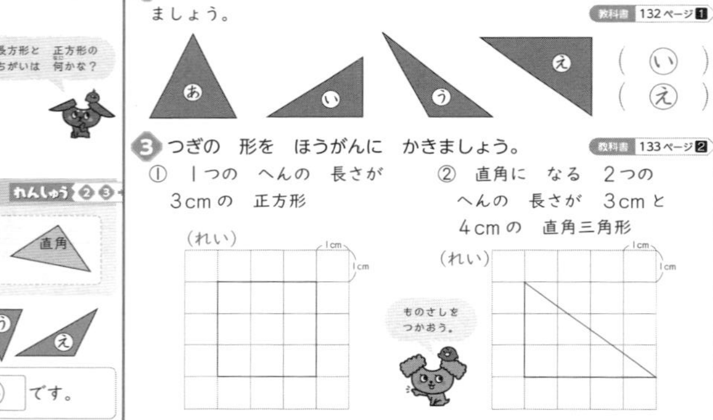

ぴったり3　60〜61ページ

知識・技能　／100点

1 (　)に あてはまる 数や ことばを 書きましょう。　1つ5点(50点)

① 四角形には、ちょう点が (ア 4)つ、へんが (イ 4)つ あります。

② 三角形には、ちょう点が (ウ 3)つ、へんが (エ 3)つ あります。

③ 長方形には、直角の かどが (4)つ あります。

④ 長方形には、へんが (ア 4)つ あり、むかい合って いる へんの 長さは (イ 同じ)です。

⑤ 正方形には、直角の かどが (ア 4)つ あり、へんの 長さは、みんな (イ 同じ)です。

⑥ 直角の かどが ある 三角形を、(直角三角形)と いいます。

2 よく出る つぎの 図から、長方形、正方形、直角三角形を それぞれ 2つずつ 見つけて、きごうで 答えましょう。　1つ3点(18点)

① 長方形 (え)(き)　② 正方形 (あ)(く)

③ 直角三角形 (お)(か)

3 右の 長方形で、あの 長さは 何cmですか。また、まわりの 長さは 何cmですか。　1つ5点(10点)

あの 長さ (7cm)

まわりの 長さ (24cm)

7cm　5cm

4 よく出る つぎの 形を ほうがんに かきましょう。　1つ5点(10点)

① 2つの へんの 長さが 3cmと 5cmの 長方形

② 1つの へんの 長さが 4cmの 正方形を 2つの 同じ 大きさに 分けて できる 直角三角形

(れい)　1cm

5 できたらスゴイ！ 右の 三角形や 四角形を、きめられた まい数だけ つかって、つぎの 形の 中に しきつめましょう。(線を ひきましょう。)　1つ6点(12点)

① アを 2まいと イを 2まい

② アを 2まいと ウを 2まい

(れい)

ぴったり2

1 ①かどが みんな 直角で、へんの 長さが みんな 同じ 四角形を さがします。

②かどが みんな 直角に なって いて、たてと よこの へんの 長さが ちがう 四角形を さがします。

2 1つの かどが 直角に なって いる 三角形を さがします。

3 ①たて、よこを 3目もりずつ つかって かいて あれば、正かいです。

②たて 3目もり、よこ 4目もりか、たて 4目もり、よこ 3目もりの どちらかを つかった 直角三角形で あれば、正かいです。

しあげの5分レッスン

長方形や 正方形を、むかい合った ちょう点を つなぐ 1本の 直線で 分けると、同じ 大きさの 直角三角形が 2つ できるよ。

ぴったり3

2 長方形は、かどが みんな 直角に なって いる 四角形です。正方形は、かどが みんな 直角で、へんの 長さが みんな 同じ 四角形です。直角三角形は、直角の かどが ある 三角形です。

3 長方形の むかい合って いる へんの 長さは 同じなので、あは 7cmです。まわりの 長さは、7+5+7+5=24(cm)と 計算することが できます。

4 ①たて 3cm、よこ 5cmでも、たて 5cm、よこ 3cmの どちらでも 正かいです。

②まず、1つの へんの 長さが 4cmの 正方形を かきます。この 正方形の むかい合う ちょう点を 直線で むすびます。むきが 答えの れいと ちがっても、正しい 大きさで かかれていれば 正かいです。

5 きめられた 形と まい数に なっていれば、むきが ちがっても 正かいです。

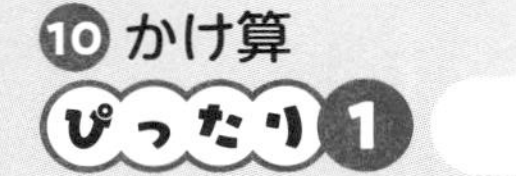

⑩ かけ算

ぴったり1 62ページ

つぎの □に あてはまる 数を 書きましょう。

ねらい かけ算のいみがわかり、しきをつくることができるようにしよう。 れんしゅう ①②③

かけ算の いみ

同じ 数ずつの ものが いくつ分か ある とき、ぜんぶの 数を もとめるのに かけ算を つかって 計算します。

2 × 3 = 6（1つ分 いくつ分 ぜんぶの 数）　②×

1 ケーキの 数を もとめる かけ算の しきを 書きましょう。

とき方 ケーキは ①2 こずつ ②5 さら分 あるので、ケーキの 数を もとめる かけ算の しきは、③2 × ④5 に なります。

ねらい かけ算のしきの答えを、たし算でもとめられるようにしよう。 れんしゅう ④

かけ算の しきの 答え

2×3の 答えは、2+2+2の 計算で もとめる ことが できます。

2 1の ケーキの 数を たし算で もとめましょう。

とき方 かけ算の しきの 答えは、たし算で もとめる ことが できます。

2×5

⇒ ①2 + ②2 + ③2 + ④2 + ⑤2 = ⑥10　答え ⑦10 こ

2×5は、2を5回 たす ことと 同じ 計算なんだね。

ぴったり2 63ページ

1 かけ算を つかって ぜんぶの 数が もとめられるのは、あと いの どちらですか。　（ い ）

よくよんで 2 ぜんぶの 数を もとめる、かけ算の しきを 書きましょう。

① 3 × 4　② 6 × 3

3 つぎの かけ算の しきに なるように、おはじきを ○で かこみましょう。

① 2×4　② 3×5

4 かけ算の しきを 書いて、答えを たし算で もとめましょう。

〔かけ算の しき〕 5 × 4

〔たし算の しき〕 5+5+5+5=20　答え（20 こ）

ぴったり1 64ページ

つぎの □に あてはまる 数を 書きましょう。

ねらい 2のだんの九九をおぼえて、つかえるようにしよう。 れんしゅう ①②

2のだんの 九九					
2×1=2	二一が	2	2×5=10	二五	10
2×2=4	二二が	4	2×6=12	二六	12
2×3=6	二三が	6	2×7=14	二七	14
2×4=8	二四が	8	2×8=16	二八	16
			2×9=18	二九	18

1 ジュースを、1人が コップに 2はいずつ のみました。6人で 何ばい のみましたか。

とき方 2はいずつの 6人分なので、しき ①2 × ②6 = ③12　答え ④12 はい

「二一が 2」のような いい方を 九九と いうよ。

ねらい 5のだんの九九をおぼえて、つかえるようにしよう。 れんしゅう ③④⑤

5のだんの 九九					
5×1=5	五一が	5	5×5=25	五五	25
5×2=10	五二	10	5×6=30	五六	30
5×3=15	五三	15	5×7=35	五七	35
5×4=20	五四	20	5×8=40	五八	40
			5×9=45	五九	45

2 おり紙を、1人に 5まいずつ くばります。7人に くばるには、おり紙は 何まい いりますか。

とき方 5まいずつの 7人分なので、しき ①5 × ②7 = ③35　答え ④35 まい

ぴったり2 65ページ

1 計算を しましょう。

① 2×2 4　② 2×7 14　③ 2×3 6
④ 2×5 10　⑤ 2×4 8　⑥ 2×9 18
⑦ 2×8 16　⑧ 2×1 2　⑨ 2×6 12

2 1パックに 2こずつ プリンが 入って います。7パック分では プリンは ぜんぶで 何こに なりますか。

しき 2×7=14　答え（14 こ）

3 計算を しましょう。

① 5×3 15　② 5×5 25　③ 5×1 5
④ 5×7 35　⑤ 5×2 10　⑥ 5×6 30
⑦ 5×4 20　⑧ 5×9 45　⑨ 5×8 40

4 せんべいが 1ふくろに 5まいずつ 入って います。6ふくろ分では、せんべいは ぜんぶで 何まいに なりますか。

しき 5×6=30　答え（30 まい）

まちがいちゅうい 5 □に 数を 書いて、しきが 5×3の しきに なる もんだいを つくりましょう。

えんぴつを 1人に ①5 本ずつ くばります。②3 人に くばるには、えんぴつは 何本 いりますか。

ぴったり2（63ページ）

1 あは 2こ、3こ、4こと 数が ばらばらで、いは 4こずつです。かけ算は、同じ 数ずつの いくつ分かを もとめる ときに つかいます。

2 ①は 3こずつの 4ふくろ分、②は 6こずつの 3パック分の 数を もとめる しきを 答えます。4×3や 3×6と すると、しきの いみが ちがって しまうので まちがいです。気を つけましょう。

3 ①2×4なので、2こずつが 4つ できるように かこみます。
②3こずつが 5つ できるように かこみます。

4 5×4は 5の 4つ分なので、5を 4回 たした 答えと 同じに なります。

しあげの5分レッスン
「2この 5つ分」は 2×5だよ。5×2と すると、「5この 2つ分」で ちがう いみに なるよ。

ぴったり2（65ページ）

1 2のだんの 九九です。わからなかったら、もういちど 2のだんを、声に 出して れんしゅうして みましょう。

2 プリンが 2こずつの 7パック分なので、しきは 2×7=14に なります。

3 5のだんの 九九です。わからなかったら、もういちど 5のだんを、声に 出して れんしゅうして みましょう。

4 五六 30だから、答えは 30まいです。

しあげの5分レッスン
「五八 40」「五九 45」の 読み方に ちゅういしよう。

ぴったり1 66ページ　ぴったり2 67ページ

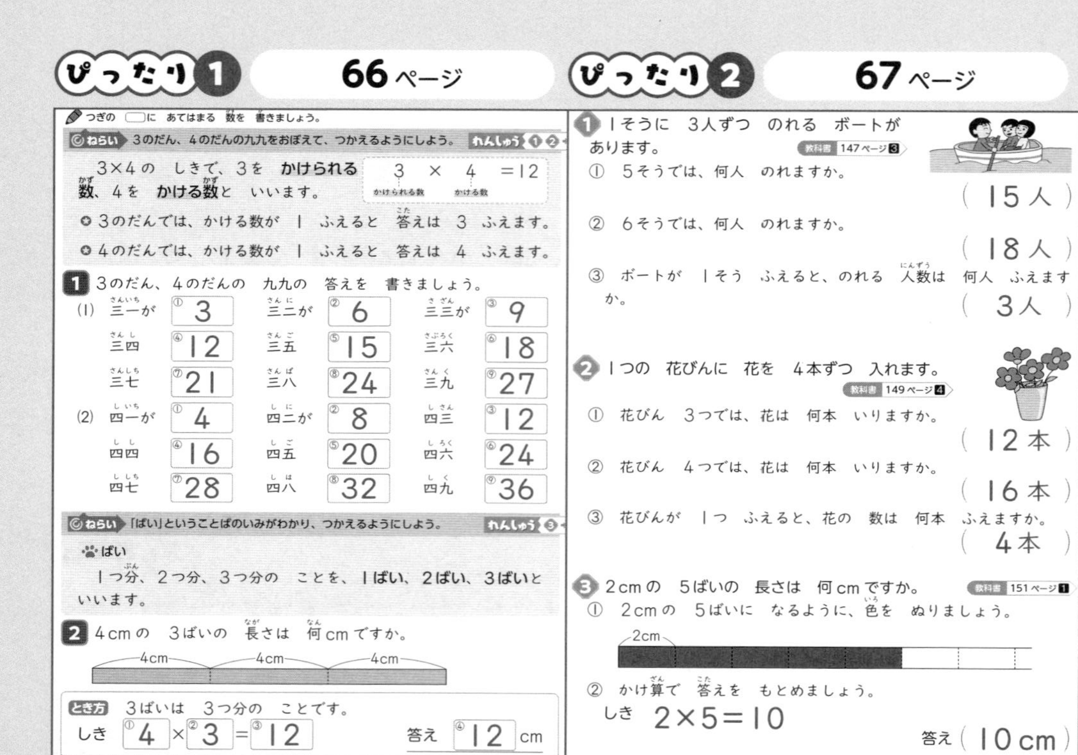

つぎの □に あてはまる 数を 書きましょう。

ねらい 3のだん、4のだんの九九をおぼえて、つかえるようにしよう。 れんしゅう ❶❷

3×4の しきで、3を **かけられる数**、4を **かける数**と いいます。

3 × 4 ＝12（かけられる数　かける数）

- 3のだんでは、かける数が 1 ふえると 答えは 3 ふえます。
- 4のだんでは、かける数が 1 ふえると 答えは 4 ふえます。

1 3のだん、4のだんの 九九の 答えを 書きましょう。

(1) 三一が ①3　三二が ②6　三三が ③9
三四 ④12　三五 ⑤15　三六 ⑥18
三七 ⑦21　三八 ⑧24　三九 ⑨27

(2) 四一が ①4　四二が ②8　四三 ③12
四四 ④16　四五 ⑤20　四六 ⑥24
四七 ⑦28　四八 ⑧32　四九 ⑨36

ねらい 「ばい」ということばのいみがわかり、つかえるようにしよう。 れんしゅう ❸

ばい
1つ分、2つ分、3つ分の ことを、1ばい、2ばい、3ばいと いいます。

2 4cmの 3ばいの 長さは 何cmですか。

4cm　4cm　4cm

とき方 3ばいは 3つ分の ことです。
しき ①4 × ②3 ＝ ③12　答え ④12 cm

❶ 1そうに 3人ずつ のれる ボートが あります。 教科書 147ページ❸
① 5そうでは、何人 のれますか。 （15人）
② 6そうでは、何人 のれますか。 （18人）
③ ボートが 1そう ふえると、のれる 人数は 何人 ふえますか。 （3人）

❷ 1つの 花びんに 花を 4本ずつ 入れます。 教科書 149ページ❹
① 花びん 3つでは、花は 何本 いりますか。 （12本）
② 花びん 4つでは、花は 何本 いりますか。 （16本）
③ 花びんが 1つ ふえると、花の 数は 何本 ふえますか。 （4本）

❸ 2cmの 5ばいの 長さは 何cmですか。 教科書 151ページ❶
① 2cmの 5ばいに なるように、色を ぬりましょう。
2cm
② かけ算で 答えを もとめましょう。
しき 2×5＝10　答え（10cm）

ぴったり3 68～69ページ

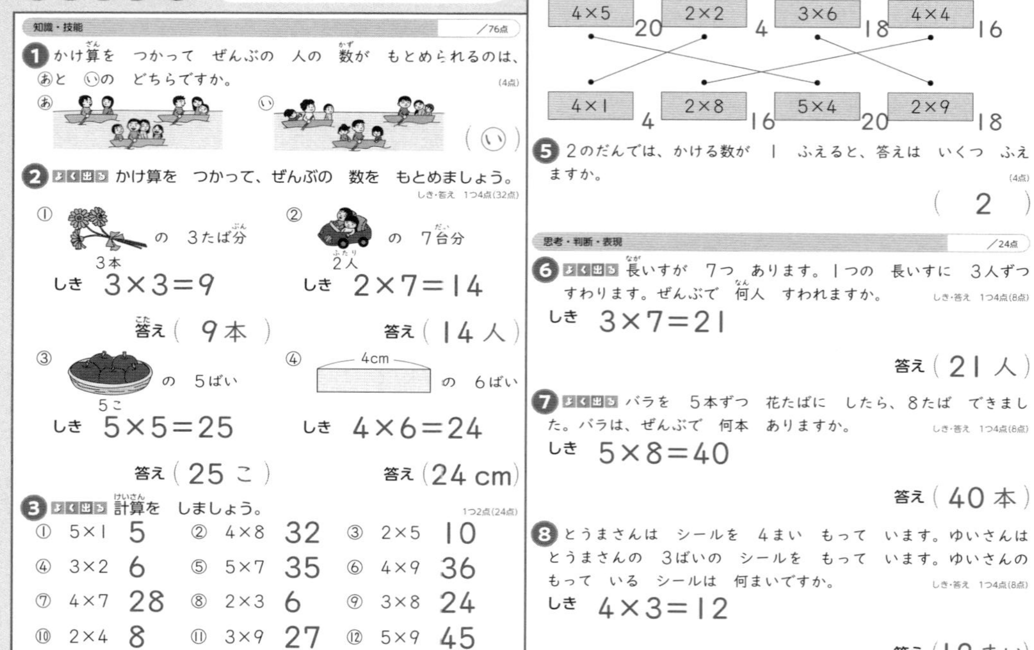

知識・技能　／76点

❶ かけ算を つかって ぜんぶの 人の 数が もとめられるのは、あと いの どちらですか。 (4点)
あ　い　（い）

❷ よくでる かけ算を つかって、ぜんぶの 数を もとめましょう。 しき・答え 1つ4点(32点)
① 3本 の 3たば分　しき 3×3＝9　答え（9本）
② 2人 の 7台分　しき 2×7＝14　答え（14人）
③ 5こ の 5ばい　しき 5×5＝25　答え（25こ）
④ 4cm の 6ばい　しき 4×6＝24　答え（24cm）

❸ よくでる 計算を しましょう。 1つ2点(24点)

① 5×1	5	② 4×8	32	③ 2×5	10
④ 3×2	6	⑤ 5×7	35	⑥ 4×9	36
⑦ 4×7	28	⑧ 2×3	6	⑨ 3×8	24
⑩ 2×4	8	⑪ 3×9	27	⑫ 5×9	45

❹ 答えが 同じに なる カードを 線で むすびましょう。 1つ3点(12点)
4×5 20　2×2 4　3×6 18　4×4 16
4×1 4　2×8 16　5×4 20　2×9 18

❺ 2のだんでは、かける数が 1 ふえると、答えは いくつ ふえますか。 (4点)　（2）

思考・判断・表現　／24点

❻ よくでる 長いすが 7つ あります。1つの 長いすに 3人ずつ すわります。ぜんぶで 何人 すわれますか。 しき・答え 1つ4点(8点)
しき 3×7＝21　答え（21人）

❼ よくでる バラを 5本ずつ 花たばに したら、8たば できました。バラは、ぜんぶで 何本 ありますか。 しき・答え 1つ4点(8点)
しき 5×8＝40　答え（40本）

❽ とうまさんは シールを 4まい もって います。ゆいさんは とうまさんの 3ばいの シールを もって います。ゆいさんの もって いる シールは 何まいですか。 しき・答え 1つ4点(8点)
しき 4×3＝12　答え（12まい）

ぴったり2

❶ 3のだんでは、かける数が 1 ふえると、答えは 3 ふえます。

❷ 4のだんでは、かける数が 1 ふえると、答えは 4 ふえます。

❸ 「2cmの 5ばい」は、「2cmの 5つ分」と 同じ ことです。

しあげの5分レッスン

3のだんでは 「三四 12」「三七 21」、4のだんでは 「四四 16」「四七 28」の 九九が まちがえやすいよ。ちゅういしよう。

ぴったり3

❶ 同じ 数ずつの いくつ分(何ばい)の ときに、かけ算が つかえる ことを しっかり おぼえて おきましょう。

❷ ①花が 3本ずつの 3たば分です。
②1台に 2人 のった じどう車 7台分の 人数です。
③1つに 5こずつ 入った かご 5つ分の りんごの 数です。

❸ 何の だんの 九九を つかうかを 考えましょう。

❹ 4×5＝20、2×2＝4、3×6＝18、4×4＝16、4×1＝4、2×8＝16、5×4＝20、2×9＝18です。

❻ 1つに 3人ずつ すわった 長いす 7つ分の 人数なので、3×7を 計算します。

❼ 1たば 5本ずつで、8たば あるので、5×8を 計算します。

❽ 3ばいは、3つ分と いう ことです。

⑪ かけ算九九づくり

ぴったり1　70ページ

つぎの □に あてはまる 数を 書きましょう。

ねらい　6のだんの九九をおぼえて、つかえるようにしよう。　れんしゅう ①②③

6のだんの 九九					
6×1=6	六一が	6	6×5=30	六五	30
6×2=12	六二	12	6×6=36	六六	36
6×3=18	六三	18	6×7=42	六七	42
6×4=24	六四	24	6×8=48	六八	48
			6×9=54	六九	54

1 1ふくろ 6まい入りの 食パンが 4ふくろ あります。食パンは ぜんぶで 何まい ありますか。

とき方　6まいずつの 4ふくろ分なので、
しき ①6 × ②4 = ③24
答え ④24 まい

6のだんでは、かける数が 1 ふえると、答えは 6 ふえるよ。

ねらい　7のだんの九九をおぼえて、つかえるようにしよう。　れんしゅう ③④

7のだんの 九九					
7×1=7	七一が	7	7×5=35	七五	35
7×2=14	七二	14	7×6=42	七六	42
7×3=21	七三	21	7×7=49	七七	49
7×4=28	七四	28	7×8=56	七八	56
			7×9=63	七九	63

2 7人ずつの グループを つくったら、5グループ できました。みんなで 何人 いますか。

とき方　7人ずつの 5グループ分なので、
しき ①7 × ②5 = ③35　答え ④35 人

ぴったり2　71ページ

1 計算を しましょう。　教科書 157ページ1

① 6×5 30　② 6×9 54　③ 6×1 6
④ 6×2 12　⑤ 6×6 36　⑥ 6×4 24
⑦ 6×7 42　⑧ 6×3 18　⑨ 6×8 48

2 6こ入りの たまごの パックが 8パック あります。たまごは、ぜんぶで 何こ ありますか。　教科書 157ページ1

しき 6×8=48　答え（48 こ）

3 計算を しましょう。　教科書 159ページ2

① 7×4 28　② 7×3 21　③ 7×5 35
④ 7×1 7　⑤ 7×7 49　⑥ 7×2 14
⑦ 7×6 42　⑧ 7×8 56　⑨ 7×9 63

4 1週間は 7日です。3週間は 何日ですか。　教科書 159ページ2

しき 7×3=21　答え（21 日）

5 下の 図を 見て、答えが 12に なる 九九を、ぜんぶ 書きましょう。　教科書 156ページ、157ページ1

① 3×4　② 2×6　③ 4×3　④ 6×2

ぴったり1　72ページ

つぎの □に あてはまる 数を 書きましょう。

ねらい　8のだん、9のだんの九九をおぼえて、つかえるようにしよう。　れんしゅう ①〜④

8のだんでは、かける数が 1 ふえると 答えは 8 ふえます。（8×3=24 → 8×4=32　1ふえる　8ふえる）

9のだんでは、かける数が 1 ふえると 答えは 9 ふえます。（9×5=45 → 9×6=54　1ふえる　9ふえる）

1 8のだんの 九九の 答えを 書きましょう。

八一が	①8	八二	②16	八三	③24
八四	④32	八五	⑤40	八六	⑥48
八七	⑦56	八八	⑧64	八九	⑨72

2 9のだんの 九九の 答えを 書きましょう。

九一が	①9	九二	②18	九三	③27
九四	④36	九五	⑤45	九六	⑥54
九七	⑦63	九八	⑧72	九九	⑨81

ねらい　1のだんの九九をおぼえて、つかえるようにしよう。　れんしゅう ⑤

1のだんでは、1に どんな 数を かけても、答えは かける 数と 同じに なります。

3 1のだんの 九九の 答えを 書きましょう。

一一が	①1	一二が	②2	一三が	③3
一四が	④4	一五が	⑤5	一六が	⑥6
一七が	⑦7	一八が	⑧8	一九が	⑨9

ぴったり2　73ページ

よくよんで

1 1はこ 8こ入りの チョコレートが あります。　教科書 161ページ3

① 4はこでは、ぜんぶで 何こ ありますか。（32 こ）
② 1はこ ふえると、チョコレートは 何こ ふえますか。（8 こ）

2 計算を しましょう。　教科書 161ページ3

① 8×3 24　② 8×2 16　③ 8×7 56
④ 8×8 64　⑤ 8×5 40　⑥ 8×9 72

3 1チーム 9人で やきゅうを します。　教科書 162ページ4

① 5チームでは、ぜんぶで 何人 いますか。（45 人）
② 1チーム ふえると、人数は 何人 ふえますか。（9人）

4 計算を しましょう。　教科書 162ページ4

① 9×7 63　② 9×1 9　③ 9×6 54
④ 9×4 36　⑤ 9×9 81　⑥ 9×3 27

5 絵を 見て、もんだいに 答えましょう。　教科書 163ページ5

① みかんの 数を かけ算で もとめましょう。
しき 2×6=12　答え（12 こ）
② りんごの 数を かけ算で もとめましょう。
しき 1×6=6　答え（6 こ）

ぴったり2

❶ 6のだんの 九九です。わからなかったら、6のだんを 声に 出して れんしゅうしましょう。

❷ 1パックに 6こ 入った たまごが 8パック あるので、6×8の 計算を します。

❸ 7のだんの 九九です。わからなかったら、7のだんを 声に 出して れんしゅうしましょう。

❹ 1週間は 7日で、その 3週間分なので、7×3の 計算を します。

❺ 1つ分の 数を かえても、答えが 同じに なる 九九が あることを おぼえて おきましょう。

しあげの5分レッスン

6のだんでは 「六七 42」「六八 48」、7のだんでは 「七四 28」「七七 49」の 九九が まちがえやすいよ。ちゅういしよう。

ぴったり2

❶ ①しきは、8×4=32に なります。
②8のだんでは、かける数が 1 ふえると、答えは 8 ふえます。

❷ 8のだんの 九九です。

❸ ①しきは、9×5=45に なります。
②9のだんでは、かける数が 1 ふえると、答えは 9 ふえます。

❹ 9のだんの 九九です。

❺ ①みかんは、1さらに 2こずつ 6さら あるので、しきは 2×6です。
②りんごは、1さらに 1こずつ 6さら あるので、しきは 1×6と なります。

しあげの5分レッスン

8のだん、9のだんには、いいにくい 九九が たくさん あるので れんしゅうを しよう。

ぴったり3　74～75ページ

知識・技能　／73点

1 □に　あてはまる　数を　書きましょう。　1つ3点(12点)

① 7のだんでは、かける数が　1　ふえると、答えは　7　ふえます。

② 8×5の　答えは、8×4の　答えより　8　ふえます。

③ かけ算九九の　しきの　中で、答えが　18に　なる　ものは、2×9、3×6、6×3、9×2です。

2 計算を　しましょう。　1つ2点(24点)

① 7×3　21	② 1×2　2	③ 9×3　27
④ 1×9　9	⑤ 8×9　72	⑥ 6×8　48
⑦ 8×8　64	⑧ 7×4　28	⑨ 1×5　5
⑩ 6×7　42	⑪ 9×7　63	⑫ 7×6　42

3 答えが　同じに　なる　カードを　線で　むすびましょう。　1つ3点(12点)

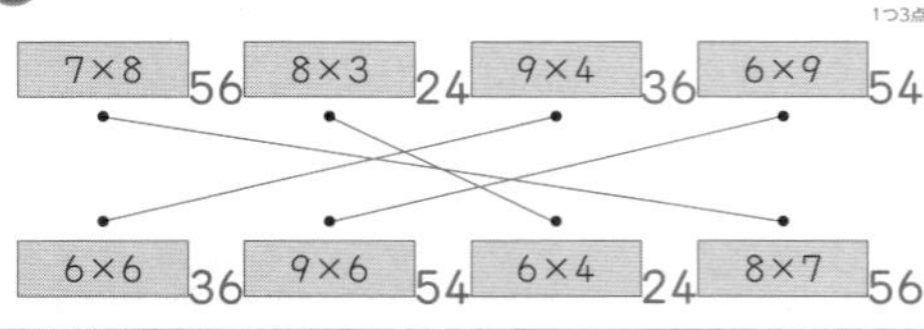

4 まん中の　数に　まわりの　数を　かけた　答えを　書きましょう。　1つ1点(25点)

思考・判断・表現　／27点

5 1さら　8こ入りの　たこやきが　あります。5さらでは、たこやきは　何こに　なりますか。　しき・答え　1つ3点(6点)

しき　8×5=40　　答え（40こ）

6 子どもが　7人　います。1人に　1さつずつ　ノートを　くばると、ノートは　ぜんぶで　何さつ　いりますか。　しき・答え　1つ3点(6点)

しき　1×7=7　　答え（7さつ）

7 りんごを　5つの　ふくろに　分けたら、1ふくろに　6こずつ　入りました。りんごは　何こ　ありましたか。　しき4点、答え3点(7点)

しき　6×5=30　　答え（30こ）

8 2人の　つくった　もんだいは、3×6と　6×3の　どちらの　しきで　もとめれば　よいでしょう。　1だい4点(8点)

① 3つの　ふくろに、みかんが　6こずつ　入って　います。みかんは　何こ　ありますか。（つばさ）　6×3

② 6人の　子どもに、みかんを　3こずつ　くばります。みかんは　何こ　いりますか。（りか）　3×6

12 長い　ものの　長さの　たんい

ぴったり1　76ページ

つぎの　□に　あてはまる　数を　書きましょう。

ねらい　1mのものさしをつかって、長さをはかれるようにしよう。

m(メートル)
長い　ものの　長さを　はかる　ときは、1m(1メートル)の　ものさしを　つかうと　べんりです。　1m=100cm

1 こくばんの　よこの　長さを　はかったら、1mの　ものさしで　3つ分と、あと　60cmでした。こくばんの　よこの　長さは、何m何cmですか。また、何cmですか。

とき方　1mの　3つ分は　3mです。あと　60cmなので、3m60cmです。また、1m=100cmなので、3mは　300cmです。あと　60cmなので、360cmです。

ねらい　長さのたし算やひき算ができるようにしよう。

長さの　たし算と　ひき算
mは　mどうし、cmは　cmどうしの　数を、たしたり　ひいたりして　計算します。

2 計算を　しましょう。

(1) 90cm+60cm　　(2) 1m20cm−50cm

とき方　同じ　たんいどうしで　計算します。

(1) 90cm+60cm=1m50cm（150cm）

(2) 1m20cm−50cm=70cm（120cm）

1m=100cmだから、150cmは…。

ぴったり2　77ページ

1 つぎの　ものの　長さを　はかるには、30cmの　ものさしと　1mの　ものさしの　どちらを　つかうと　より　べんりですか。　教科書171ページ1

① 先生の　つくえの　よこの　長さ　（1mの　ものさし）

② はがきの　たての　長さ　（30cmの　ものさし）

2 □に　あてはまる　数を　書きましょう。　教科書173ページ2

① 700cm=7m　　② 182cm=1m82cm

3 花だんの　よこの　長さを　はかったら、1mの　ものさしで　2つ分と、あと　60cm　ありました。　教科書173ページ2

① 花だんの　よこの　長さは　何m何cmですか。　（2m60cm）

② 花だんの　よこの　長さは　何cmですか。　（260cm）

4 リボンを　2つに　切ったら、1m60cmと　80cmの　リボンに　なりました。　教科書175ページ4

① もとの　リボンの　長さは　何m何cmですか。
しき　1m60cm+80cm=2m40cm　　答え（2m40cm）

② 2つの　リボンの　長さの　ちがいは　何cmですか。
しき　1m60cm−80cm=80cm　　答え（80cm）

1m60cmから　80cmは　どうやって　ひけば　いいかな。

ぴったり3

1 ①②かける数が　1　ふえると、答えは　かけられる数だけ　ふえます。

2 まちがえたり、わすれたり　していたら、かけ算の　九九を　声に　出して　かくにんしましょう。

3 7×8=56、8×3=24、9×4=36、6×9=54、6×6=36、9×6=54、6×4=24、8×7=56です。

6 1人に　1さつずつ　7人に　くばるので、1のだんの　九九で　答えを　もとめます。

7 1ふくろに　6こ　入った　りんごが　5ふくろ　あるので、ぜんぶで　6×5=30で、30こ　あった　ことに　なります。

8 ①は　1ふくろに　6こずつ　入って　いるので、1つ分の　数は　6です。②は　1人に　3こずつ　くばるので、1つ分の　数は　3です。わからない　ときは、もんだいを　絵に　かいて　みると　よいでしょう。

ぴったり2

1 長い　ものの　長さを　はかる　ときは、1mの　ものさしを　つかうと　べんりです。

2 1m=100cmです。

3 ①1mが　2つ分で　2m、あと　60cmで　2m60cmに　なります。

②1m=100cmなので、2mは　200cmです。200と　60を　合わせて　260cmに　なります。

4 長さの　計算は、同じ　たんいどうしを　計算します。

①もとの　長さを　もとめるには、たし算を　つかいます。

②ちがいは、ひき算を　つかって　もとめます。

しあげの5分レッスン
1cm=10mm、1m=100cmだよ。まちがえないように　しよう。

ぴったり3　78〜79ページ

知識・技能　／60点

1 (　)に あてはまる 長さの たんいを 書きましょう。　1つ5点(15点)

① 教科書の たての 長さ……26（cm）

② 花だんの たての 長さ……3（m）

③ ノートの あつさ……5（mm）

2 よく出る 計算を しましょう。　1つ5点(20点)

① 1m70cm+20cm　1m90cm(190cm)

② 50cm+80cm　1m30cm(130cm)

③ 1m50cm−60cm　90cm

④ 1m80cm−65cm　1m15cm(115cm)

3 左はしから ア、イ、ウまでの 長さは 何cmですか。　1つ5点(15点)

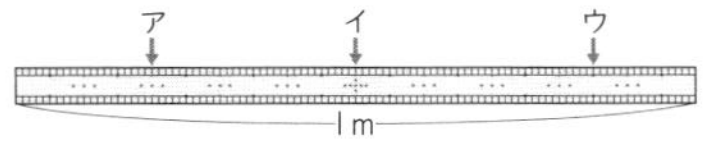
ア
イ
ウ
1m

ア（20cm）　イ（50cm）　ウ（85cm）

4 よく出る 長い じゅんに 書きましょう。　1だい5点(10点)

① 1m20cm　2m　1m7cm
（2m、1m20cm、1m7cm）

② 3m18cm　321cm　3m
（321cm、3m18cm、3m）

思考・判断・表現　／40点

5 テープを 2つに 切ったら、90cmと 75cmの テープに なりました。　しき・答え 1つ5点(20点)

① もとの テープの 長さは 何m何cmですか。
しき　90cm+75cm=1m65cm
答え（1m65cm）

② 2つの テープの 長さの ちがいは 何cmですか。
しき　90cm−75cm=15cm
答え（15cm）

6 あゆさんの しん長は 1m25cmです。あゆさんが 35cmの 台の 上に のると、何m何cmに なりますか。　しき・答え 1つ5点(10点)

しき　1m25cm+35cm
=1m60cm
答え（1m60cm）

できたらスゴイ!

7 ゆうきさんの おとうさんの しん長は、1mの ものさしで 2つ分に 27cm たりません。
おとうさんの しん長は、何m何cmですか。　しき・答え 1つ5点(10点)

しき　2m−27cm=1m73cm
答え（1m73cm）

活用　読みとる力を のばそう　どれが おけるかな　80〜81ページ

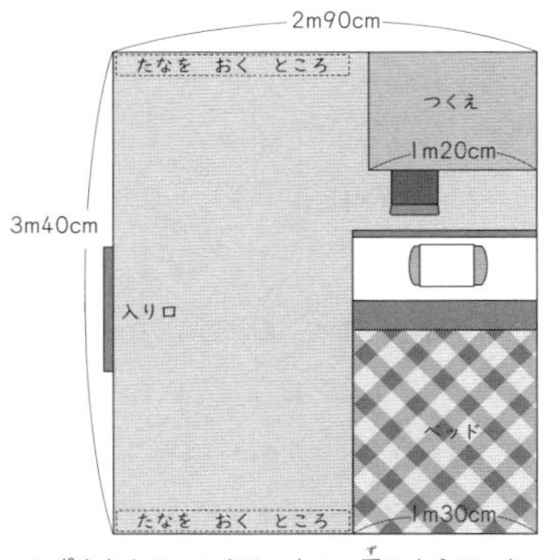
2m90cm
3m40cm
たなを おく ところ
つくえ
1m20cm
入り口
ベッド
1m30cm
たなを おく ところ

本だなも たなも 後ろを かべに くっつけて おくよ。

かずやさんの へやは、上の 図のように なって います。
かずやさんは へやの かぐを ふやす ことに しました。

1 つくえの よこに、下の あから えの 本だなの どれかを、よこむきで おこうと 思って います。

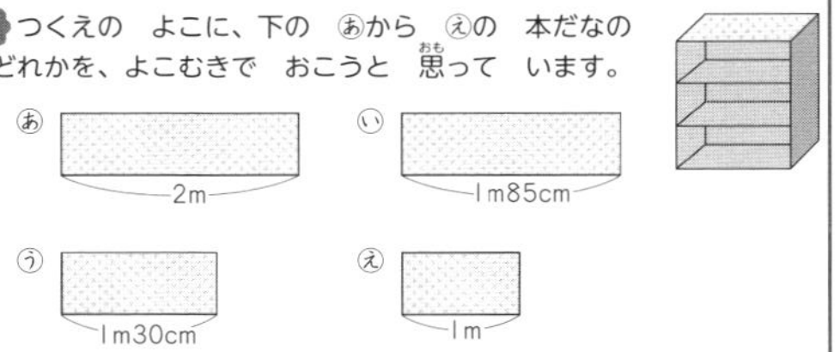
あ
2m
い
1m85cm
う
1m30cm
え
1m

① □に あてはまる 数を 書きましょう。
つくえの よこに おける 本だなの よこの 長さは
2m90cm−[ア 1]m[イ 20]cm=[ウ 1]m[エ 70]cm
なので、よこの 長さが [オ 1]m[カ 70]cmより みじかければ、おけます。

② どの 本だななら おく ことが できますか。

答えは 2つ あるね。

（う）と（え）

よくよんで

2 ベッドの よこに かから この たなの うち 2つを、よこむきで おこうと 思って います。

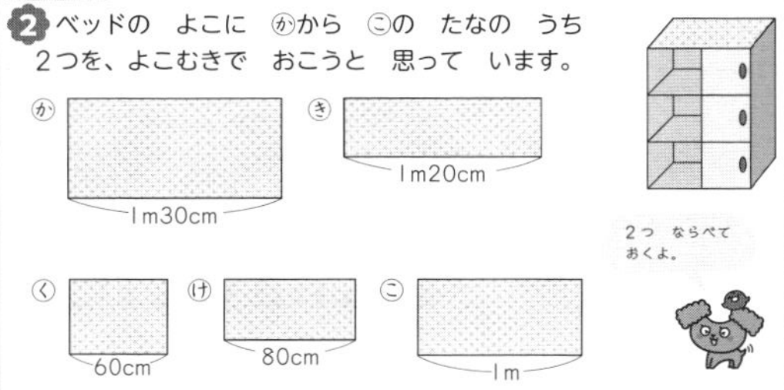
か
1m30cm
き
1m20cm
く
60cm
け
80cm
こ
1m
2つ ならべて おくよ。

① ベッドの よこに たなを おく ことが できる はばは、何m何cmですか。
（1m60cm）

② どの 2つなら おく ことが できますか。ぜんぶ 書きましょう。
（くとけ）、（くとこ）

ぴったり3

2 mと cmに 分けて 計算し、あとで 合わせて 答えを もとめましょう。

4 長さを くらべる ときは、同じ たんいどうしを、m→cmの じゅんに くらべます。
②321cmを 3m21cmと したり、ほかを ぜんぶ cmに なおしたりして、同じ たんいどうしを くらべましょう。

5 ①合わせる 計算なので、しきは、75cm+90cmでも かまいません。
②ちがいは、ひき算を つかって もとめます。

6 cmどうしを たします。1m25cmを 1mと 25cmに 分けて、25cmに 35cmを たして、60cm。それに 1mを たして、1m60cmです。

7 1mの ものさしで 2つ分は 2m、2mを 1mと 1mに 分けて、そのうちの 1mを 100cmに なおします。
そして、100cm−27cm=73cmを 計算して、のこりの 1mと 合わせて 1m73cmと します。

1 へやの よこの 長さから、つくえの よこの 長さを ひいた のこりの 長さより みじかい ものなら、おく ことが できます。
①2m90cm−1m20cmという しきを 書いて、たんいを そろえて 計算しましょう。
②よこの 長さが 1m70cmより みじかい ものを さがします。

2 ①ベッドの よこの たなを おく ところの 長さは、へやの よこの 長さから、ベッドの よこの 長さを ひいた のこりの 長さです。
2m90cm−1m30cm=1m60cm
②かから この 長方形は、たなを 上から 見た 形です。これらの たなの うち、2つ 合わせた 長さが 1m60cmより みじかく なる 組み合わせを 考えます。
くと けだと、60cm+80cm=1m40cmで おけます。
くと こだと、60cm+1m=1m60cmで おけます。

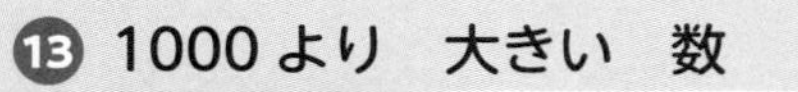

⑬ 1000より 大きい 数

ぴったり1 82ページ

つぎの □に あてはまる 数を 書きましょう。

ねらい 1000より大きい数を数字であらわせるようにしよう。 れんしゅう ①～④

1000を 2こ あつめた 数を 2000と 書いて、二千と 読みます。

2000と 400と 50と 7を 合わせた 数を 2457と 書いて、二千四百五十七と 読みます。

千のくらい	百のくらい	十のくらい	一のくらい
2	4	5	7
二千	四百	五十	七

1 色紙の 数を 数字で 書きましょう。

とき方 1000、100、10、1が いくつ あるかを 考えます。1000を ①2こ、100を ②3こ、10を ③4こ、1を ④5こ 合わせると ⑤2345(まい)に なります。

2 つぎの 数を 数字で 書きましょう。
(1) 三千六十四 (2) 五千三

とき方 (1) 3000と 60と 4を 合わせた 数は、3064です。
(2) 5000と 3を 合わせた 数は、5003です。

3 3200は、100を いくつ あつめた 数ですか。

とき方 1000は 100を 10こ あつめた 数です。
3200 — 3000は 100の ①30こ分、200は 100の ②2こ分 — 100の ③32こ分

ぴったり2 83ページ

1 つぎの 数を 読んで、かん字で 書きましょう。 教科書 180ページ1、183ページ2

① 3526 (三千五百二十六) ② 8047 (八千四十七) ③ 6109 (六千百九)

2 つぎの 数を 数字で 書きましょう。 教科書 180ページ1、183ページ2

① 四千二百八十三 (4283) ② 六千九十二 (6092) ③ 七千六百五 (7605)

3 □に あてはまる 数を 書きましょう。 教科書 183ページ2、185ページ4

① 1000を 4こと、10を 5こ 合わせた 数は、4050です。
② 8036は、1000を 8こ、10を 3こ、1を 6こ 合わせた 数です。
③ 7802の 千のくらいの 数字は 7で、十のくらいの 数字は 0です。
④ 9200は、100を 92こ あつめた 数です。

②は、100の まとまりが ない 数だよ。

まちがいちゅうい

4 つぎの 数を 数字で 書きましょう。 教科書 184ページ3

① 100を 39こ あつめた 数 (3900)
② 100を 50こ あつめた 数 (5000)

1000は 100を 10こ あつめた 数だよ。

ぴったり1 84ページ

つぎの □に あてはまる 数を 書きましょう。

ねらい 10000という数や、10000までの数のならび方がわかるようにしよう。 れんしゅう ①～④

一万
1000を 10こ あつめた 数を 10000と 書いて、一万と 読みます。

0 1000 2000 3000 4000 5000 6000 7000 8000 9000 10000

1 100を いくつ あつめると 10000に なりますか。

とき方 100を 10こ あつめると 1000、1000を 10こ あつめると 10000なので、100を 100こ あつめると 10000に なります。

2 下の 数の線の ア、イ、ウに あてはまる 数を 書きましょう。

9000 ア 9500 イ ウ 10000

とき方 上の 数の線の 1目もりの 大きさは 100です。
ア 9100 イ 9600 ウ 9900

3 どちらの 数が 大きいですか。
(1) 7301 7289 (2) 5718 5722

とき方 大きい くらいの 数字から くらべて いきます。
(1) 百のくらいの 数字を くらべます。→ 7301の ほうが 大きい。
(2) 十のくらいの 数字を くらべます。→ 5722の ほうが 大きい。

何の くらいで くらべれば よいか 考えよう。

ぴったり2 85ページ

1 つぎの 数を 数字で 書きましょう。 教科書 188ページ1

① 1000を 10こ あつめた 数 (10000)
② 9999より 1 大きい 数 (10000)
③ 10000より 10 小さい 数 (9990)
④ 9000より 1000 大きい 数 (10000)
⑤ 10000より 100 小さい 数 (9900)

2 つぎの 数の線の アから オに あてはまる 数を 書きましょう。 教科書 188ページ1

ア イ 9950 ウ 9990 10000
9990 エ オ 10000

ア (9900) イ (9920) ウ (9980)
エ (9991) オ (9995)

3 □に あてはまる >か <を 書きましょう。 教科書 186ページ6

① 6001 > 5999 ② 7329 < 7351

4 3100を いろいろな 見方で あらわします。□に あてはまる 数を 書きましょう。 教科書 187ページ7

① 3100は 100を 31こ あつめた 数です。
② 3100は 3000より 100 大きい 数です。
③ 3100は 4000より 900 小さい 数です。

ぴったり2

❶ ②百のくらいは 0なので、読みません。
③十のくらいは 0なので、読みません。

❷ ②③読みの ない くらいには 0を 書きます。

❸ ①100の まとまりと 1の まとまりが ないので、0を 書きます。

❹ ①100を 30こで 3000、100を 9こで 900なので、3900に なります。

しあげの5分レッスン
5500では、千のくらいの 5は 5000、百のくらいの 5は 500を あらわすよ。

ぴったり2

❶ わからない ときは、数の線で 考えて みましょう。

❷ ア、イ、ウの 数の線の 1目もりは 10です。エ、オの 数の線の 1目もりは 1です。

❸ 大きな くらいの 数字から くらべて いきます。①は 千のくらい、②は 十のくらいの 数字で くらべます。

❹ ほかに どのような 見方が できるか 考えて みましょう。

しあげの5分レッスン
数の 大きさを くらべる ときは、大きい くらいから じゅんに 数字を くらべよう。

ぴったり1　86ページ

つぎの □に あてはまる 数を 書きましょう。

ねらい　(何百)＋(何百)の計算ができるようにしよう。　れんしゅう ①②④

(何百)＋(何百)の 計算の しかた
合わせて 100が 何こに なるかを 考えます。
(れい) 400＋300
400は 100が 4こ、300は 100が 3こなので、100は 合わせて 7こです。だから、400＋300＝700

1 500＋800を 計算しましょう。

とき方　合わせて 100が 何こに なるかを 考えます。
500は 100が ①5こ、800は 100が ②8こなので、合わせると、100が ③13こです。
だから、500＋800＝④1300

100が 10こで 1000だね。

ねらい　(何百)−(何百)の計算ができるようにしよう。　れんしゅう ③⑤

(何百)−(何百)の 計算の しかた
ひくと 100が 何こに なるかを 考えます。
(れい) 700−300
700は 100が 7こ、300は 100が 3こなので、ひくと、100が 4こです。だから、700−300＝400

2 1000−500を 計算しましょう。

とき方　ひくと 100が 何こに なるかを 考えます。
1000は 100が ①10こ、500は 100が ②5こなので、ひくと、100が ③5こです。
だから、1000−500＝④500

100を もとに して 考えよう。

ぴったり2　87ページ

1 □に あてはまる 数を 書きましょう。　教科書 190ページ 1

① 300＋800の 答えは、100が いくつ分かを 考えると、3＋8の 計算で もとめられます。

② 900−200の 答えは、100が 何こに なるかを 考えると、9−2の 計算で もとめられます。

2 計算を しましょう。　教科書 190ページ 1

① 200＋300　500
② 600＋300　900
③ 500＋400　900
④ 200＋800　1000
⑤ 700＋600　1300
⑥ 900＋500　1400

3 計算を しましょう。　教科書 190ページ 1

① 500−200　300
② 600−300　300
③ 800−400　400
④ 1000−900　100
⑤ 1000−700　300
⑥ 1000−300　700

4 500円と 700円の べんとうを、それぞれ 1つずつ 買いました。だい金は 合わせて 何円ですか。　教科書 190ページ 1

しき 500＋700＝1200

答え（1200円）

ぴったり3　88〜89ページ

知識・技能　／88点

1 よく出る 色紙の 数を 数字で 書きましょう。（6点）

（4234）まい

2 よく出る つぎの 数を 数字で 書きましょう。1つ4点(28点)

① 三千六百七十五　（3675）
② 四千九　（4009）
③ 1000を 5こ、100を 3こ、10を 7こ 合わせた 数　（5370）
④ 1000を 8こと、10を 4こ 合わせた 数　（8040）
⑤ 100を 42こ あつめた 数　（4200）
⑥ 9990より 10 大きい 数　（10000）
⑦ 10000より 1000 小さい 数　（9000）

3 よく出る □に あてはまる 数を 書きましょう。1つ2点(14点)

① 7305の 千のくらいの 数字は 7で、百のくらいの 数字は 3で、十のくらいの 数字は 0で、一のくらいの 数字は 5です。
② 6900は、100を 69こ あつめた 数です。
③ 6900は、1000を 6こと、100を 9こ 合わせた 数です。

4 よく出る 計算を しましょう。1つ3点(12点)

① 200＋600　800
② 900＋400　1300
③ 800−500　300
④ 1000−600　400

5 下の 数の線で、ア、イ、ウの 数を あらわす 目もりに ↓を つけましょう。1つ4点(12点)
(れい) 9991　ア 9993　イ 9995　ウ 9999

9990(れい)　ア　イ　ウ　10000

6 □に あてはまる 数を 書きましょう。1つ2点(16点)

①	6000	7000	8000	9000	10000
②	3800	3900	4000	4100	4200
③	5770	5780	5790	5800	5810
④	2496	2497	2498	2499	2500

思考・判断・表現　／12点

できたらスゴイ!

7 0から 9までの 数字の 中で、□に あてはまる 数字を ぜんぶ 書きましょう。1だい6点(12点)

① 9650 ＞ 96□8　（0、1、2、3、4）
② 3□12 ＞ 3475　（5、6、7、8、9）

ぴったり2

1 ①3＋8＝11より、答えは 1100です。
②9−2＝7より、答えは 700です。

2 100が 何こに なるかを 考えます。
④100が、2＋8＝10で、100が 10こ なので 1000です。

3 100が 何こに なるかを 考えます。
①100が、5−2＝3で、100が 3こ なので 300と なります。
④〜⑥1000は 100が 10こなので、10−何の 計算を します。

4 500円の べんとうと 700円の べんとうを 合わせた だい金なので、500＋700を 計算します。100が 何こに なるかを 考えると、5＋7＝12で、100が 12こと なります。

しあげの5分レッスン
何百の たし算と ひき算は、100を もとに して いくつ分で 考えよう。

ぴったり3

2 ④百のくらいと 一のくらいの 数字は、0に なります。
⑥⑦わからない ときは、数の線を かいて 考えましょう。

3 ③6000は、1000を 6こ あつめた 数です。900は、100を 9こ あつめた 数です。

4 100を もとに して 考えます。
①2＋6＝8で、800です。
②9＋4＝13で、1300です。
③8−5＝3で、300です。

5 数の線の 1目もりは 1を あらわして います。

6 ①は 1000ずつ、②は 100ずつ、③は 10ずつ、④は 1ずつ 大きく なって います。

7 ①一のくらいは 右の ほうが 大きいので、十のくらいが 5より 小さく なるように します。
②十のくらいは 右の ほうが 大きいので、百のくらいが 4より 大きく なるように します。

ぴったり1　90ページ

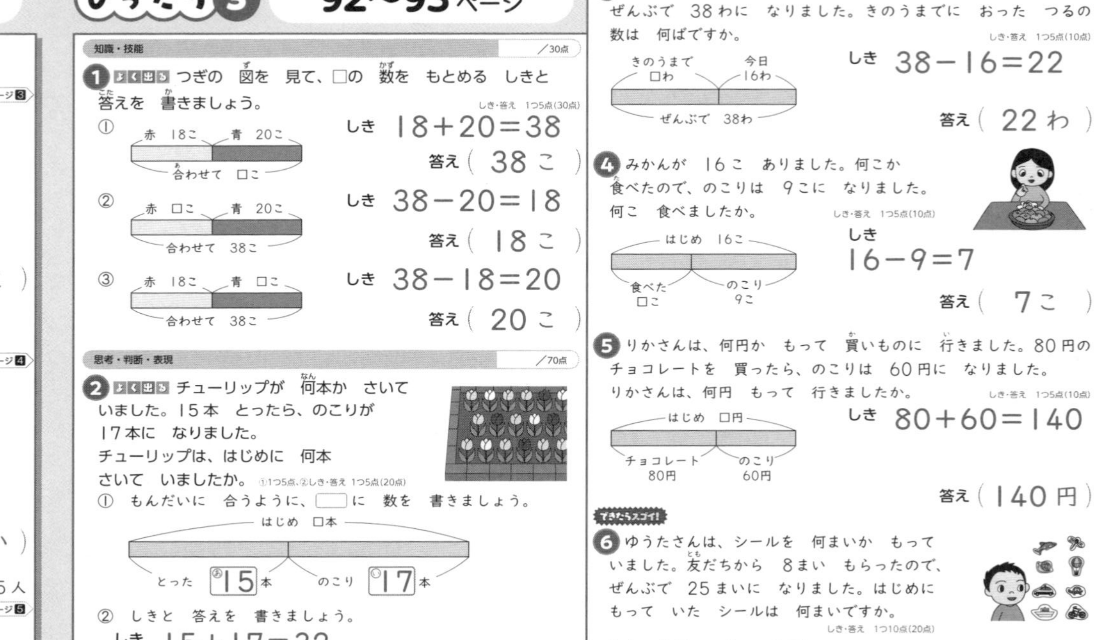

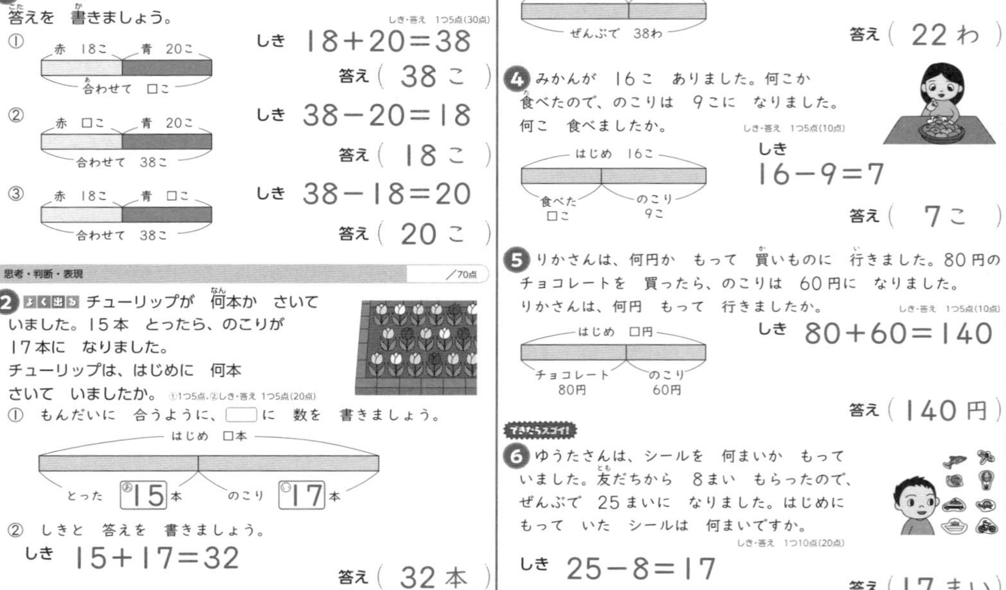

つぎの □に あてはまる 数や ことばを 書きましょう。

ねらい　もんだいを図にあらわして考えられるようにしよう。　れんしゅう ①②③

もんだいを　図に　あらわすと、どんな　しきに　なるのか　わかりやすく　なります。

下のような 図を テープ図と いうよ。

1 つぎの　ことを　図と　しきに　あらわしましょう。

バスに　おとなが　12人、子どもが　8人　のって　います。合わせて　20人です。

(1)　ぜんたいの　人数を　もとめる　しきを　書きましょう。
(2)　子どもの　人数を　もとめる　しきを　書きましょう。

とき方　図を　見て、どんな　しきに　なるかを　考えます。

おとな ㋐12人　子ども ㋑8人　合わせて ㋒20人

図に 数を 書き入れて 考えよう。

(1)　図から、①たし算を　つかえば　よい　ことが　わかります。しきは、②12＋③8＝④20 に なります。

(2)　図から、⑤ひき算を　つかえば　よい　ことが　わかります。しきは、②20－③12＝④8 に なります。

ぜんたいの 大きさを もとめる ときは たし算、ぶぶんの 大きさを もとめる ときは ひき算に なるよ。

ぴったり2　91ページ

1 きのう　あきかんを　16こ　あつめました。今日も　何こか　あつめたので、合わせて　30こに　なりました。今日は　何こ　あつめましたか。　教科書 195ページ3

①　もんだいに　合うように、□に　数を　書きましょう。

きのう ㋐16こ　今日 □こ　合わせて ㋑30こ

②　しきと　答えを　書きましょう。

しき　30－16＝14　　答え（14こ）

2 おり紙が　15まい　あります。何まいか　つかったので、のこりは　7まいに　なりました。つかった　おり紙は　何まいですか。　教科書 197ページ4

①　もんだいに　合うように、□に　数を　書きましょう。

はじめ ㋐15まい　つかった □まい　のこり ㋑7まい

②　しきと　答えを　書きましょう。

しき　15－7＝8　　答え（8まい）

よくよんで

3 校ていに　何人か　いました。10人　帰ると、のこりが　15人に　なりました。はじめに　何人　いましたか。　教科書 199ページ5

もとめる 数は 「□人」と して テープ図に あらわそう。

しき　10＋15＝25　　答え（25人）

ぴったり3　92～93ページ

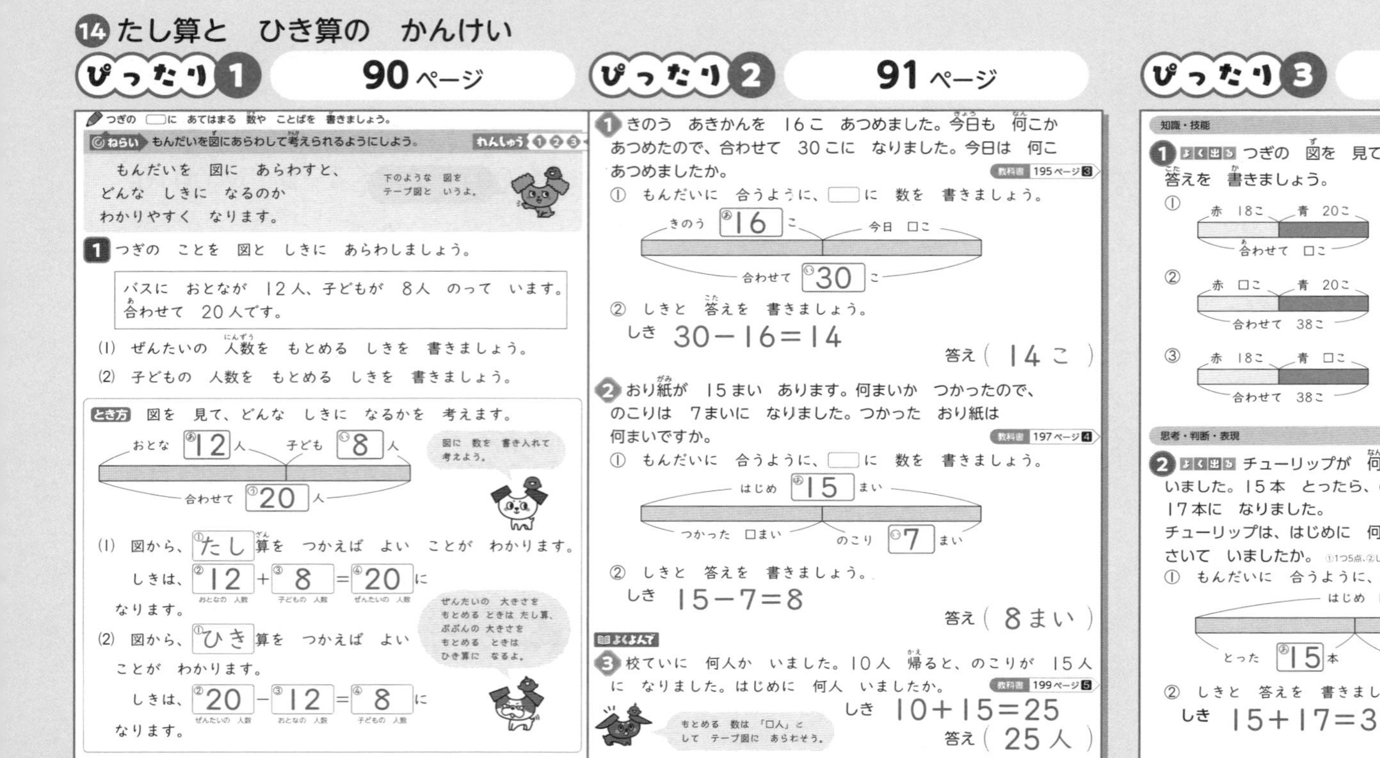

知識・技能　／30点

1 よく出る　つぎの　図を　見て、□の　数を　もとめる　しきと　答えを　書きましょう。　しき・答え 1つ5点(30点)

①　赤 18こ　青 20こ　合わせて □こ　　しき　18＋20＝38　　答え（38こ）

②　赤 □こ　青 20こ　合わせて 38こ　　しき　38－20＝18　　答え（18こ）

③　赤 18こ　青 □こ　合わせて 38こ　　しき　38－18＝20　　答え（20こ）

思考・判断・表現　／70点

2 よく出る　チューリップが　何本か　さいて　いました。15本　とったら、のこりが　17本に　なりました。チューリップは、はじめに　何本　さいて　いましたか。　①1つ5点、②しき・答え 1つ5点(20点)

①　もんだいに　合うように、□に　数を　書きましょう。

はじめ □本　とった ㋐15本　のこり ㋑17本

②　しきと　答えを　書きましょう。

しき　15＋17＝32　　答え（32本）

3 おり紙で　つるを　おって　います。今日　16わ　おったので、ぜんぶで　38わに　なりました。きのうまでに　おった　つるの　数は　何ばですか。　しき・答え 1つ5点(10点)

きのうまで □わ　今日 16わ　ぜんぶで 38わ

しき　38－16＝22　　答え（22わ）

4 みかんが　16こ　ありました。何こか　食べたので、のこりは　9こに　なりました。何こ　食べましたか。　しき・答え 1つ5点(10点)

はじめ 16こ　食べた □こ　のこり 9こ

しき　16－9＝7　　答え（7こ）

5 りかさんは、何円か　もって　買いものに　行きました。80円の　チョコレートを　買ったら、のこりは　60円に　なりました。りかさんは、何円　もって　行きましたか。　しき・答え 1つ5点(10点)

はじめ □円　チョコレート 80円　のこり 60円

しき　80＋60＝140　　答え（140円）

できたらスゴイ!

6 ゆうたさんは、シールを　何まいか　もって　いました。友だちから　8まい　もらったので、ぜんぶで　25まいに　なりました。はじめに　もって　いた　シールは　何まいですか。　しき・答え 1つ10点(20点)

しき　25－8＝17　　答え（17まい）

ぴったり2

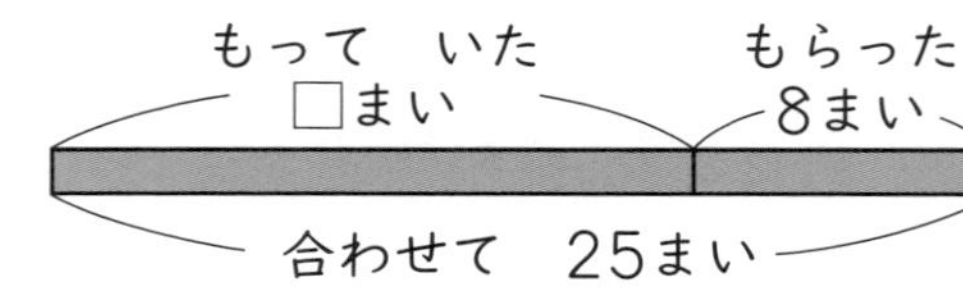

1 きのう あつめた 数 ＋ 今日 あつめた 数 ＝ 合わせた 数

なので、

合わせた 数 － きのう あつめた 数 ＝ 今日 あつめた 数

2 はじめの 数 － のこった 数 ＝ つかった 数

3 図に　あらわすと、つぎのように　なります。

はじめ　□人
帰った　10人　　のこり　15人

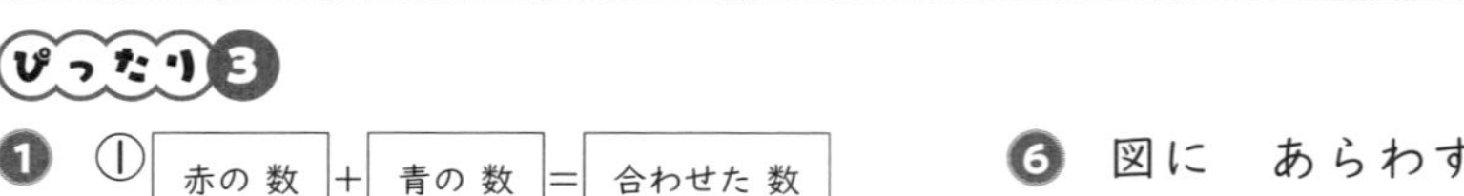

しあげの5分レッスン

もんだいを　よく　読んで、自分で　図に　あらわす　れんしゅうも　しよう。

ぴったり3

1 ① 赤の 数 ＋ 青の 数 ＝ 合わせた 数

2 図から、たし算で　もとめれば　よい　ことが　わかります。

3 図を　よく　見て　考えましょう。

ぜんぶの 数 － 今日 おった 数 ＝ きのうまでに おった 数

4 はじめの 数 － のこった 数 ＝ 食べた 数

5 チョコレート の ねだん ＋ のこった お金 ＝ はじめに もって いた お金

6 図に　あらわすと、つぎのように　なります。

もって　いた　□まい　　もらった　8まい
合わせて　25まい

おうちのかたへ

問題を読んだだけでは立式ができず、つまずきが多い単元です。場面をテープ図に表して、数の関係を正しくとらえられるようにしましょう。

⑮かけ算の　きまり

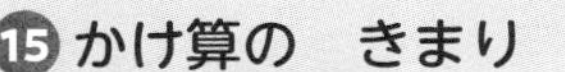

ぴったり1　94ページ

つぎの □に あてはまる 数を 書きましょう。

ねらい　かけ算九九のひょうを見て、かけ算のきまりを見つけよう。　れんしゅう①②③

●かけ算では、かける数が　1　ふえると、答えは　かけられる数だけ　ふえます。

5×2=10
5×3=15（1 ふえる　5 ふえる）

●かけ算では、かけられる数と　かける数を　入れかえても　答えは　同じに　なります。

6×8=48
8×6=48

1 ひょうを　見て　答えましょう。

(1) 2のだんでは、かける数が　1　ふえると、答えは　いくつ　ふえますか。

(2) 3×9と　答えが　同じに　なる　九九は　何ですか。

(3) 3のだんと　4のだんの　答えを　たすと　何の　だんの　答えに　なりますか。

かけられる数＼かける数	1	2	3	4	5	6	7	8	9
1	1	2	3	4	5	6	7	8	9
2	2	4	6	8	10	12	14	16	18
3	3	6	9	12	15	18	21	24	27
4	4	8	12	16	20	24	28	32	36
5	5	10	15	20	25	30	35	40	45
6	6	12	18	24	30	36	42	48	54
7	7	14	21	28	35	42	49	56	63
8	8	16	24	32	40	48	56	64	72
9	9	18	27	36	45	54	63	72	81

とき方

(1) かける数が　1　ふえると、答えは　かけられる数だけ　ふえるので、2　ふえます。

(2) かけられる数と　かける数を　入れかえても　答えは　同じなので、9 × 3 に　なります。

(3) 3のだんと　4のだんの　答えを　たすと、7、14、21、28、35、42、49、56、63と　なり、7 のだんの　答えに　なります。

ぴったり2　95ページ

1 右の　かけ算九九の　ひょうを　見て　答えましょう。　教科書 203ページ1、204ページ2、205ページ3

① かけられる数が　4の　とき、かける数が　1　ふえると、答えは　いくつ　ふえますか。　（ 4 ）

② 6のだんでは、かける数が　1　ふえると、答えは　いくつ　ふえますか。　（ 6 ）

③ 9×5と　答えが　同じに　なる　九九は　何ですか。　（ 5×9 ）

④ 3のだんと　5のだんの　答えを　たすと、何の　だんの　答えに　なりますか。　（ 8のだん ）

かけられる数＼かける数	1	2	3	4	5	6	7	8	9
1	1	2	3	4	5	6	7	8	9
2	2	4	6	8	10	12	14	16	18
3	3	6	9	12	15	18	21	24	27
4	4	8	12	16	20	24	28	32	36
5	5	10	15	20	25	30	35	40	45
6	6	12	18	24	30	36	42	48	54
7	7	14	21	28	35	42	49	56	63
8	8	16	24	32	40	48	56	64	72
9	9	18	27	36	45	54	63	72	81

まちがいちゅうい

2 答えが　つぎの　数に　なる　九九を、1の　ひょうから　見つけて　書きましょう。　教科書 204ページ2

① 16（ 2×8、4×4、8×2 ）

② 36（ 4×9、6×6、9×4 ）

3 右の　おはじきの　数を、2つの　考え方で　計算しましょう。　教科書 204ページ2

しき1（ 4×6=24 ）

しき2（ 6×4=24 ）

答え（ 24こ ）

ぴったり1　96ページ

つぎの □に あてはまる 数を 書きましょう。

ねらい　かけ算のきまりをつかって、九九のひょうをひろげよう。　れんしゅう①

4×11は、4×9=36　4×10=40　4×11=44 なので、44（4 ふえる）

12×3は、12×1=12　12×2=24　12×3=36 なので、36（12 ふえる）

1 計算を　しましょう。

(1) 5×12　　(2) 11×2

とき方

(1) 5×9=45　5×10=50　5×11=55　5×12=60

(2) 11×1=11　11×2=22

かける数が　1　ふえると　答えは…。

ねらい　かけ算をつかって、くふうしてもとめよう。　れんしゅう②

左の　●の　数を　数えます。　2×2=4　4×2=8　4+8=12　2×6=12　4×3=12

上のように　いろいろな　もとめ方が　あります。

2 右の　●の　数は　ぜんぶで　何こ　ありますか。

とき方

あ 2×3=6　4×3=12　6+12=18

い 6×3=18

ほかにも　いろいろな　もとめ方が　あるね！

ぴったり2　97ページ

1 計算を　しましょう。　教科書 206ページ4

① 6×12　72　② 7×11　77　③ 4×12　48

④ 10×5　50　⑤ 11×3　33　⑥ 12×4　48

2 おかしの　数を、かけ算を　つかって　くふうして　もとめます。つぎの　3人の　考え方で　それぞれ　計算しましょう。　教科書 207ページ5

① ゆうか　しき　2×2=4　4×3=12　4+12=16

② まさと　しき　4×5=20　2×2=4　20−4=16

③ あゆみ　しき　4×4=16

答え（ 16こ ）

ぴったり2

1 ①②かけ算では、かける数が　1　ふえると、答えは　かけられる数だけ　ふえます。

④たとえば、3×4と　5×4を　まとめると、3と　5を　合わせてから　4を　かける　ことと　同じに　なります。

2 答えが　同じに　なる　九九は、かけられる数と　かける数を　入れかえた　ものの　ほかにも　あります。さがして　みましょう。

3 考え方を　図に　あらわすと、つぎのように　なります。

しき1　　しき2

しあげの5分レッスン

かけ算九九の　ひょうの　たては　かけられる数、よこは　かける数を　あらわして　いるよ。

ぴったり2

1 ①6×9=54　54に　6を　3回　たします。

④10×1=10　10に　10を　4回　たします。

2 ①2つに　分けて、かけ算と　たし算を　つかって　もとめて　います。

②かけて　いる　ぶぶんも　ふくめて　かけ算をし、その　かけた　ぶぶんを　あとで　ひいて　います。

③かけ算だけで　もとめられるように、うごかして　もとめて　います。

しあげの5分レッスン

九九で　計算できない　ときは、同じ数ずつ　分けたり、図を　かいて　うごかしたり　して、九九が　つかえるように　しよう。

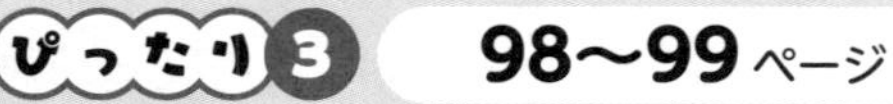

ぴったり3　98～99ページ

知識・技能　／62点

1 よく出る かけ算九九の ひょうを 見て 答えましょう。 1だい5点(20点)

① 3のだんでは、かける数が 1 ふえると、答えは いくつ ふえますか。
（ 3 ）

② 4×7と 答えが 同じに なる 九九は 何ですか。
（ 7×4 ）

③ 2のだんと 6のだんの 答えを たすと、何の だんの 答えに なりますか。
（ 8のだん ）

かけられる数＼かける数	1	2	3	4	5	6	7	8	9
1	1	2	3	4	5	6	7	8	9
2	2	4	6	8	10	12	14	16	18
3	3	6	9	12	15	18	21	24	27
4	4	8	12	16	20	24	28	32	36
5	5	10	15	20	25	30	35	40	45
6	6	12	18	24	30	36	42	48	54
7	7	14	21	28	35	42	49	56	63
8	8	16	24	32	40	48	56	64	72
9	9	18	27	36	45	54	63	72	81

できたらスゴイ！
④ 九九の ひょうに 1回しか 出て こない 数を ぜんぶ 書きましょう。
（ 1、25、49、64、81 ）

2 よく出る 答えが つぎの 数に なる 九九を ぜんぶ 書きましょう。 1だい6点(18点)

① 4 （ 1×4、2×2、4×1 ）
② 18 （ 2×9、3×6、6×3、9×2 ）
③ 24 （ 3×8、4×6、6×4、8×3 ）

3 □に あてはまる 数を 書きましょう。 1だい4点(24点)

① 5×4＝4×5　② 9×4＝4×9
③ 3×7＝7×3　④ 8×1＝1×8
⑤ 9×5の 答えは、9×4の 答えよりも 9 大きいです。
⑥ 4×10の 答えは、4×9の 答えに 4を たして もとめられます。

思考・判断・表現　／38点

4 はこの 中の おかしは、ぜんぶで 何こ ありますか。かけ算を つかって、くふうして もとめましょう。 しき・答え 1つ5点(20点)

①
しき 2×2＝4
4×4＝16
4＋16＝20
答え（ 20こ ）

②
しき 4×6＝24
2×2＝4
24−4＝20
答え（ 20こ ）

できたらスゴイ！
5 かけ算九九の 答えの 一のくらいの 数字が つぎのように なって いるのは、何の だんの 九九ですか。 1つ6点(18点)

① 5、0、5、0と くりかえして いる。 ……5のだん
② 1、2、3、……と 9まで じゅんに ならんで いる。 ……1のだん
③ 9、8、7、……と 1まで じゅんに ならんで いる。 ……9のだん

16 分数

ぴったり1　100ページ

つぎの □に あてはまる 数や きごうを 書きましょう。

ねらい 分数のあらわし方をしろう。　れんしゅう ①②③

分数
同じ 大きさに 2つに 分けた 1つ分の 大きさを、もとの 大きさの 二分の一と いい、$\frac{1}{2}$と 書きます。$\frac{1}{2}$や $\frac{1}{4}$のような 数を、分数と いいます。

$\frac{1}{2}$（分子・分数の線・分母）

もとの大きさ → $\frac{1}{2}$

1 色を ぬった ぶぶんは、もとの 大きさの 何分の一と いえば よいでしょうか。

とき方 同じ 大きさに 4つに 分けた 1つ分の 大きさなので、$\frac{1}{4}$です。

線の 上と 下に 書く 数字を まちがえないようにしよう！

2 下の あ、い、うで、もとの 大きさの $\frac{1}{3}$は どれですか。

とき方 同じ 大きさに 3つに 分けた 1つ分の 大きさが $\frac{1}{3}$です。あと うは、同じ 大きさに 分けて いないので ちがいます。答えは い です。

$\frac{1}{3}$の 3つ分で もとの 大きさに なるね。

ぴったり2　101ページ

1 色を ぬった ぶぶんは、もとの 大きさの 何分の一と いえば よいでしょうか。 教科書 215ページ2
（ $\frac{1}{4}$ ）

2 もとの 大きさの $\frac{1}{8}$だけ 色を ぬりましょう。 教科書 215ページ2

①（れい）　②（れい）　③（れい）

黒い 線で かこまれた ところが もとの 大きさだよ。

3 12まいの クッキーを 同じ 数ずつ 分けます。 教科書 217ページ3

① 1人分の 数は、もとの 数の 何分の一と いえば よいでしょうか。
ア 2人で 分ける。（ $\frac{1}{2}$ ）
イ 3人で 分ける。（ $\frac{1}{3}$ ）

② 4人で 分けると、1人分の 数は もとの 数の 何分の一に なりますか。
（ $\frac{1}{4}$ ）

ぴったり3

1 ①かける数が 1 ふえると、答えは かけられる数だけ ふえます。
②かけ算では、かけられる数と かける数を 入れかえて 計算しても、答えは 同じに なります。
④かけられる数と かける数が 同じ 九九の 中から、1回しか 出て こない 九九の 答えを さがします。

2 わからない ときは、かけ算九九の ひょうを つかって 考えましょう。

3 ①～④かける数と かけられる数を 入れかえても 答えは 同じに なります。

4 ほかにも、もとめ方が 考えられます。図の 見方と しきが あって いれば 正かいです。

5 ①5のだんの 答えは、5、10、15、20、……と なって います。
②1のだんの 答えは、かける数と 同じ 数に なるので、1、2、3、……と なります。
③9のだんの 答えは、9、18、27、36、……と ならんで います。

ぴったり2

1 4つに 分けた 1つ分です。

2 ①～③8つに 分けた 1つ分の どこを ぬっても よいです。

3 ①1人分の 数は、アは 6まい、イは 4まいに なります。
②図に、4人で 同じ 数ずつ 分けた ときの 線を 書いて みましょう。1人分の 数は 3まいに なります。

しあげの5分レッスン
紙などの 大きさだけでなく、おはじきなどの 数でも 分数が つかえるよ。

ぴったり3　102〜103ページ

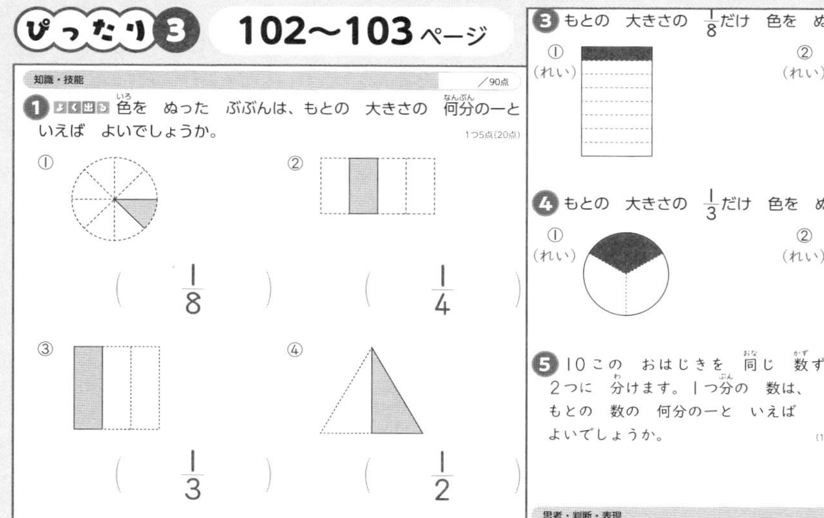
知識・技能　／90点

1 よくでるもんだい 色を　ぬった　ぶぶんは、もとの　大きさの　何分の一と　いえば　よいでしょうか。　1つ5点(20点)

① （ $\frac{1}{8}$ ）　② （ $\frac{1}{4}$ ）

③ （ $\frac{1}{3}$ ）　④ （ $\frac{1}{2}$ ）

2 もとの　大きさの　$\frac{1}{4}$だけ　色を　ぬりましょう。　1つ10点(20点)

①（れい）　②（れい）

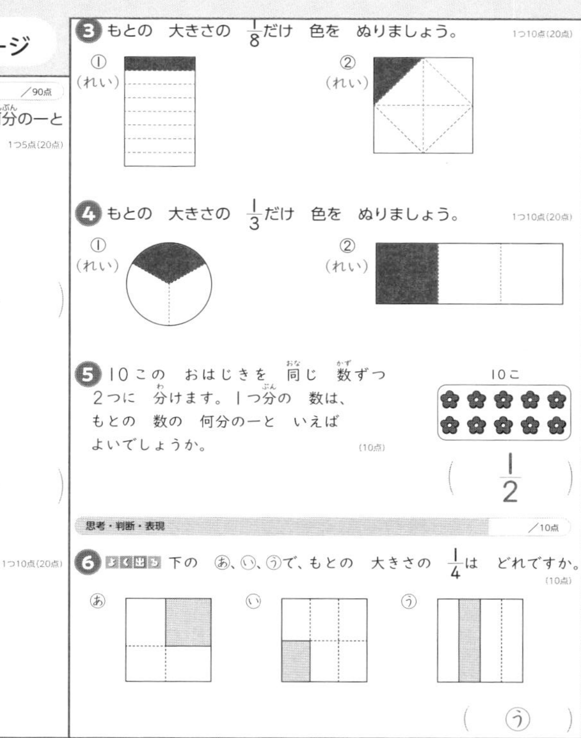
3 もとの　大きさの　$\frac{1}{8}$だけ　色を　ぬりましょう。　1つ10点(20点)

①（れい）　②（れい）

4 もとの　大きさの　$\frac{1}{3}$だけ　色を　ぬりましょう。　1つ10点(20点)

①（れい）　②（れい）

5 10こ の　おはじきを　同じ　数ずつ　2つに　分けます。1つ分の　数は、もとの　数の　何分の一と　いえば　よいでしょうか。　(10点)

10こ

（ $\frac{1}{2}$ ）

思考・判断・表現　／10点

6 よくでるもんだい 下の　あ、い、うで、もとの　大きさの　$\frac{1}{4}$は　どれですか。　(10点)

あ　い　う

（ う ）

17 はこの　形

ぴったり1　104ページ

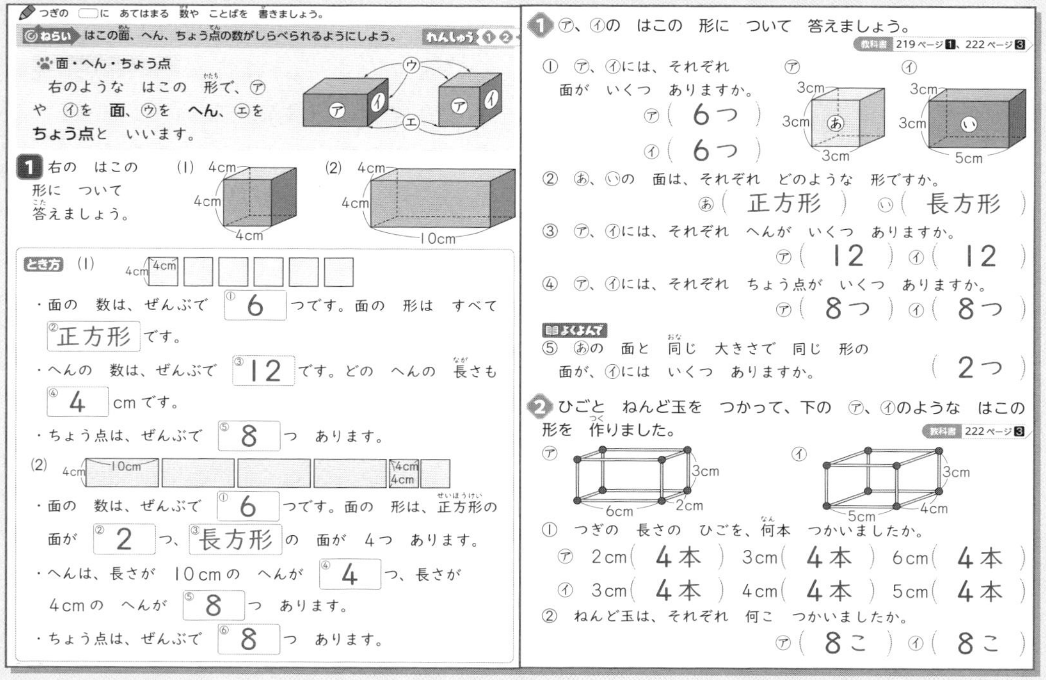

つぎの □に　あてはまる　数や　ことばを　書きましょう。

ねらい　はこの面、へん、ちょう点の数がしらべられるようにしよう。　れんしゅう ①②

面・へん・ちょう点

右のような　はこの　形で、ア　や　イを　面、ウを　へん、エを　ちょう点と　いいます。

1 右の　はこの　形に　ついて　答えましょう。

(1) 4cm 4cm 4cm　(2) 4cm 4cm 10cm

とき方 (1)

・面の　数は、ぜんぶで　[①6]つです。面の　形は　すべて　[②正方形]です。

・へんの　数は、ぜんぶで　[③12]です。どの　へんの　長さも　[④4]cmです。

・ちょう点は、ぜんぶで　[⑤8]つ　あります。

(2)

・面の　数は、ぜんぶで　[①6]つです。面の　形は、正方形の　面が　[②2]つ、[③長方形]の　面が　4つ　あります。

・へんは、長さが　10cmの　へんが　[④4]つ、長さが　4cmの　へんが　[⑤8]つ　あります。

・ちょう点は、ぜんぶで　[⑥8]つ　あります。

ぴったり2　105ページ

1 ア、イの　はこの　形に　ついて　答えましょう。　教科書 219ページ1、222ページ3

① ア、イには、それぞれ　面が　いくつ　ありますか。

ア（ 6つ ）　イ（ 6つ ）

② あ、いの　面は、それぞれ　どのような　形ですか。

あ（ 正方形 ）　い（ 長方形 ）

③ ア、イには、それぞれ　へんが　いくつ　ありますか。

ア（ 12 ）　イ（ 12 ）

④ ア、イには、それぞれ　ちょう点が　いくつ　ありますか。

ア（ 8つ ）　イ（ 8つ ）

よくよんで

⑤ あの　面と　同じ　大きさで　同じ　形の　面が、イには　いくつ　ありますか。　（ 2つ ）

2 ひごと　ねんど玉を　つかって、下の　ア、イのような　はこの　形を　作りました。　教科書 222ページ3

ア 3cm 2cm 6cm　イ 3cm 4cm 5cm

① つぎの　長さの　ひごを、何本　つかいましたか。

ア 2cm（ 4本 ）　3cm（ 4本 ）　6cm（ 4本 ）

イ 3cm（ 4本 ）　4cm（ 4本 ）　5cm（ 4本 ）

② ねんど玉は、それぞれ　何こ　つかいましたか。

ア（ 8こ ）　イ（ 8こ ）

ぴったり3

1 ①8つに　分けた　1つ分です。

2 ①②4つに　分けた　1つ分の　どこを　ぬっても　よいです。

3 ①②8つに　分けた　1つ分の　どこを　ぬっても　よいです。

4 ①②3つに　分けた　1つ分の　どこを　ぬっても　よいです。

5 1つ分の　数は　5こに　なります。

6 あは　同じ　大きさに　分けて　いません。

いは　同じ　大きさに　6つに　分けて　いるので、$\frac{1}{4}$では　ありません。

おうちのかたへ

分数の表し方を初めて学習しました。ピザやケーキを切り分けるときは、分数が理解しやすいです。声かけをして、考え方を定着させてください。

しあげの5分レッスン

分数の　書き方を　まちがえないように　しよう。

ぴったり2

1 ②あは　かどが　ぜんぶ　直角で、へんの　長さが　ぜんぶ　同じなので、正方形です。いは　かどが　ぜんぶ　直角で、むかい合った　へんの　長さが　同じ　四角形なので、長方形です。

⑤たて3cm　よこ3cmの　正方形の　数を　数えます。

2 ①はこの　形の　へんの　数は　12なので、ひごの　数も　合わせて　12本に　なります。

②ちょう点の　数は　8つ　なので、ねんど玉の　数も　8こに　なります。

しあげの5分レッスン

形や　大きさが　ちがっても、はこの　形には　6つの　面、12の　へん、8つの　ちょう点が　あるよ。みの　まわりの　はこの　形で　かくにんしよう。

ぴったり3 106～107ページ

知識・技能 ／90点

1 よくでる 右の はこの 形に ついて 答えましょう。 1つ5点(55点)

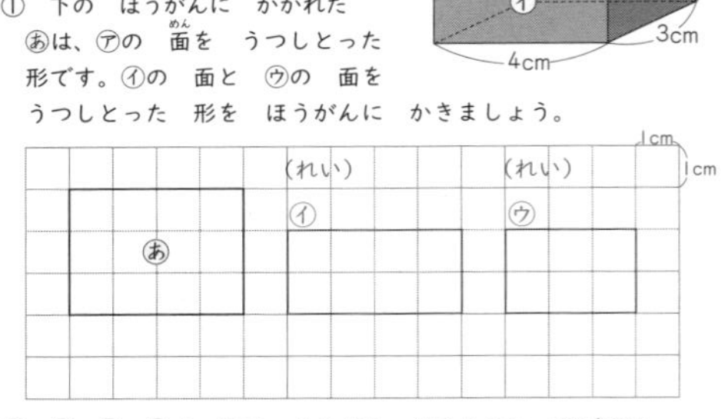

① 下の ほうがんに かかれた あは、㋐の 面を うつしとった 形です。㋑の 面と ㋒の 面を うつしとった 形を ほうがんに かきましょう。

（方眼：あ、㋑（れい）、㋒（れい）、1cm）

② ㋐、㋑、㋒の 面は それぞれ どのような 形ですか。
㋐（長方形） ㋑（長方形） ㋒（長方形）

③ この はこの 形に、面は ぜんぶで いくつ ありますか。 （6つ）

④ 2つの へんの 長さが 2cmと 4cmに なって いる 長方形の 面は いくつ ありますか。 （2つ）

⑤ つぎの 長さの へんは いくつ ありますか。
4cm（4つ） 3cm（4つ） 2cm（4つ）

⑥ ちょう点は いくつ ありますか。 （8つ）

2 10cmの ひごを 何本かと ねんどを つかって、下のような はこの 形を 作りました。 ①1つ5点、②③1つ10点(35点)

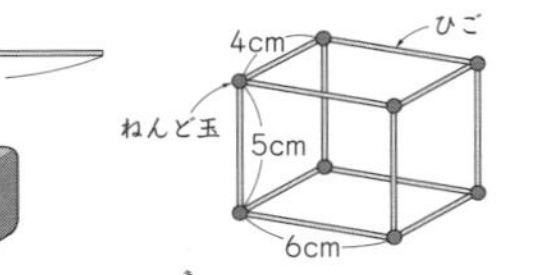

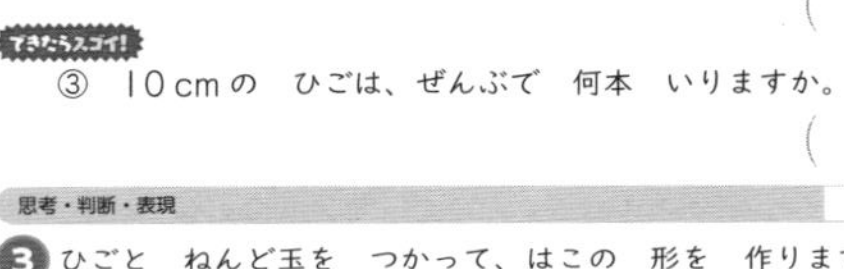

① 10cmの ひごを 切って、4cm、5cm、6cmの ひごを、それぞれ 何本 作れば よいでしょうか。
4cm（4本） 5cm（4本） 6cm（4本）

② ねんど玉は、ぜんぶで 何こ 作れば よいでしょうか。 （8こ）

てきたらスゴイ！

③ 10cmの ひごは、ぜんぶで 何本 いりますか。 （6本）

思考・判断・表現 ／10点

3 ひごと ねんど玉を つかって、はこの 形を 作ります。はこの 形が できるのは、下の あ、い、うの どれですか。 (10点)

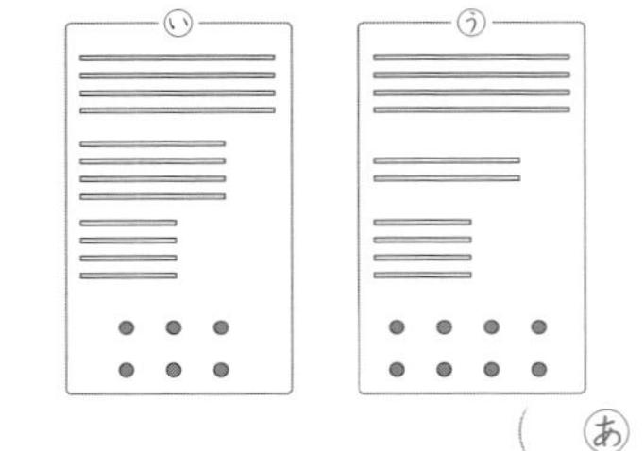
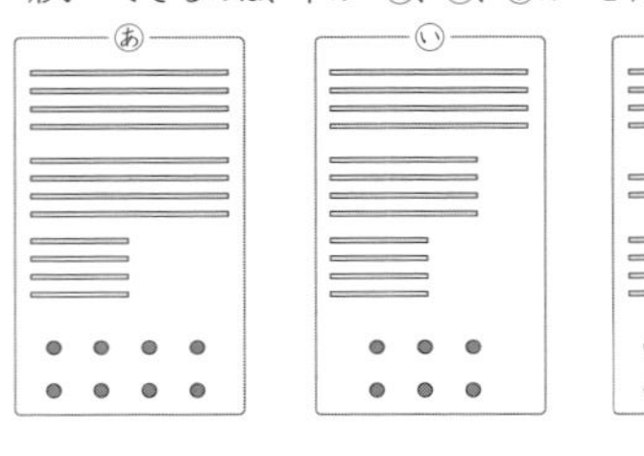

（あ）

活用 読みとる力を のばそう 見えない 数は いくつかな 108～109ページ

さいころには、下のような きまりが あります。

さいころの はんたいがわの 面どうしの 数を たすと 7に なる。

1の はんたいがわは 6だね。

1 たすと 7に なる 組み合わせを 3つ 書きましょう。
1と6 2と5 3と4

2 しゅんさんは、下の さいころを 見て、つぎのように いって います。□に あてはまる 目の 数を 書きましょう。

上の さいころの きまりに あって いない ところが あるよ。5か 2の どちらかが おかしいと 思うよ。（しゅん）

はんたいがわの 面どうしの 数を たすと 7に なると いう ことは…

7に なる 組み合わせは となりどうしには ならないよ。

3 ももかさんは、右のように さいころを 2つ かさねました。そして、つぎのような クイズを だしました。□に あてはまる 数を 書きましょう。

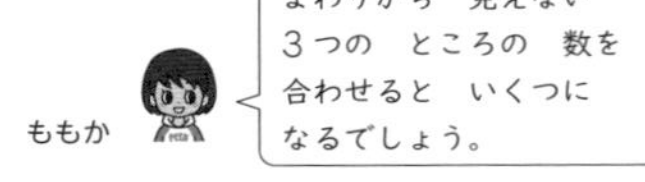

右の 図で 色の ついた、まわりから 見えない 3つの ところの 数を 合わせると いくつに なるでしょう。（ももか）

見えない 面の 目の 数は、はんたいがわの 面の 目の 数と 合わせると ㋐7に なります。上の さいころの 5の 目は 見えて いるので、その はんたいがわの 見えない ところの 数は ㋑2と わかります。見えない 3つの 面の 目の 数を 合わせると ㋒2＋㋓7で ㋔9に なります。

4 右のように さいころを 4つ かさねて、一番 上の 面に 紙を おきました。まわりから 見えない ところの 数を 合わせると いくつに なりますか。

（28）

ぜんぶ しらべるのは たいへんだな…。

もとめ方を せつめい できるかな。

ぴったり3

1 ①形が 同じで あれば、むきが ちがって いても 正かいです。

2 ③10cmの ひごを、つぎのような 長さに、2つに 切ります。

5cm 5cm　4cm 6cm

10cmの ひご 1本からは、5cmの ひごが 2本、または、4cmと 6cmの ひごが 1本ずつ 作れます。

3 ひごの 数は へんの 数、ねんど玉の 数は ちょう点の 数です。はこの 形には へんが 12、ちょう点が8つ あるので、答えは あです。

おうちのかたへ

はこの形(直方体と立方体)の特徴を調べて、形を構成する要素を学習しました。よく理解できていない場合は、紙を使ってはこの形を作る作業をもう一度やってみましょう。

しあげの5分レッスン

面、へん、ちょう点の 3つの ことばを わすれないように しよう。

1 じゅんばんは ちがっても かまいません。

2 じゅんばんは ちがっても かまいません。
5と 2は はんたいがわの 面どうしに なるはず なので、となりどうしに 見えて いるのは まちがって いる ことが わかります。

3 ③④は 入れかわっても 正かいです。

4 見えない ところは はんたいがわの 面どうしなので、合わせると 7に なります。それの 4つ分だから、$7×4=28$と なります。

しあげの5分レッスン

自分が どのように 考えたのか、友だちや まわりの 人に ことばで せつめいできるように なろう。

まとめのテスト 110ページ

1 下の 4まいの カードを ぜんぶ ならべて、つぎの 数を つくりましょう。1つ10点(20点)

5 3 1 7

① 一番 大きい 数 （7531）

② 一番 小さい 数 （1357）

2 計算を しましょう。1つ5点(40点)

① 25 +61 = 86　② 77 +39 = 116

③ 236 + 48 = 284　④ 52 −17 = 35

⑤ 101 − 62 = 39　⑥ 493 − 74 = 419

⑦ 3×5 15

⑧ 7×4 28

3 池に こいが 25ひき います。そこへ 何びきか 入れたので、ぜんぶで 32ひきに なりました。あとから 何びき 入れましたか。しき・答え 1つ10点(20点)

はじめ 25ひき　あとから □ひき　ぜんぶで 32ひき

しき 32−25=7

答え（ 7ひき ）

4 トランプの 数を、かけ算を つかって、くふうして もとめましょう。しき・答え 1つ10点(20点)

しき 4×5=20、2×2=4、20−4=16

答え（ 16まい ）

1 ①千のくらいから、大きい じゅんに 数字を ならべます。
②千のくらいから、小さい じゅんに 数字を ならべます。

2 ②③くり上がりに 気を つけて 計算しましょう。一のくらいの 計算の ときに くり上がった 1を、小さく 書いて おいて、十のくらいの 計算の ときに たしわすれない ように しましょう。

④〜⑥くり下がりに 気を つけて 計算しましょう。また、十のくらいの 計算の とき、くり下げた 1を ひくことを わすれないように しましょう。
⑤ひかれる数の 十のくらいが 0なので、はじめに 百のくらいの 1を くり下げて、つぎに 十のくらいから 1 くり下げて、一のくらいの 計算を します。
⑦は 3のだん、⑧は 7のだんの 九九を つかいます。

3 テープ図を 見て、しきを 考えましょう。ぶぶんの 大きさを もとめる ときは、ひき算に なります。

4 しきは 4×3=12、2×2=4、12+4=16なども 正かいです。ほかにも、いろいろな もとめ方が 考えられます。考えて みましょう。

まとめのテスト 111ページ

1 □に あてはまる 数を 書きましょう。1つ5点(20点)

① 1cm= 10 mm

② 1m= 100 cm

③ 1L= 1000 mL

④ 1dL= 100 mL

2 50cmと 90cmの リボンを つなぎました。つなぎ目は 10cmです。つないだ リボンの 長さは 何m何cmに なりますか。しき・答え 1つ10点(20点)

しき 50cm+90cm=140cm
140cm−10cm=130cm

答え（ 1m30cm ）

3 おり紙が 何まいか ありました。15まい つかったので、のこりが 25まいに なりました。はじめに 何まい ありましたか。しき・答え 1つ10点(20点)

しき 15+25=40

答え（ 40まい ）

4 水の かさは どれだけですか。(10点)

（2L5dL）
（25dL）

5 右の はこの 形で、長さが 5cmの へんは いくつ ありますか。(10点)

4cm　5cm　5cm

（ 8つ ）

6 下の 長方形で、㋐と ㋑の 長さは 何cmですか。1つ10点(20点)

8cm　4cm

㋐（ 4cm ）
㋑（ 8cm ）

1 ①②は 長さです。cm、mm、mの かんけいを しっかり おぼえましょう。③④は かさです。dL、L、mLの かんけいを しっかり おぼえましょう。

2 つなぎ目の 10cmは ひき算を します。わすれないように しましょう。

3 図に あらわすと、つぎのように なります。

4 25dLと 答えても 正かいです。

5 長さが 5cmの へんが 8つ、4cmの へんが 4つ あります。はこの 形には、へんは ぜんぶで 12 あります。

6 長方形の むかい合って いる へんの 長さは 同じです。

まとめのテスト **112ページ**

1 くだものの 数を しらべて、ひょうと グラフに あらわしましょう。 ひょう・グラフ・もんだい 1だい20点(60点)

くだものの しゅるいと 数

くだもの	バナナ	メロン	イチゴ	リンゴ
数(こ)	5	3	9	7

くだものの しゅるいと 数

バナナ　メロン　イチゴ　リンゴ

▶ 数が 一番 少ない くだものは 何ですか。（メロン）

2 □に あてはまる 数を 書きましょう。 1つ5点(20点)

① 1時間＝60分

② 1日＝24時間

③ 午前は 12時間、午後は 12時間 あります。

3 時計の みじかい はりは 1日に 何回 まわりますか。(5点)

（2回）

4 つぎの 時こくを もとめましょう。 1つ5点(15点)

① 午前10時から 45分たった 時こく

（午前10時45分）

② 午前10時の 20分前の 時こく

（午前9時40分）

③ 午前10時から 4時間たった 時こく

（午後2時）

1 数えた ものに、1つずつ しるしを つけて いくと、かさなりや 数えおとしが 少なく なります。また、しゅるいごとに べつの しるしを つかうと、まちがいが 少なく なります。

▶グラフで、高さが 一番 ひくい くだものを さがします。

2 時間、分、日の かんけいを しっかりと おぼえましょう。

3 午前の 12時間で 1回、午後の 12時間で 1回 まわります。

4 午前、午後を つかって 答えましょう。

しあげの5分レッスン

まちがえた もんだいは、できるように なるまで しっかり おさらいを しよう。

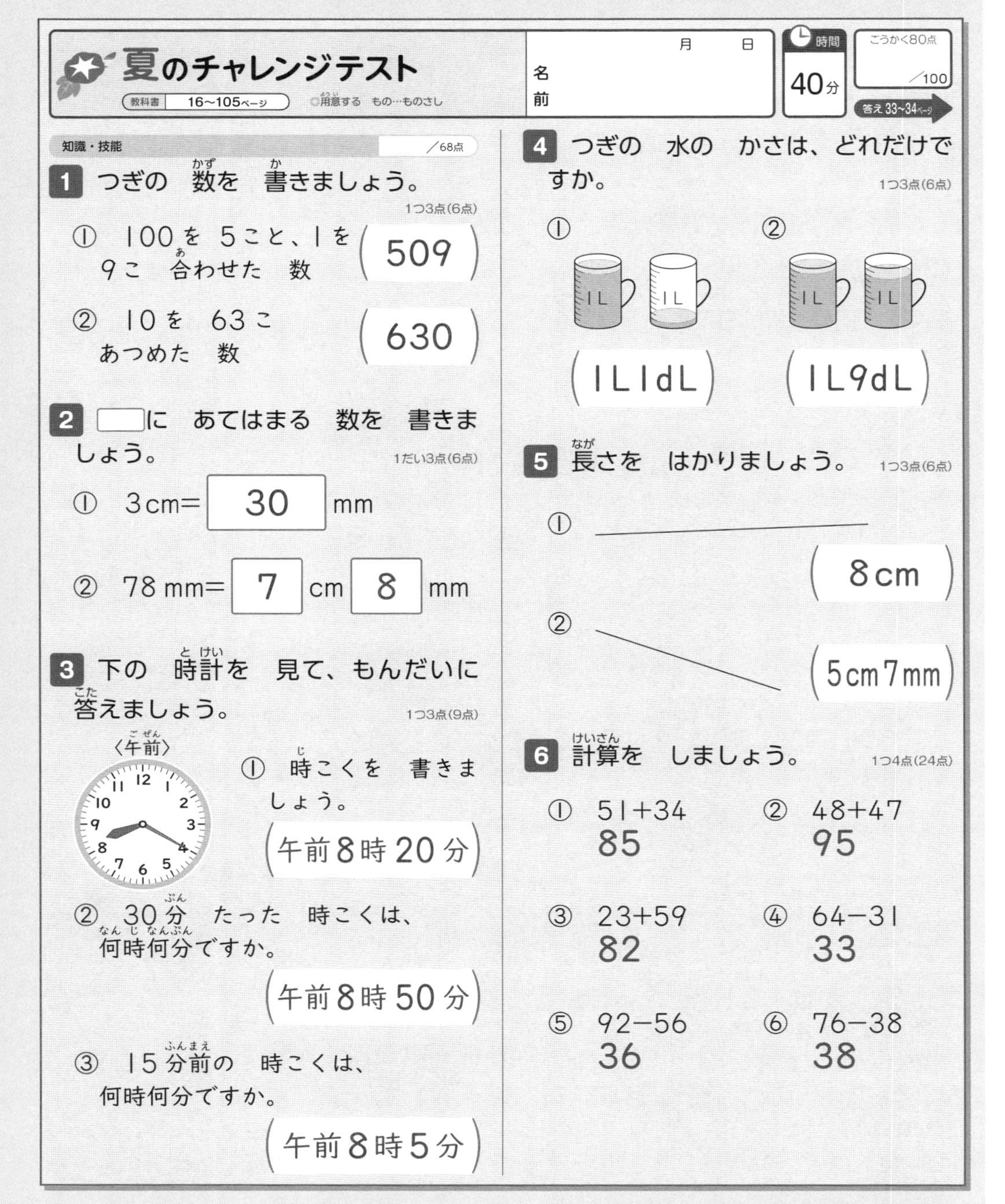

夏のチャレンジテスト

教科書 16〜105ページ　◎用意する もの…ものさし

名前　月　日　時間 40分　ごうかく80点　／100　答え 33〜34ページ

知識・技能　／68点

1 つぎの 数を 書きましょう。　1つ3点(6点)

① 100を 5こと、1を 9こ 合わせた 数　（509）

② 10を 63こ あつめた 数　（630）

2 □に あてはまる 数を 書きましょう。　1だい3点(6点)

① 3cm= 30 mm

② 78mm= 7 cm 8 mm

3 下の 時計を 見て、もんだいに 答えましょう。　1つ3点(9点)

〈午前〉

① 時こくを 書きましょう。　（午前8時20分）

② 30分 たった 時こくは、何時何分ですか。　（午前8時50分）

③ 15分前の 時こくは、何時何分ですか。　（午前8時5分）

4 つぎの 水の かさは、どれだけですか。　1つ3点(6点)

① （1L1dL）

② （1L9dL）

5 長さを はかりましょう。　1つ3点(6点)

① （8cm）

② （5cm7mm）

6 計算を しましょう。　1つ4点(24点)

① 51+34　85

② 48+47　95

③ 23+59　82

④ 64−31　33

⑤ 92−56　36

⑥ 76−38　38

1 数の しくみや あらわし方が わかって いるかを みる もんだいです。数の 大小や 数の ならび方も 見なおして おきましょう。

2 長さの たんいの かんけいが わかって いるかを みる もんだいです。

1cm=10mmを つかって 考えましょう。

3 ①午前を つけわすれないように しましょう。

②ある 時こくから 時間が たった 時こくが わかるかを みる もんだいです。長い はりを 30分 すすめた 時こくを 考えます。

③長い はりを 15分前に もどした 時こくを 考えます。

4 Lと dLの かさの かんけいが りかいできて いるかを みる もんだいです。

1L=10dLと いう かんけいを、しっかりと おさえて おきましょう。

①11dL、②19dLと 書いても 正かいです。

5 長さを はかれるかを みる もんだいです。

ものさしを つかって、きちんと はかりましょう。ただし、1、2mm ちがって いても かまいません。

6 ②③一のくらいから 十のくらいに くり上がります。くり上げた 1を たしわすれないように しましょう。

⑤⑥十のくらいから 一のくらいに 1 くり下げます。

7 どうぶつの　数を、ひょうと　グラフに　書きましょう。

ひょう・グラフ 1だい4点・もんだい 3点(11点)

どうぶつの　しゅるいと　数

どうぶつ	パンダ	りす	うさぎ	ぞう
数(ひき)	4	8	4	3

どうぶつの　しゅるいと　数

	○		
	○		
	○		
	○		
○	○	○	
○	○	○	○
○	○	○	○
○	○	○	○
パンダ	りす	うさぎ	ぞう

▶ 数が　同じ　どうぶつは　何と　何ですか。

（パンダ）と（うさぎ）

思考・判断・表現　／32点

8 入れものに、　1Lますで　3ばい　水を　入れても　いっぱいに　ならなかったので、1dLますで　8ぱい　水を　つぎたしたら、ちょうど　いっぱいに　なりました。

この　入れものに　入る　水の　かさは、何L何dLですか。

しき・答え　1つ4点(8点)

しき　3L＋8dL＝3L8dL

答え　3L8dL

9 学校で　さくひんてんが　ありました。

しき・答え　1つ4点(16点)

① 今日は、おとなが　37人、子どもが　53人　来ました。

合わせて　何人　来ましたか。

しき　37＋53＝90

答え　90人

② きのう　来た　人は、今日より　23人　少なかったそうです。きのう　来た　人は　何人ですか。

しき　90−23＝67

答え　67人

10 つぎの　①、②は、どのくらいの　長さだと　考えられますか。（　）から　えらんで、◯で　かこみましょう。

1つ4点(8点)

① あさがおの　たねの　長さ

（ (8mm)　8cm　80cm ）

② ふでばこの　長さ

（ 25mm　(25cm)　52cm ）

7 ひょうや　グラフに　あらわせるかを　みる　もんだいです。

数えた　ものに、1つずつ　しるしを　つけて　いくと、かさなりや　数えおとしが　少なく　なります。また、しゅるいごとに　べつの　しるしを　つかうと、まちがいが　少なく　なります。

▶パンダと　うさぎが　4ひきずつで、数が　同じです。

8 もんだい文を　読んで、どんな　計算で　答えを　もとめれば　よいかを　考える　もんだいです。かさの　たんいを　おさらいして　おきましょう。

3L＋8dL＝11と　たんいが　ちがう　2つの　数字を、そのまま　たすことは　できません。たんいに　気を　つけて　計算しましょう。

9 ①「合わせる」たし算なので、しきは　53＋37＝90でも　かまいません。

②くり下がりが　ある　ひき算です。ひっ算で　計算し、答えの　たしかめも　しましょう。

10 長さの　たんいを　てきせつに　つかえるように　しましょう。

長さに　よって、cm、mmの　2つの　たんいを　つかい分けられるように　しましょう。

しあげの5分レッスン

まちがえた　もんだいを　もう1回やって、1学きに　ならった　ことを　ばっちりに　しよう。

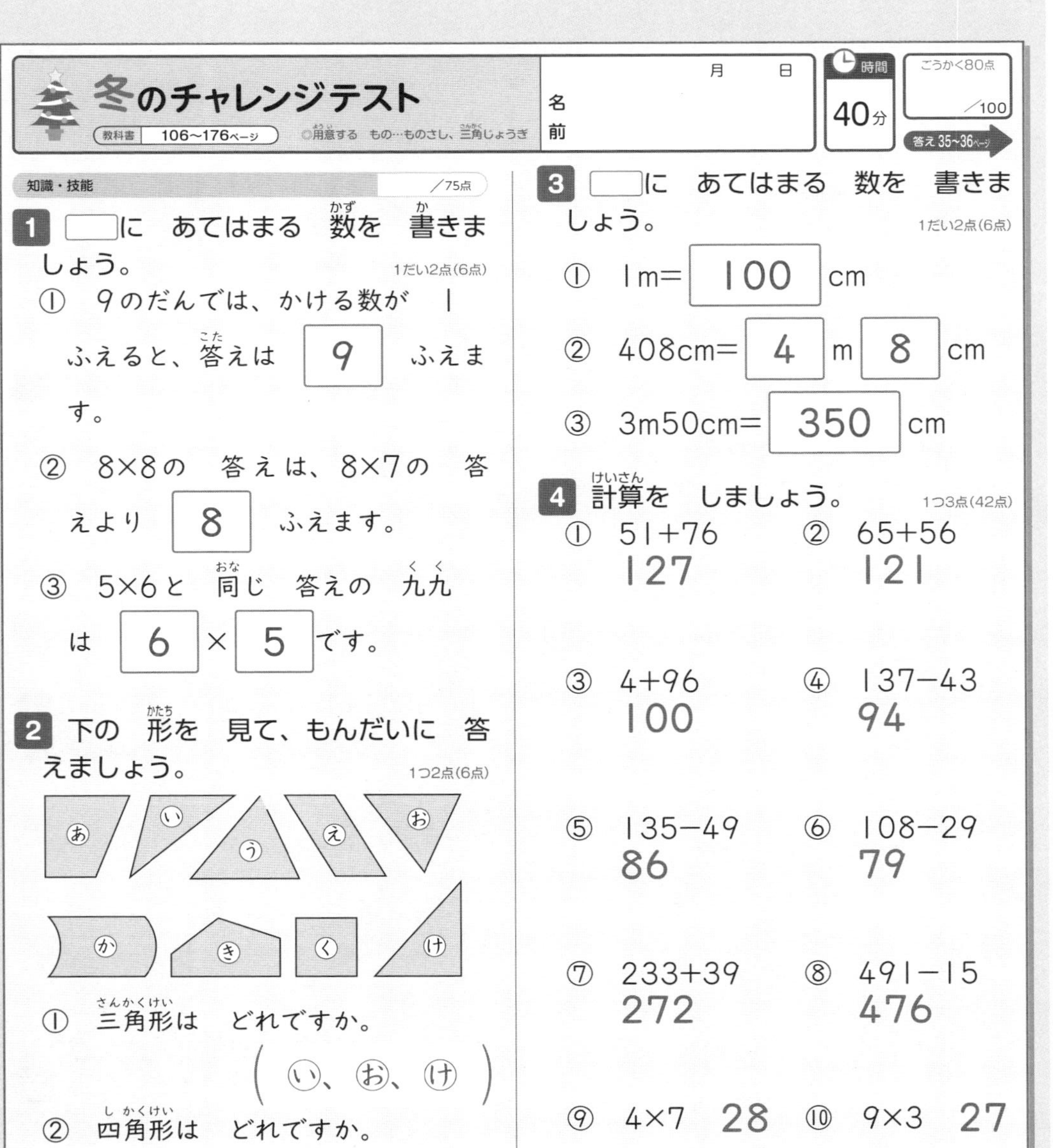

冬のチャレンジテスト

教科書 106〜176ページ　○用意する もの…ものさし、三角じょうぎ

名前　　月　日　時間 40分　ごうかく80点 ／100　答え 35〜36ページ

知識・技能 ／75点

1 □に あてはまる 数を 書きましょう。 1だい2点(6点)

① 9のだんでは、かける数が 1 ふえると、答えは 9 ふえます。

② 8×8の 答えは、8×7の 答えより 8 ふえます。

③ 5×6と 同じ 答えの 九九は 6 × 5 です。

2 下の 形を 見て、もんだいに 答えましょう。 1つ2点(6点)

あ い う え お か き く け

① 三角形は どれですか。 （い、お、け）

② 四角形は どれですか。 （あ、え、く）

③ 正方形は どれですか。 （く）

3 □に あてはまる 数を 書きましょう。 1だい2点(6点)

① 1m= 100 cm

② 408cm= 4 m 8 cm

③ 3m50cm= 350 cm

4 計算を しましょう。 1つ3点(42点)

① 51+76　127　② 65+56　121

③ 4+96　100　④ 137−43　94

⑤ 135−49　86　⑥ 108−29　79

⑦ 233+39　272　⑧ 491−15　476

⑨ 4×7　28　⑩ 9×3　27

⑪ 8×6　48　⑫ 6×7　42

⑬ 7×8　56　⑭ 9×8　72

1 かけ算の きまりが わかって いるかを みる もんだいです。

①② かけ算では、かける数が 1 ふえると、答えは かけられる数だけ ふえます。

③かけ算では、かけられる数と かける数を 入れかえても 答えは 同じです。

2 図形を りかいして いるかを みる もんだいです。三角形や 四角形や 正方形が どんな形かを たしかめて おきましょう。

①② 三角形は 3本、四角形は 4本の 直線で かこまれた 形です。うのように くっついて いなかったり、かのように 直線では ない 線が あったり、きのように 5本の 直線で かこまれて いたり する 形は、三角形や 四角形の なかまに 入りません。

③正方形は、かどが みんな 直角で、へんの 長さが みんな 同じ 四角形です。

3 長さの たんいの かんけいが わかって いるかを みる もんだいです。

1m=100cmを つかいます。

4 ひっ算の しかたが わかって いるか、かけ算九九を 正しく おぼえて いるかを みる もんだいです。

②③ くり上がりが 2回 ある たし算の ひっ算です。くり上げた 1を たしわすれないようにしましょう。

⑤は くり下がりが 2回 あります。

⑥は ひかれる数の 十のくらいが 0なので、はじめに 百のくらいから 1 くり下げて、つぎに 十のくらいから 1 くり下げて 計算します。

計算まちがいの ないように 気を つけましょう。

5 計算を　しましょう。　1つ3点(6点)

① 45cm+90cm　　1 m 35 cm

② 1m30cm−70cm　　60 cm

6 下の　点を　むすんで、正方形、長方形、直角三角形を　それぞれ　1つずつ　かきましょう。　1つ3点(9点)

(れい)

思考・判断・表現　／25点

7 リレーの　チームが　6チーム　あります。1チームは　4人です。みんなで　何人ですか。　しき・答え　1つ3点(6点)

しき　$4\times6=24$

答え（ 24 人 ）

8 150円で　買える　ほうに、○を　つけましょう。　(3点)

（　　）　（ ○ ）

9 48円の　ガムと　85円の　チョコレートが　あります。　しき・答え　1つ3点(12点)

① ガムと　チョコレートを　買うと、だい金は　何円ですか。

しき　$48+85=133$

答え（ 133 円 ）

② のぞみさんは　100円　もって　います。チョコレートを　買うと、何円　のこりますか。

しき　$100-85=15$

答え（ 15 円 ）

10 つぎの　中で、かけ算を　つかって　もとめられるのは　どれですか。あ、い、うで　答えましょう。　(4点)

あ みかんが　7こ　あります。りんごは　みかんより　8こ　多いそうです。りんごは　何こ　ありますか。

い 5mの　ひもが　あります。3ばいの　長さは　何mですか。

う えんぴつが　20本　あります。9本　つかうと、何本　のこりますか。

（ い ）

---

5 長さの　計算が　できるかを　みる　もんだいです。1m＝100cmを　つかって　計算しましょう。

②1m30cm＝130cmです。

130cm−70cmと　考えます。

6 自分で　考えて　形を　かく　ことが　できるかを　みる　もんだいです。

にがてな　人が　多いと　思いますが、もんだいを　たくさん　といていくうちに、しぜんに　できるように　なって　きます。

正方形…かどが　みんな　直角で、へんの　長さが　みんな　同じ　四角形が　かけていたら　正かいです。

長方形…かどが　みんな　直角に　なっている　四角形が　かけていたら　正かいです。

直角三角形…直角の　かどが　ある　三角形を　かきます。

7 1チームは　4人で、それが　6チーム　あるので、4×6と　なります。しきを　6×4と　しないように　気を　つけましょう。

8 あ、いが　それぞれ　何円に　なるかを　計算して、150円で　買える　組み合わせを　えらびます。

あ95＋70＝165(円)

い80＋65＝145(円)

なので、いに　なります。

9 ひっ算は　下のように　なります。

①	②
48 +85 133	100 − 85 15

①は、「合わせる」たし算なので、しきは　85＋48＝133でも　かまいません。

10 どんな　ときに　かけ算を　つかうかが　わかって　いるかを　みる　もんだいです。

かけ算を　つかうのは、同じ　数ずつの　ものが　いくつ分(何ばい)か　ある　ときです。

いは、「5mの　3ばいの　長さ」だから、5×3＝15と　かけ算で　答えを　もとめる　ことが　できます。

あは　たし算、うは　ひき算で　答えを　もとめます。

しあげの5分レッスン

まちがえた　もんだいを　もう　1回　やって、2学きに　ならった　ことを　ばっちりに　しよう。

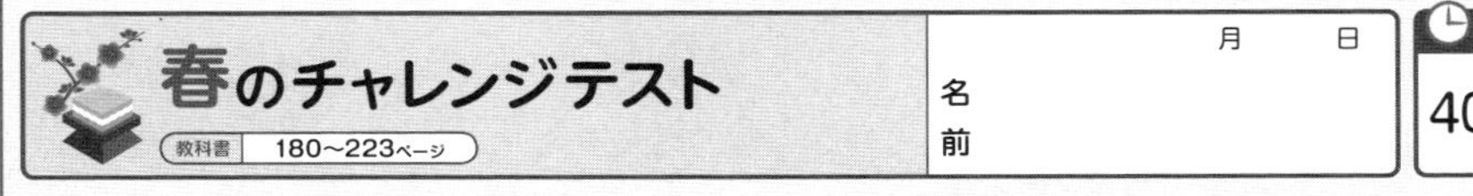

春のチャレンジテスト

教科書 180〜223ページ

月　日

名前

時間 40分

ごうかく80点　／100

答え 37〜38ページ

知識・技能　／60点

1 右の　はこの　形に　ついて　答えましょう。　1つ4点(12点)

2cm　2cm　3cm

① 正方形の　面は　いくつ　ありますか。

(2つ)

② ちょう点は　いくつ　ありますか。

(8つ)

③ 長さが　2cmの　へんは　いくつ　ありますか。

(8つ)

2 つぎの　数の線で、①から　④に　あてはまる　数を　書きましょう。　1つ3点(12点)

7000　8000　9000　10000　①　②

3200　3300　3400　3500　③　④

① (7700)　② (9300)

③ (3350)　④ (3520)

3 □に　あてはまる　数を　書きましょう。　1だい4点(12点)

① 6×4の　答えは、6×3より　[6]　大きい。

② 5×8=5×7+[5]

③ 7×[8]=8×[7]

4 色を　ぬった　ぶぶんは、もとの　大きさの　何分の一と　いえば　よいでしょうか。　1つ4点(8点)

① ($\frac{1}{4}$)

② ($\frac{1}{8}$)

5 計算を　しましょう。　1つ4点(16点)

① 200+600　800

② 1000−300　700

③ 12×3　36

④ 8×11　88

1 はこの　形の　面や　ちょう点の　数、へんの　長さや　数が　りかい　できて　いるかを　みる　もんだいです。

はこの　形の　もんだいでは、どんな　形の　面が、また、どんな　長さの　へんが　何本ずつ　あるのかに　気を　つけましょう。

③長さが　2cmの　へんが　8つ、3cmの　へんが　4つ　あります。

2 数の線の　見方が　わかって　いるかを　みる　もんだいです。数の線の　1目もりの　大きさが　どれだけに　なって　いるかに　ちゅうい　しましょう。

数の線の　1目もりが、①②は　100、③④は　10に　なって　います。

3 かけ算の　きまりを　りかいして　いるかを　みる　もんだいです。

①②かける数が　1　大きく　なると、答えは　かけられる数だけ　大きく　なります。

③かける数と　かけられる数を　入れかえても　答えは　同じに　なります。

4 分数の　あらわし方を　りかいして　いるかを　みる　もんだいです。

②正方形は　8つの　同じ　形の　三角形に　分けられて　います。

5 (何百)+(何百)、(千)−(何百)を　計算したり、九九を　ひろげて　計算したり　できるかを　みる　もんだいです。

③ 12+12=24　24+12=36

④ 8×9=72　72+8=80

80+8=88

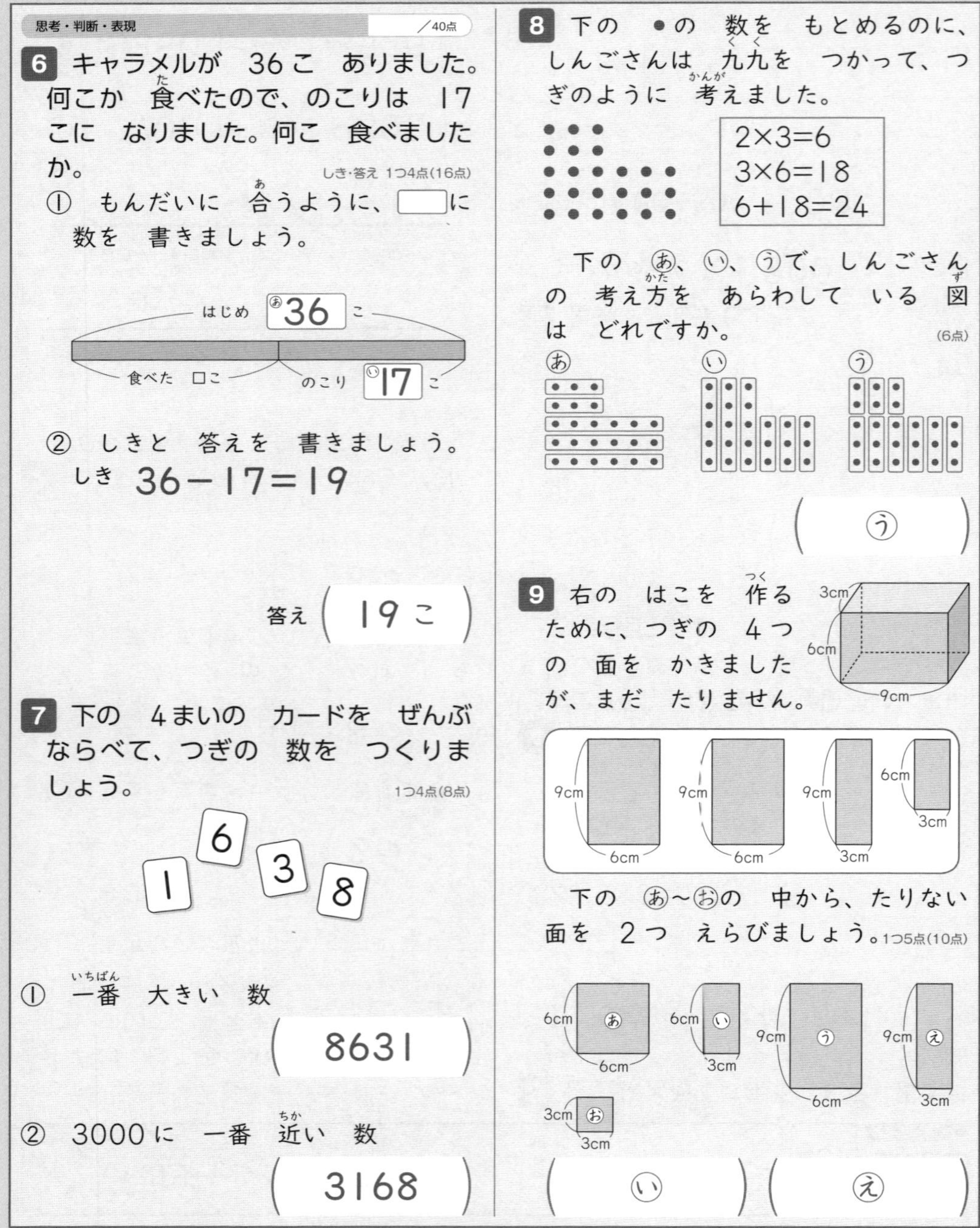

思考・判断・表現　／40点

6 キャラメルが　36こ　ありました。何こか　食べたので、のこりは　17こに　なりました。何こ　食べましたか。　しき・答え 1つ4点(16点)

① もんだいに　合うように、□に数を　書きましょう。

② しきと　答えを　書きましょう。

しき　36−17=19

答え（19こ）

7 下の　4まいの　カードを　ぜんぶならべて、つぎの　数を　つくりましょう。　1つ4点(8点)

① 一番　大きい　数　（8631）

② 3000に　一番　近い　数　（3168）

8 下の　●の　数を　もとめるのに、しんごさんは　九九を　つかって、つぎのように　考えました。

下の　㋐、㋑、㋒で、しんごさんの　考え方を　あらわして　いる　図は　どれですか。　(6点)

（㋒）

9 右の　はこを　作る　ために、つぎの　4つの　面を　かきましたが、まだ　たりません。

下の　㋐〜㋔の　中から、たりない　面を　2つ　えらびましょう。1つ5点(10点)

（㋑）（㋓）

6 もんだいを　図に　あらわして、数の　かんけいが　わかるように　します。ここでは　数を　入れるだけですが、なれてきたら　じぶんで　テープ図が　かけるように　なるとよいでしょう。

7 数の　しくみを　つかって　とく　もんだいです。

①大きい　じゅんに、千のくらいから　数字を　ならべます。

②千のくらいを　3に　して、あとは　小さい　じゅんに　百のくらいから　数字を　ならべます。

8 どのように　考えて　もとめたか、かけ算を　つかった　しきから　読みとる　もんだいです。

㋐、㋑の　考え方を　しきに　あらわすと、つぎのように　なります。

㋐3×2=6　　㋑5×3=15

6×3=18　　3×3=9

6+18=24　　15+9=24

9 はこの　形を　作るのに　ひつような　面が　わかって　いるかを　みる　もんだいです。

形や　大きさが　ちがっても、はこの　形には　6つの　面、12の　へん、8つの　ちょう点が　ある　ことを　おぼえて　おきましょう。

2年 算数のまとめ 学力しんだんテスト

名前　　月　日

時間 40分　ごうかく80点　／100

答え 39ページ

1 つぎの 数を 書きましょう。 1つ3点(6点)

① 100を 3こ、1を 6こ あわせた数 （306）

② 1000を 10こ あつめた 数 （10000）

2 色を ぬった ところは もとの 大きさの 何分の一ですか。 1つ3点(6点)

① （$\frac{1}{2}$）　② （$\frac{1}{8}$）

3 計算を しましょう。 1つ3点(12点)

① 214＋57＝271　② 546－27＝519

③ 4×8＝32　④ 7×6＝42

4 あめを 3こずつ 6つの ふくろに 入れると、2こ のこりました。あめは ぜんぶで 何こ ありましたか。 しき・答え 1つ3点(6点)

しき 3×6＋2＝20

答え （20こ）

5 すずめが 14わ いました。そこへ 9わ とんで きました。また 11わ とんで きました。すずめは 何わに なりましたか。とんで きた すずめを まとめて たす 考え方で 1つの しきに 書いて もとめましょう。 しき・答え 1つ3点(6点)

しき 14＋(9＋11)＝34

答え （34わ）

6 □に ＞か、＜か、＝を 書きましょう。 (2点)

25 dL ［＞］ 2L

7 □に あてはまる 長さの たんいを 書きましょう。 1つ3点(9点)

① ノートの あつさ…5［mm］

② プールの たての 長さ…25［m］

③ テレビの よこの 長さ…95［cm］

8 右の 時計を みて つぎの 時こくを 書きましょう。 1つ3点(6点)

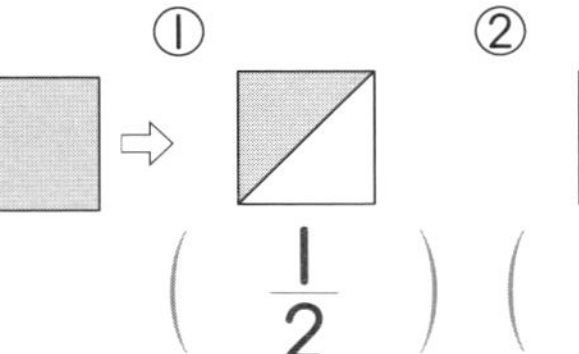

① 1時間あと （5時50分）

② 30分前 （4時20分）

---

1 ①100を 3こ あつめた 300と、6とで 306です。
②1000を 10こ あつめた 数は 10000です。

2 ②もとの 大きさを 同じ 大きさに 8つに 分けた 1つ分 だから、$\frac{1}{8}$です。

3 ①②ひっ算は くらいを そろえて 計算します。くり上がりや くり下がりに ちゅういして、計算しましょう。

4 3こずつ 6つの ふくろに はいって いる あめの 数は、かけ算で もとめます。ぜんぶの 数は、ふくろに はいって いる 数と のこって いる 数を たした 数に なります。
3×6＋2＝18＋2＝20

5 まとめて たす ときは、( )を つかって 1つの しきに あらわします。
14＋(9＋11)＝14＋20＝34

6 2L＝20 dL だから、25 dL＞20 dL になります。

7 それぞれの 長さを 思いうかべて 考えます。
1mm、1cm、1mが、およそ どれくらいの 長さかを おぼえて おきましょう。

8 時計は 4時50分を さして います。
②30分前は、時計の 長い はりを ぎゃくに まわして 考えます。

A

9 つぎの 三角形や 四角形の 名前を 書きましょう。 1つ3点(9点)

① （直角三角形）

② （正方形）

③ （長方形）

10 ひごと ねん土玉を つかって、右のような はこの 形を つくります。 1つ3点(6点)

① ねん土玉は 何こ いりますか。

（8こ）

② 6cmの ひごは 何本 いりますか。

（4本）

11 すきな くだものしらべを しました。 1つ4点(8点)

すきな くだものしらべ

すきな くだもの	りんご	みかん	いちご	スイカ
人数(人)	3	1	5	2

すきな くだものしらべ

		○	
		○	
○		○	
○		○	○
○	○	○	○
りんご	みかん	いちご	スイカ

① りんごが すきな 人の 人数を、○を つかって、右の グラフに あらわしましょう。

② すきな 人が いちばん 多い くだものと、いちばん 少ない くだものの 人数の ちがいは 何人ですか。

（4人）

活用力をみる

12 さいころを 右のように して、かさなりあった 面の 目の 数を たすと 9に なるように つみかさねます。

さいころは むかいあった 面の 目の 数を たすと、7に なっています。図の あ～うに あてはまる 目の 数を 書きましょう。 1つ4点(12点)

あ… 6　い… 3　う… 4

13 ゆうまさんは、まとあてゲームを しました。3回 ボールを なげて、点数を 出します。①しき・答え 1つ3点、②1つ3点(12点)

① ゆうまさんは あと 5点で 30点でした。ゆうまさんの 点数は 何点でしたか。

しき $30-5=25$

答え（25点）

② ゆうまさんの まとは 下の あ、いの どちらですか。その わけも 書きましょう。

ゆうまさんの まとは い です。

わけ（(れい)あの まとは 35点、いの まとは 25点だから。）

9 へんの 数や 長さ、かどの 形に ちゅういして 考えます。

①1つの かどが 直角に なっている 三角形だから、直角三角形です。

②かどが みんな 直角で、へんの 長さが みんな 同じ 四角形だから、正方形です。

③かどが みんな 直角に なっていて、むかいあう 2つの へんの 長さが 同じだから、長方形です。

10 ねん土玉は ちょう点、ひごは へんを あらわします。図を よく 見て 答えます。

11 ②すきな 人が いちばん 多い くだものは いちごで 5人、いちばん 少ない くだものは みかんで 1人です。ちがいは、$5-1=4$ で、4人です。

12 右の 図の ように なります。

かさね方の きまりを、もんだい文から 読みとりましょう。

あ $7-1=6$

い $9-6=3$

う $7-3=4$

13 それぞれの まとの 点数を、計算で もとめます。

わけは、あと いの まとの 点数を それぞれ もとめ、いの まとが 「25点だから」「30点に 5点たりないから」という わけが 書けていれば 正かいです。

ふろく　取りはずしてお使いください。

理科スタートアップドリル

3年

このドリルを使って
２年生までに学習した
ことをふり返ろう。

年　　組

1 生きものを見つけよう①

1 春の校ていで、生きものを見つけました。
（　　）にあてはまる生きものの名前を、あとの □ からえらんで、
（　　）にかきましょう。

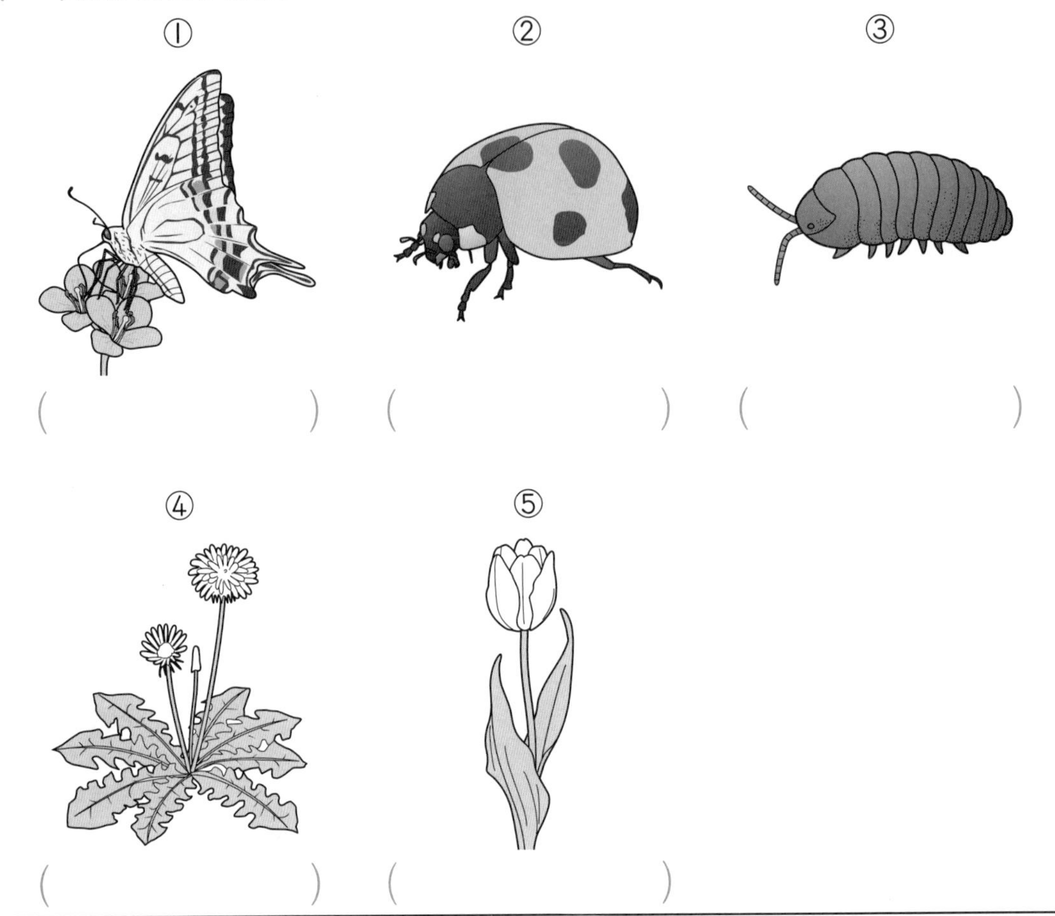

（　　　　）（　　　　）（　　　　）

（　　　　）（　　　　）

ダンゴムシ	タンポポ	チューリップ	チョウ	テントウムシ

1 たねと、花やみをかんさつして、ひょうにまとめました。
①や②は、㋐と㋑のどちらに入りますか。（　　）にかきましょう。

	ヒマワリ	フウセンカズラ	アサガオ
たね	㋐		㋑
花 または み			

①

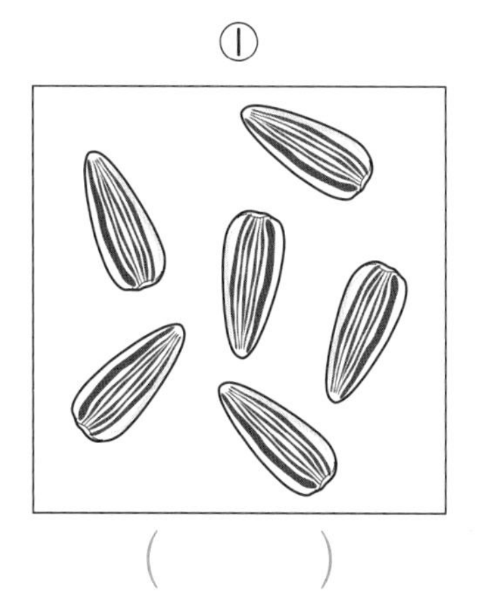

（　　　）

②

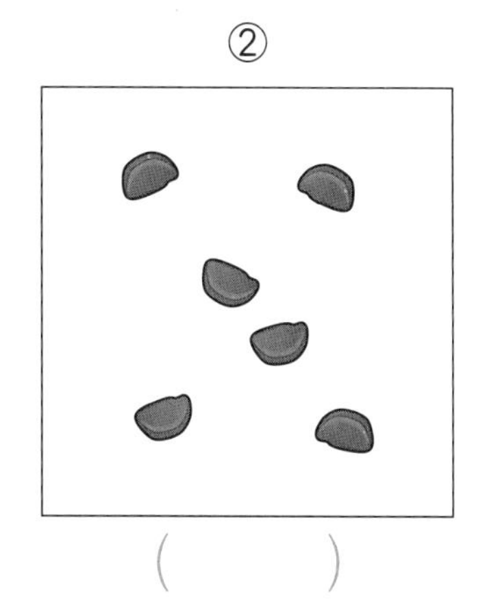

（　　　）

3 花をそだてよう②

1 アサガオのたねをまいて、そだてました。

(1) アサガオのたねまきを、正しいじゅんにならべかえます。
（　　）に、１から３のばんごうをかきましょう。

㋐　㋑　㋒

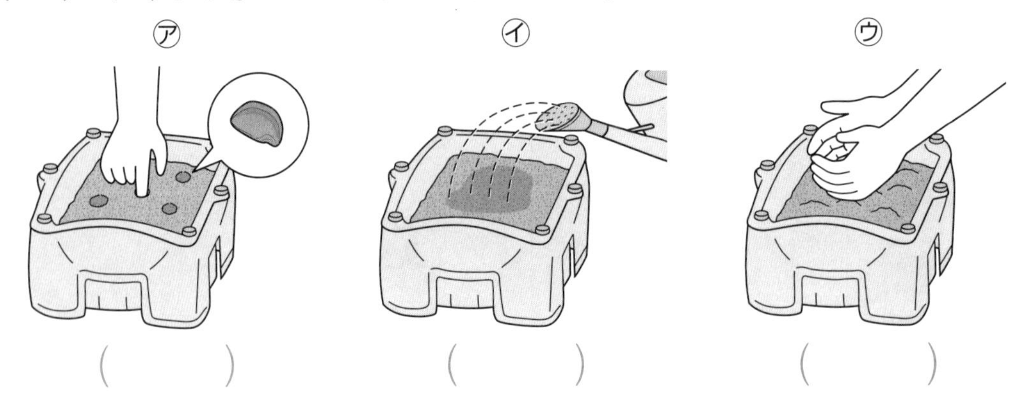

（　　）　（　　）　（　　）

(2) アサガオのそだちを、正しいじゅんにならべかえます。
（　　）に、１から３のばんごうをかきましょう。

㋐　㋑　㋒

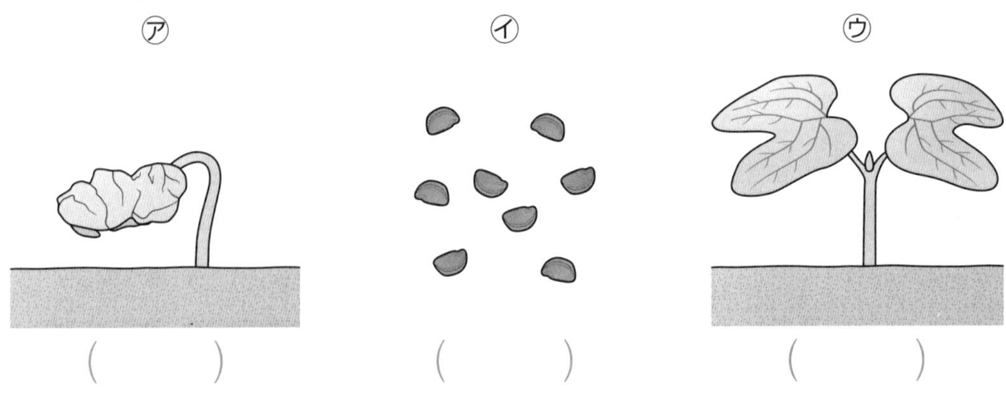

（　　）　（　　）　（　　）

(3) ①から④で、アサガオのせわのしかたで、正しいものはどれですか。
正しいものを２つえらんで、（　　）に○をかきましょう。

①（　　）日当たりのよい場しょにおく。
②（　　）水は毎日よるにやる。
③（　　）ひりょうはやらなくてよい。
④（　　）つるがのびたら、ぼうを立てる。

4 きせつだより

1 それぞれのきせつに、生きものをかんさつしました。
夏に見られる生きものには○を、秋に見られる生きものには△を、
（　　）にかきましょう。

①ヒマワリ（花）　②アサガオ（花）　③キンモクセイ（花）

（　　）

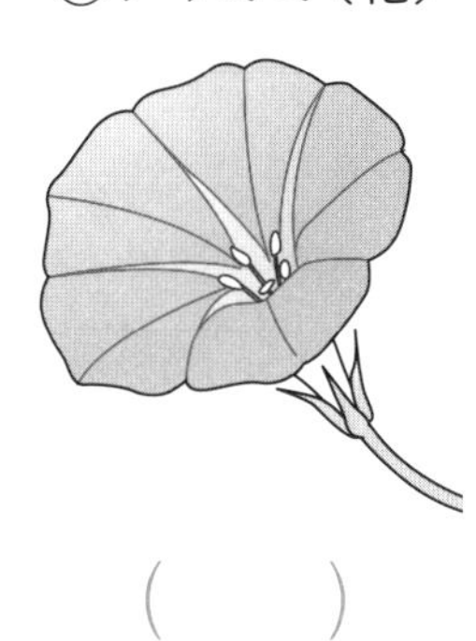

（　　）

（　　）

④イチョウ（黄色の葉）　⑤カエデ（赤色の葉）　⑥エノコログサ

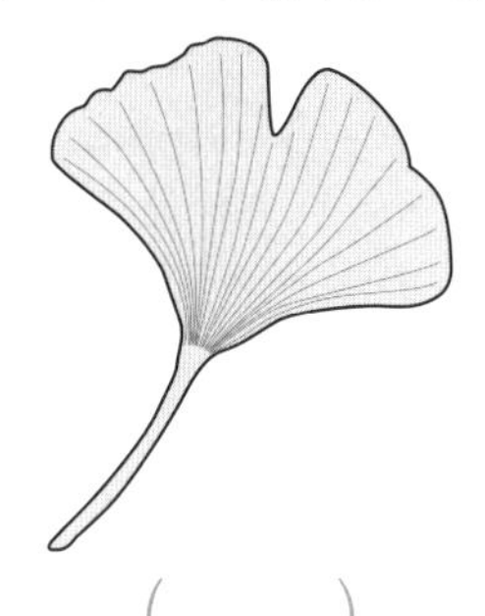

（　　）

（　　）

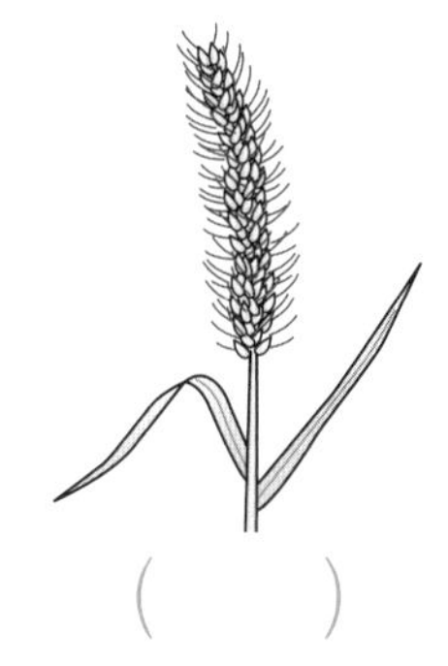

（　　）

⑦コナラ（み）　⑧カブトムシ　⑨コオロギ

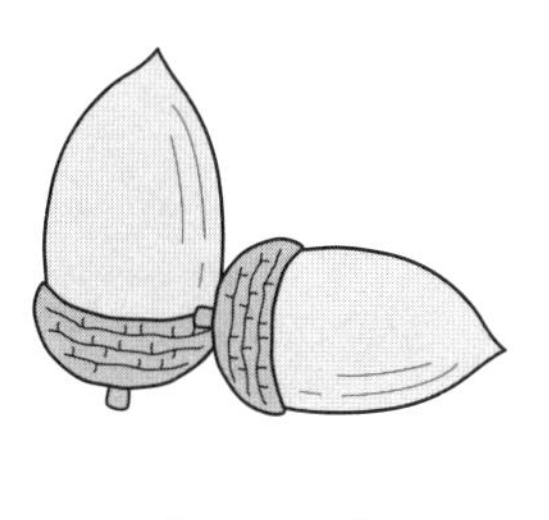

（　　）

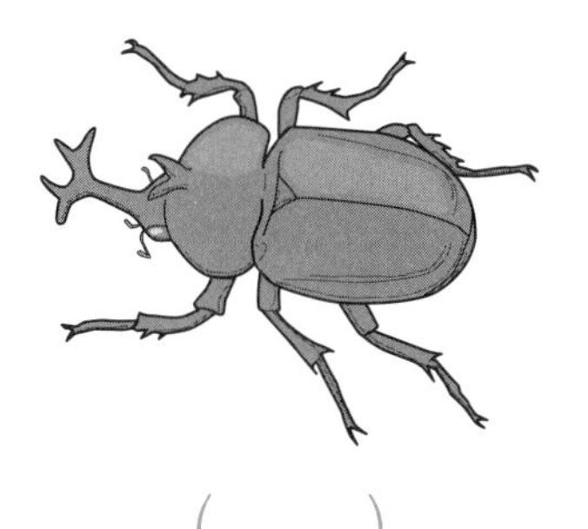

（　　）

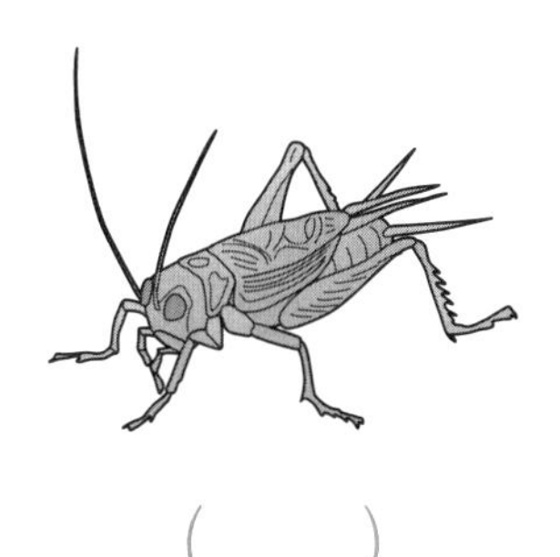

（　　）

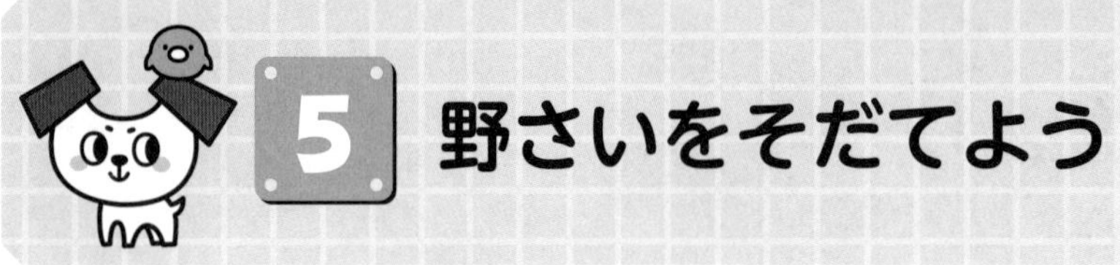

5 野さいをそだてよう

1 （　　）にあてはまる野さいの名前を、あとの［　　］からえらんでかきましょう。

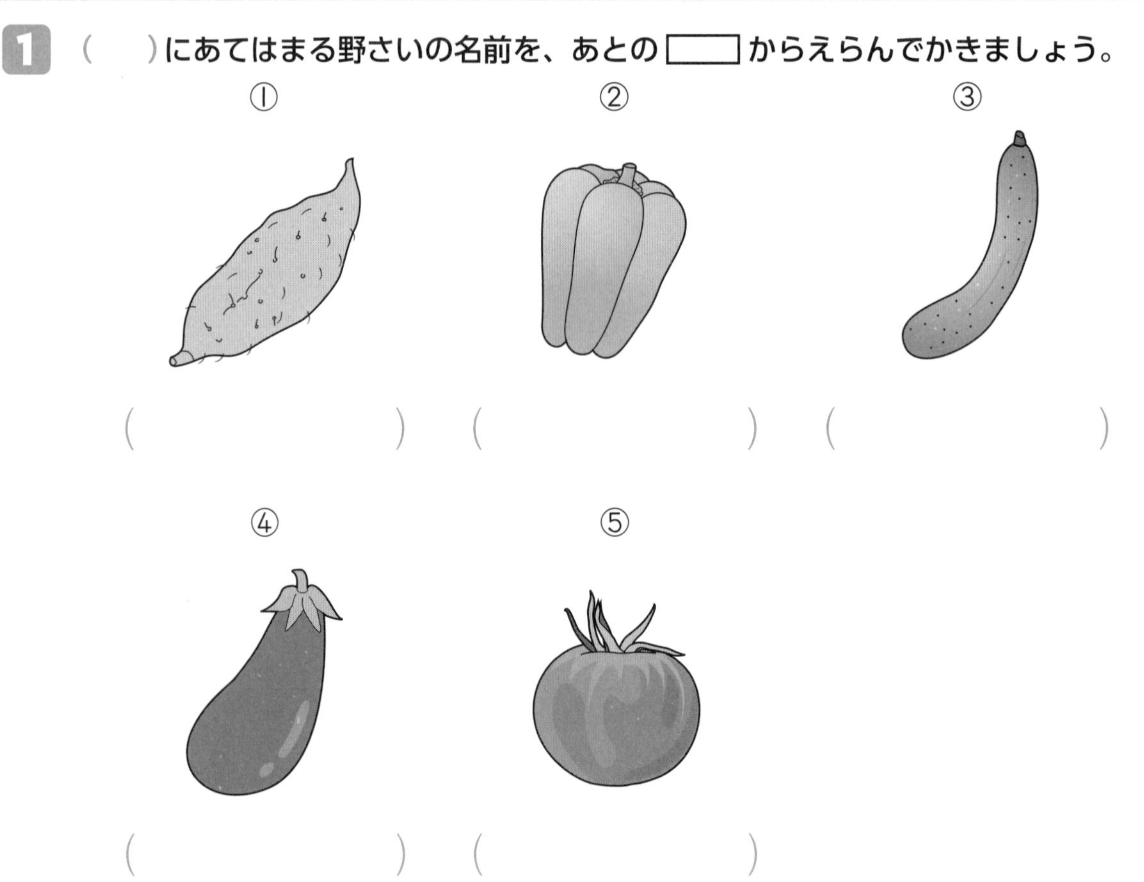

①（　　　　）　②（　　　　）　③（　　　　）

④（　　　　）　⑤（　　　　）

キュウリ	サツマイモ	トマト	ナス	ピーマン

2 野さいのなえのうえかえを、正しいじゅんにならべかえます。
（　　）に、１から３のばんごうをかきましょう。

㋐土をかけて、上から
かるくおさえる。

（　　）

㋑なえをそっと
とり出し、うえる。

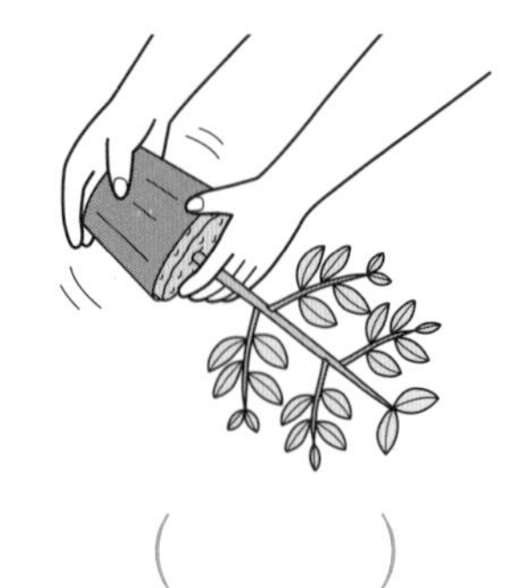

（　　）

㋒なえが入る大きさの
あなをほる。

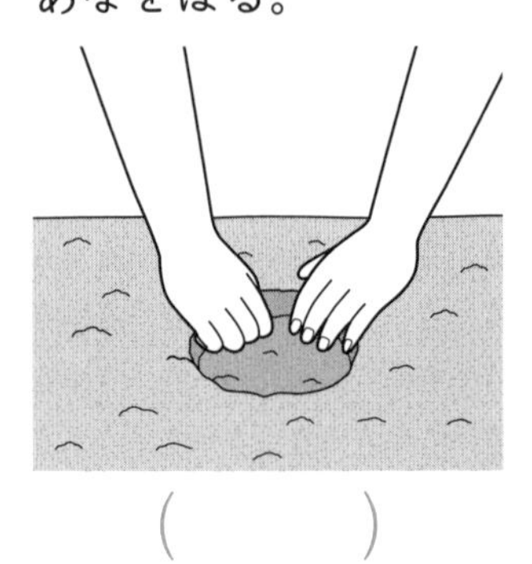

（　　）

6 生きものを見つけよう②

1 ①から④の生きものは、どこで見つかりますか。
（　　）にあてはまることばを、あとの［　　］からえらんでかきましょう。

①ダンゴムシ

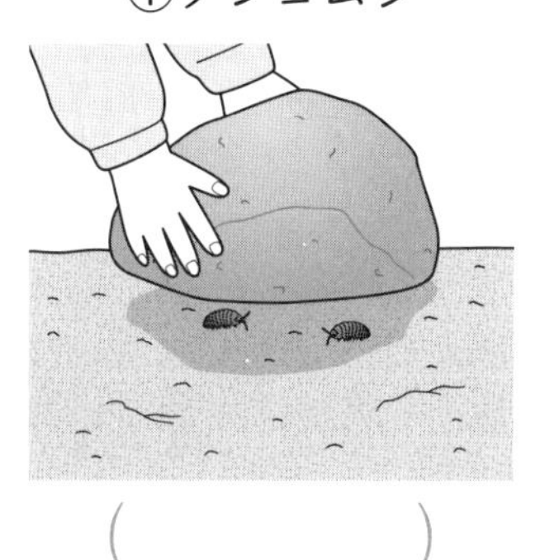

（　　　　　）

②バッタ

（　　　　　）

③メダカ

（　　　　　）

④クワガタ

（　　　　　）

石の下　　草むら　　水の中　　森や林

2 ①と②の名前はなんですか。（　　）にあてはまる名前をかきましょう。

①

（　　　　　）

②

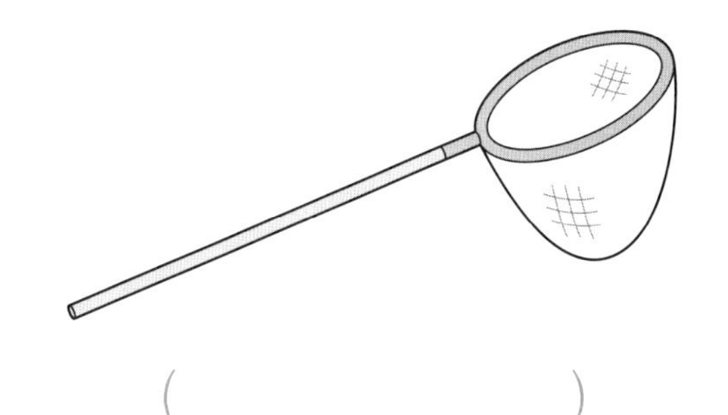

（　　　　　）

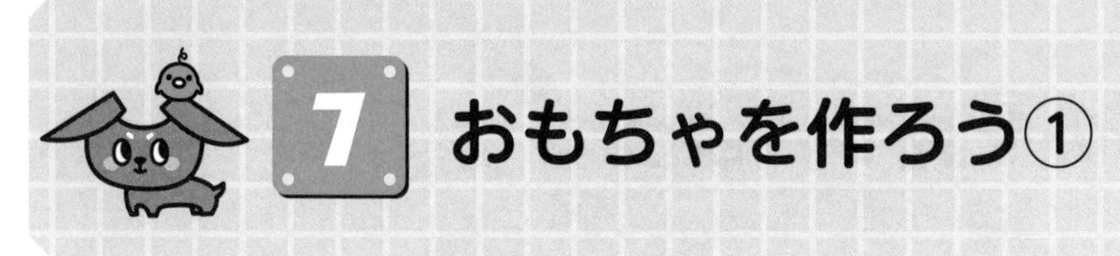

7 おもちゃを作ろう①

1 おもちゃを作るときに、道ぐをつかいます。
（　）にあてはまることばを、あとの □ からえらんでかきましょう。

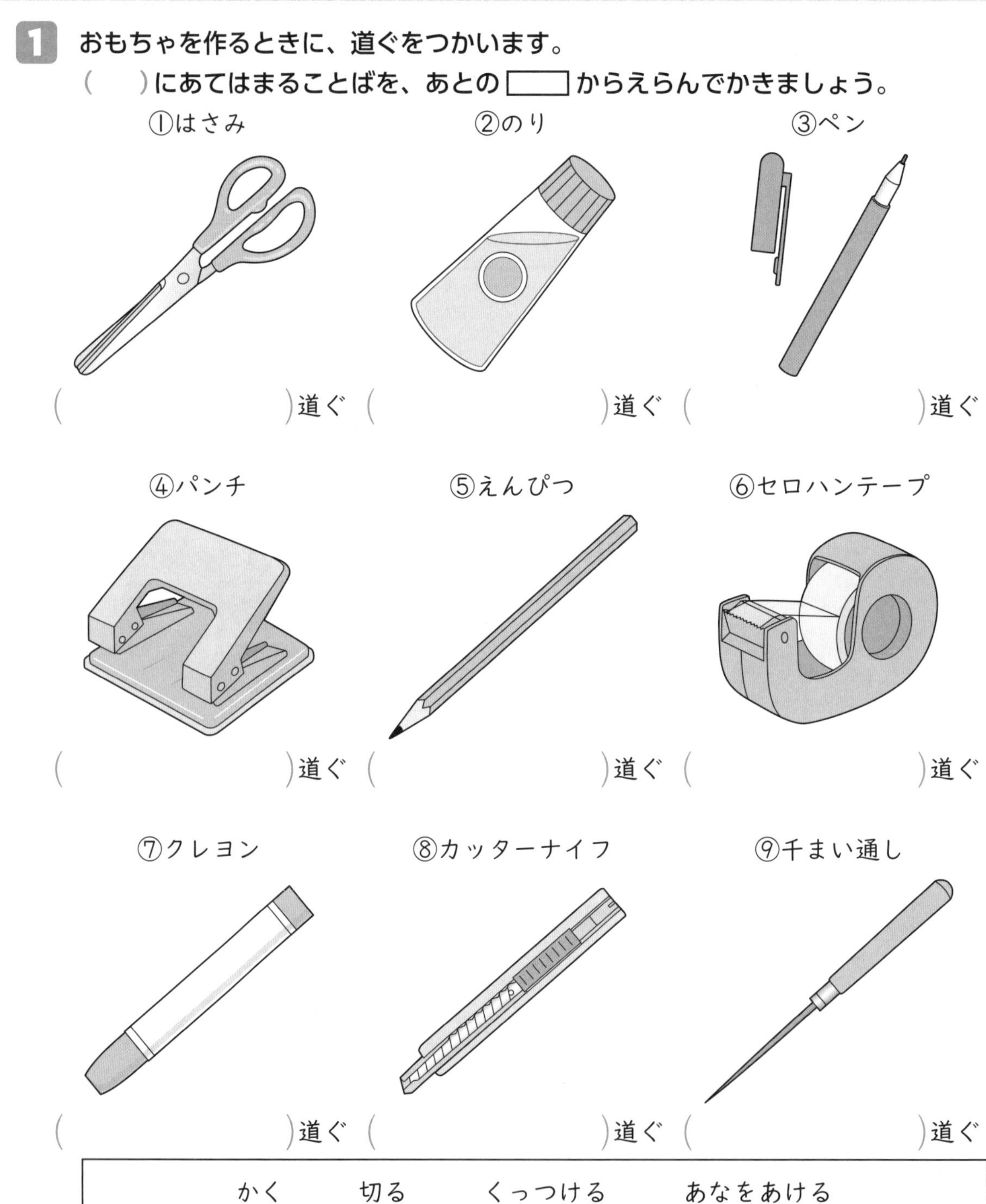

①はさみ（　　　　）道ぐ

②のり（　　　　）道ぐ

③ペン（　　　　）道ぐ

④パンチ（　　　　）道ぐ

⑤えんぴつ（　　　　）道ぐ

⑥セロハンテープ（　　　　）道ぐ

⑦クレヨン（　　　　）道ぐ

⑧カッターナイフ（　　　　）道ぐ

⑨千まい通し（　　　　）道ぐ

かく　　切る　　くっつける　　あなをあける

8 おもちゃを作ろう②

1 カッターナイフをつかうときのやくそくです。
①から③で、正しいものに○を、正しくないものに×を、(　　)にかきましょう。

①もつほうをむけて
わたす。

(　　)

②はの通り道に
手をおかない。

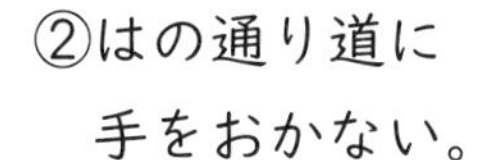

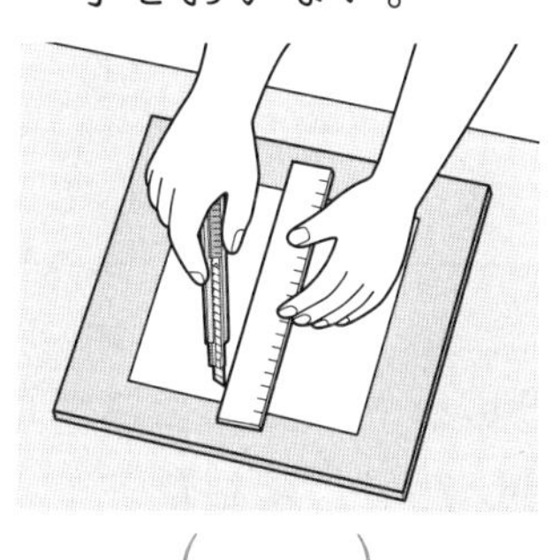

(　　)

③すぐつかえるように
ずっとはを出しておく。

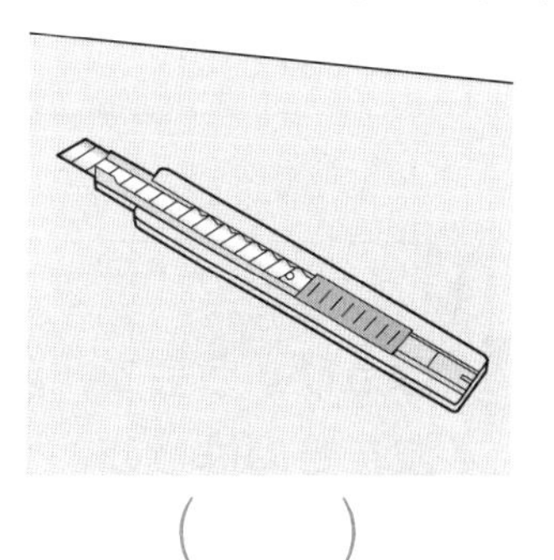

(　　)

2 おもちゃを作りました。①から③は、何の力をつかったおもちゃですか。
(　　)にあてはまることばを、あとの□からえらんでかきましょう。

①ごろごろにゃんこ

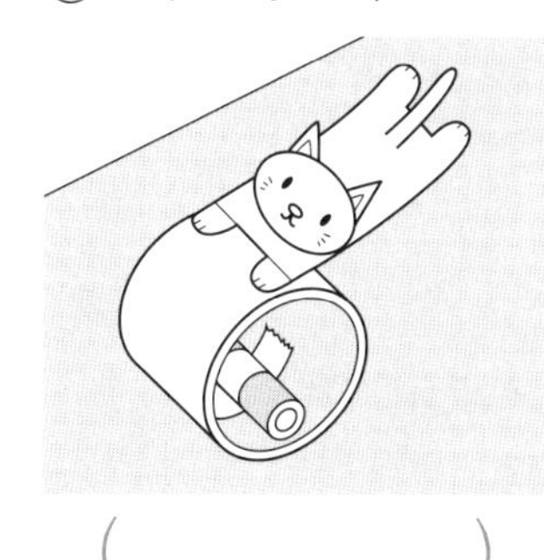

(　　　　　)

②ウィンドカー

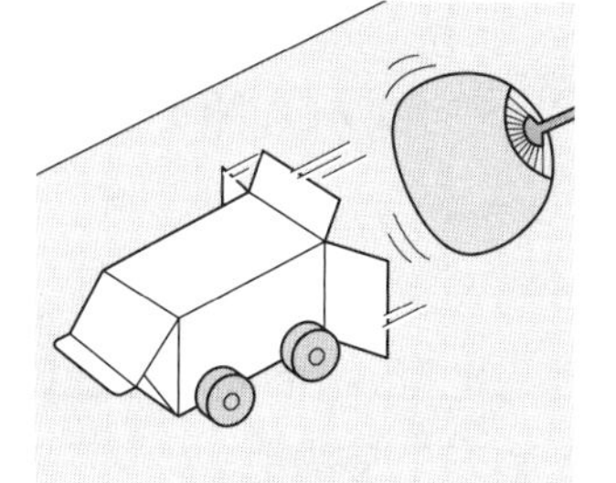

(　　　　　)

③さかなつりゲーム

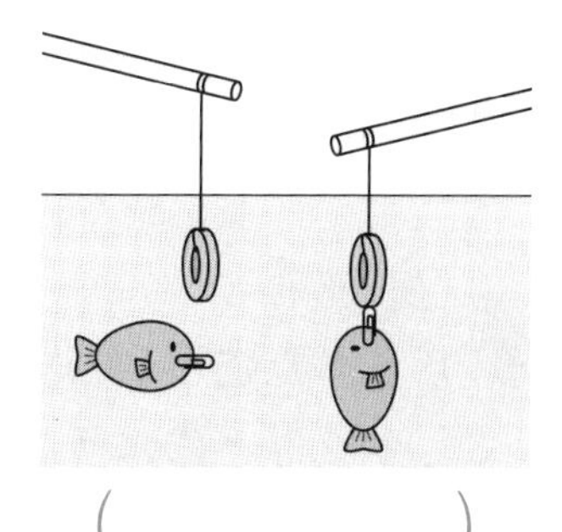

(　　　　　)

おもり　　風　　じしゃく

9 はっぴょうしよう

1 話し合いをするときに大切なことについて、
（　）に入ることばを、あとの□からえらんでかきましょう。

①話し合いをするときに、（　　　　）をきめておく。
②自分が（　　　　）いることを、はっきりと言う。
③だれかが（　　　　）いるときは、しっかりと聞く。

思って　　話して　　めあて

2 はっぴょう会で、自分のしらべたことをはっぴょうしたり、
友だちのはっぴょうを聞いたりしました。

(1) 話し方として、正しいものを2つえらんで、（　）に〇をかきましょう。
①（　　）下をむいて、ゆっくりと小さな声で話す。
②（　　）ていねいなことばづかいで話す。
③（　　）聞いている人のほうを見ながら話す。

(2) 話の聞き方として、正しいものを2つえらんで、（　）に〇をかきましょう。
①（　　）話している人を見ながら、しずかに聞く。
②（　　）まわりの人と話しながら聞く。
③（　　）さいごまでしっかりと聞く。

3 しらべたことやわかったことを、伝えるときのまとめ方について、
①や②はどのようなまとめ方ですか。
（　）に入ることばを、あとの□からえらんでかきましょう。

①けいじばんなどにはって、たくさんの人に伝えることができる。
（　　　　　）
②伝えたい人が手にとって、じっくりと読んでもらうことができる。
（　　　　　）

げき　　パンフレット　　ポスター

答え

1 生きものを見つけよう①

1

①チョウ　②テントウムシ　③ダンゴムシ

④タンポポ　⑤チューリップ

★生きものをかんさつするときは、見つけた場しょ、大きさ、形、色などをしらべて、カードにかきましょう。また、きょうかしょなどで、名前をしらべましょう。

おうちのかたへ

３年理科でも身の回りの生き物を観察しますが、そのときには生き物によって、大きさ、形、色など、姿に違いがあることを学習します。

2 花をそだてよう①

1

①

㋐

②

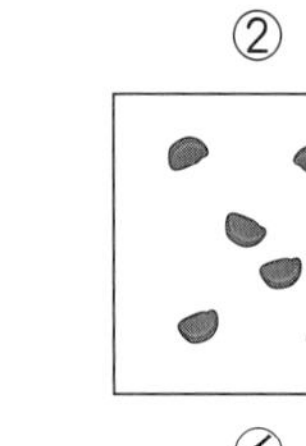

㋑

★ヒマワリ、フウセンカズラ、アサガオで、たねの大きさや形、色がちがいます。くらべてみましょう。

おうちのかたへ

３年理科でも植物のたねをまき、成長を観察しますが、そのときには植物の育つ順序や、植物の体のつくりを学習します。

3 花をそだてよう②

1 (1)

㋐ 1　㋑ 3　㋒ 2

★土にあなをあけて、たねを入れます（㋐）。それから、土をかけます（㋒）。そのあと、土がかわかないように、水をやります（㋑）。

(2)

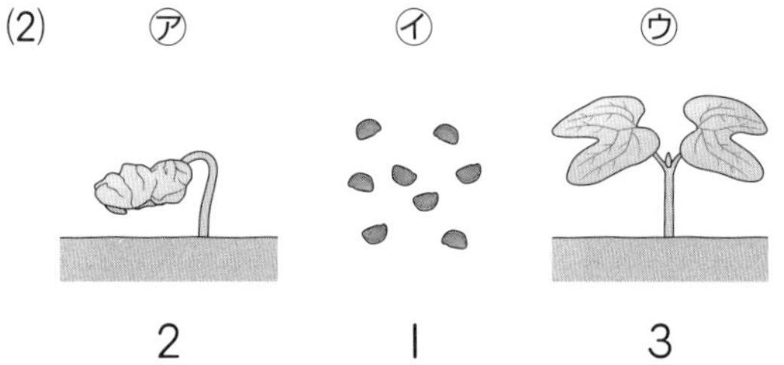

㋐ 2　㋑ 1　㋒ 3

★たね（㋑）からめが出て（㋐）、葉がひらきます（㋒）。

(3)①と④に○

★アサガオをそだてるときには、日当たりと風通しのよい場しょにおきます。水は土がかわいたらやるようにします。

おうちのかたへ

３年理科でも植物の栽培をしますので、そのときに、たねのまき方や世話のしかたを扱います。

4 きせつだより

1

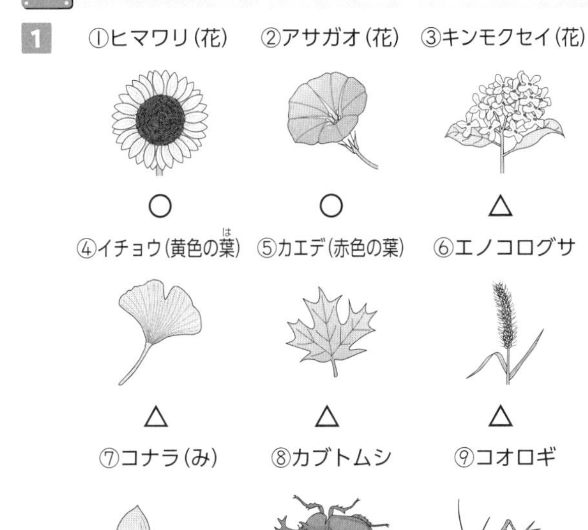

①ヒマワリ(花)　○
②アサガオ(花)　○
③キンモクセイ(花)　△
④イチョウ(黄色の葉)　△
⑤カエデ(赤色の葉)　△
⑥エノコログサ　△
⑦コナラ(み)　△
⑧カブトムシ　○
⑨コオロギ　△

★イチョウやカエデの葉は、夏にはみどり色ですが、秋になると黄色や赤色になって、やがて落ちます。

おうちのかたへ

動物の活動や植物の成長と季節の変化の関係は、4年理科で扱います。

5 野さいをそだてよう

1

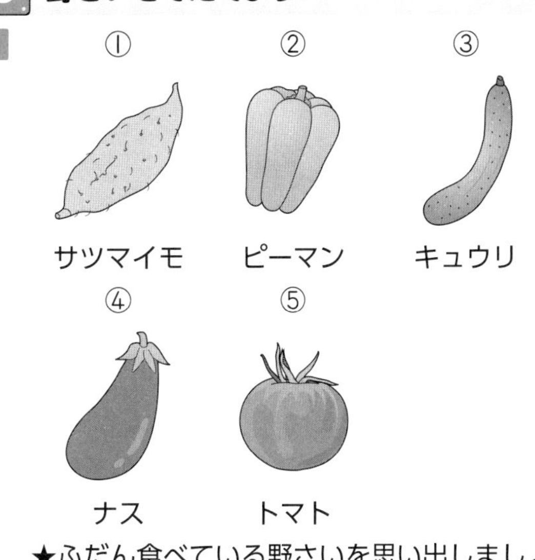

① サツマイモ
② ピーマン
③ キュウリ
④ ナス
⑤ トマト

★ふだん食べている野さいを思い出しましょう。

2

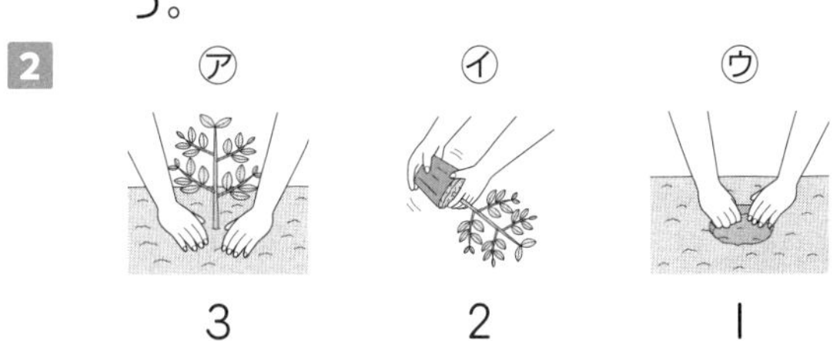

㋐ 3
㋑ 2
㋒ 1

★なえの大きさに合わせて、あなをほります(㋒)。ねをきずつけないように、そっとなえをとり出して(㋑)、土にうえます。うえたあとは、土をかぶせてかるくおさえます(㋐)。

おうちのかたへ

3年理科でも植物の栽培をしますので、そのときに、植え替えのしかたを扱います。

6 生きものを見つけよう②

1

①ダンゴムシ

石の下

②バッタ

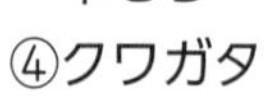

草むら

③メダカ

水の中

④クワガタ

森や林

★①ダンゴムシは、石やおちばの下などにいることが多いです。②バッタは、草むらにいることが多いです。③メダカは、池やながれがおだやかな川などにすんでいます。④クワガタは、じゅえきが出る木にいます。

おうちのかたへ

３年理科で、生物と環境の関わりを扱いますので、そのときに昆虫のすみかや食べ物の関係を学習します。

2

①

虫めがね

②

(虫とり)あみ

★虫めがねは、小さいものを大きくして見るときにつかいます。(虫とり)あみは、虫をつかまえるときにつかいます。

おうちのかたへ

３年理科で、虫眼鏡の使い方を学習します。

7 おもちゃを作ろう①

1

①はさみ

切る道ぐ

②のり

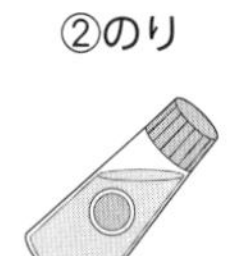

くっつける道ぐ

③ペン

かく道ぐ

④パンチ

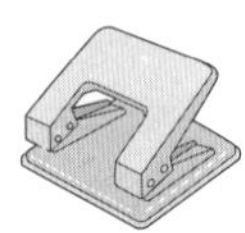

あなをあける道ぐ

⑤えんぴつ

かく道ぐ

⑥セロハンテープ

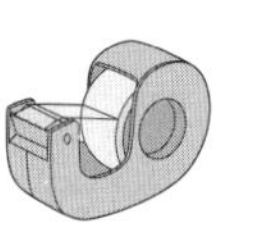

くっつける道ぐ

⑦クレヨン

かく道ぐ

⑧カッターナイフ

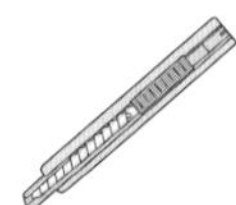

切る道ぐ

⑨千まい通し

あなをあける道ぐ

★⑧カッターナイフは、はを紙などに当てて切る道ぐです。はが通るところに手をおいてはいけません。⑨千まい通しは、糸などを通すあなをあけたいときにつかいます。

8 おもちゃを作ろう②

1 ①　②　③

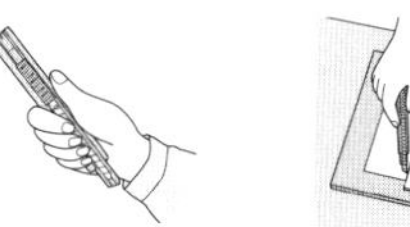
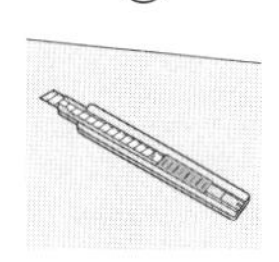

○　○　×

★②カッターナイフのはが通るところに、手をおいてはいけません。③カッターナイフをつかわないときには、ははしまっておきます。

2 ①　②　③

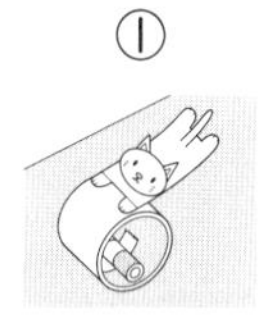
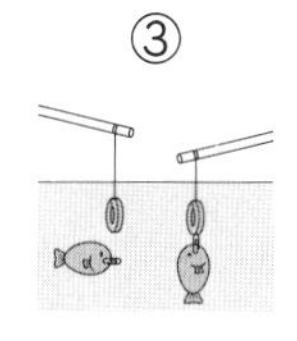

おもり　風　じしゃく

★①中に入れたおもりによって、前後にゆらゆらとうごくおもちゃです。②広げた紙が風をうけて、前へすすみます。③紙でつくった魚につけたクリップがじしゃくにくっつくことをつかって、魚をつり上げます。

おうちのかたへ

理科でも、ものづくりは各学年で行います。風の力や磁石の性質は、３年で扱います。

9 はっぴょうしよう

1 ①めあて
②思って
③話して

2 (1)②と③に○
★みんなのほうを見ながら、ていねいなことばづかいで、聞こえるように話しましょう。
(2)①と③に○
★話している人にちゅう目し、話をよく聞きましょう。しつもんがあれば、はっぴょうがおわってからします。

3 ①ポスター
②パンフレット
★だれに何をどのようにつたえたいかによって、はっぴょうのし方をえらびます。